개정2판

인간과 환경

이종범 | 김범철 | 안태석
김희갑 | 강신규 | 한영지 공저

북스힐

발간사

인류는 농업사회, 산업사회 그리고 정보사회로 진입하면서 문명이 발달하고 인구가 증가하였다. 초기 문명이 발달한 이집트 문명등 4대 문명 발생지는 지금은 사막지대로 변하였다. 문명발달에 따라 인구가 집중되고 삶의 질을 높이고 이를 유지하면서 무분별하게 자연을 훼손한 결과이다. 인간과 자연은 종속적인 관계가 아니고 상호 보완적인 관계이므로, 자연을 보호하고 보전하는 것은 인류의 행복을 위한 시작이다.

우리나라에서 환경문제는 시대에 따라 변하였다. 물 문제만 보더라도 1960년대에는 산업 발전이 더뎌 맑은 물이 도처에 있고 쉽게 구할 수 있었으나, 산업 발전이 시작되고 도시로 사람들이 모여들면서 하천은 모두 하수구로 전락하고 말았다. 이러한 물 문제를 해결하고자 하수종말처리장을 만들어 수질 개선에 큰 도움을 주었다. 그러나 1980년대에 들어서면서 부영양화가 사회적 이슈로 떠올랐고, 하천과 호수에는 '녹조' 바다에는 '적조' 현상이 나타났다.

경제가 안정되기 시작한 1990년대와 2000년대에는 상류에서 흘러내린 '흙탕물'이 새로운 수질오염 문제로 대두되었다. 이 '흙탕물'은 상류지역에 위치한 고랭지 채소밭이 원인이라고도 한다. 또 새로운 나노산업의 발달은 또 다른 환경문제를 발생시킬 수도 있다. 이렇듯이 새로운 산업의 발전은 새로운 환경문제를 몰고 온다.

개발과 환경보존은 칼의 양날과 같다. 개발이 우선인가, 환경보존이 우선인가는 명확하게 가를 수 없는 점이 환경과학이 가지고 있는 한계이다. 개발과 보존은 정치적, 사회적, 경제적인 관점에서 결정이 이루어진다. 환경과학에서는 정확하게 문제점을 지적하고 해결방안을 제시하는 역할을 한다.

그동안 인간과 환경, 환경과학 개론 등 여러 강좌를 진행하면서 사용한 교재들은 대부분 외국의 교재를 사용하여 우리나라 실정을 잘 반영하지 못하였다. 이 교재에서는 우리나라의 자료를 인용하고 해결방안을 강구하도록 집필하였다. 아직 미완성인 부분들이 많이 있음을 알고 있다. 이 교재가 우리나라 환경에 대한 이해와 해결방안의 밑거름이 되었으면 한다.

2011. 2

저자 일동

■ 개정판 발간사

환경문제가 전문가뿐만 아니라 일반 시민들에게도 중요한 문제가 되었다. 이러한 문제의 원인, 현재 상태, 해결방안을 제시하려는 목적으로 「인간과 환경」을 출간하였으나, 아쉬운 점이 많았다.

이제 개정판을 내게 되어 조금 안심은 되나 아직도 미진한 점이 많이 있다. 특히 '폐기물'부분이 빠진 것은 매우 아쉬운 부분이다.

앞으로 더욱더 알찬 재 개정판을 감히 약속드린다.

2014. 2

저자 일동

■ 개정 2판 발간사

새로운 환경문제의 발생, 새로운 기술과 제도의 개발 등 빠르게 변화하는 시대에 발맞추어 개정 2판을 발간하였다. 이번에는 여러 자료를 최신 자료에 맞추었으나 아직도 미진한 점이 많다. 이 교재로 우리나라 환경 개선에 밑거름이 되길 기원한다.

2017. 2

저자 일동

차례

제1장

환경의 문제

1 환경이란?

1.1 환경의 개념

환경(environment)의 사전적 정의는 '사람이나 생물에 영향을 끼치는 자연적, 사회적 조건이나 상태'를 말한다. 또한 영어 사전에서는 '우리를 둘러싸고 있는 상황이나 상태' 또는 '하나의 유기체나 유기체의 집단을 둘러싸고 있는 모든 상황으로 유기체들의 성장, 발달 및 생존에 영향을 미치는 외부적인 물리적 상태들을 통칭하기도 한다. 따라서 환경이란 넓은 의미로 보면 '우주를 구성하고 있는 모든 것들'이라고 할 수 있으며, 사람을 주체로 볼 때 사람의 활동 또는 그 미치는 영역이라고 할 수 있다. 또한 어떤 주체(인간)를 중심으로 볼 때 '주체를 둘러싼 모든 유형(행성, 대기, 물, 토양) 및 무형(문화, 규칙 등)의 객체'라고도 할 수 있다.

1.2 환경의 구성요소

우리나라 **환경정책기본법** 제3조에 따르면 환경을 '**자연환경**'과 '**생활환경**'으로 분류하고 있다(표 1.1). 자연환경(natural environment)이라 함은 지하, 지표(해양 포함) 및 지상의 모든 생물과 이들을 둘러싸고 있는 비생물적인 것을 포함한 자연의 상태(생태계 포함)를 말한다. 생활환경(living environment)이라 함은 대기, 물, 폐기물, 소음·진동, 악취, 일조(日照) 등 사람의 일상생활과 관계되는 환경을 말한다.

〈표 1.1〉 우리나라 환경정책기본법에 의한 환경의 분류

분류	구성 요소
자연환경 (Natural environment)	생물환경(biotic environment), 무생물환경(abiotic environment)
생활환경 (Living environment)	대기(atmosphere), 물(water), 폐기물(waste), 진동(vibration), 악취(odor)

반면에 **유엔환경기구**(United Nations Environment Programme, UNEP)에서는 환경을 **자연환경**(natural environment)과 **인간환경**(human environment)으로 구분하고 있으며, 세부적인 구성요소는 표 1.2와 같다.

〈표 1.2〉 UNEP에 의한 환경의 분류

구분	구성 요소
자연환경 (Natural environment)	대기(atmosphere), 대양(oceans), 물(water), 암석권(lithosphere), 육상생태계(terrestrial biota)
인간환경 (Human environment)	인구(population), 주거(human settlement), 건강(human health), 생물계(bioproductive system), 산업(industry), 에너지(energy), 운송(transport), 관광(tourism), 환경교육 및 홍보(environmental education & public awareness), 평화와 안전(peace, security and the environment)

1.3 환경의 특성

환경문제는 단순히 개별적인 문제들이 독립적으로 나타나는 것이 아니라, 상호간의 연계를 가지고 복잡하게 영향을 주고받음으로써 더 큰 문제를 초래하게 되며, 다음과 같이 그 특성을 요약할 수 있다.

(1) 상호관련성

인간을 주체로 볼 때 인간과 주위 환경 사이에는 인과관계가 성립된다. 따라서 환

경문제는 상호작용하는 여러 변수들에 의해 발생하며, 그에 의한 피해는 다른 생물들뿐만 아니라 인간에게까지 미치게 되므로 발생한 환경문제를 해결하는 것은 매우 중요하다. 때로는 이러한 문제들 사이에 상승작용이 일어나 심각성이 가중되기도 한다. 그림 1.1에서처럼 인간, 환경 및 자원 사이에는 인과관계를 통해 서로에게 이익을 주거나 피해를 주는 상호관련성을 갖는다.

예를 들어 금을 채굴하기 위해 개발된 금속광산에서 발생한 **광미**(tailings)를 적절한 처리 없이 방치하면 그 중에 함유된 **유해중금속**인 납, 비소, 아연 등이 강우나 바람에 의해 주변의 토양과 지표수뿐만 아니라 장기간에 걸쳐서는 식수로 사용하는 지하수를 오염시킨다. 오염된 밭 토양에서 작물을 재배하거나 오염된 논 토양에서 오염된 지표수를 사용해 벼를 재배하면 유해중금속이 작물로 전달되어 이를 식품으로 섭취하게 되면 사람에게 중금속이 축적되어 그로 인한 건강상의 영향이 일어날 수 있다. 즉 인간이 자원을 개발하기 위한 행위를 통해 환경이 오염되고 그로 인해 인간에게는 건강상의 피해를 입게 되는 결과로 되돌아오게 되는 것이다.

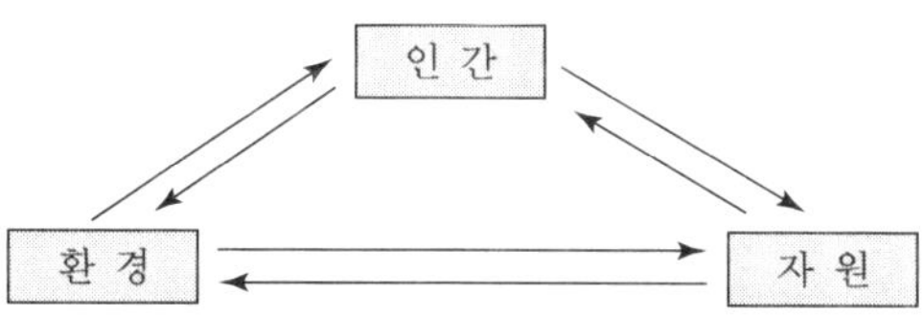

그림 1.1 인간과 환경 그리고 자원의 상호 관련성. 이들은 서로 영향을 주고 받으면서 소모와 보완을 계속한다.

(2) 광역성

오늘날 환경문제는 한 지역 또는 한 국가만의 문제가 아니라 전 지구적인 문제가 되었다. 그 이유는 특정 지역에서 발생한 오염물질이 확산에 의해 퍼져나갈 뿐만 아니라 바람에 의해 **장거리 수송**되기도 하기 때문이다. 또한 하천과 같은 물의 흐름이 있는 곳에서는 상류에서 발생한 오염물질이 하류에까지 흘러 내려가 영향을 끼칠 수 있다. 이와 같이 환경문제들은 주변 국가에까지 피해를 미치고 있어 국가 간의 분쟁의 요인으로까지 작용하고 있다.

예를 들어, **산성비**는 주로 **화석연료**를 사용함으로써 발생한 환경문제로 세계 각국

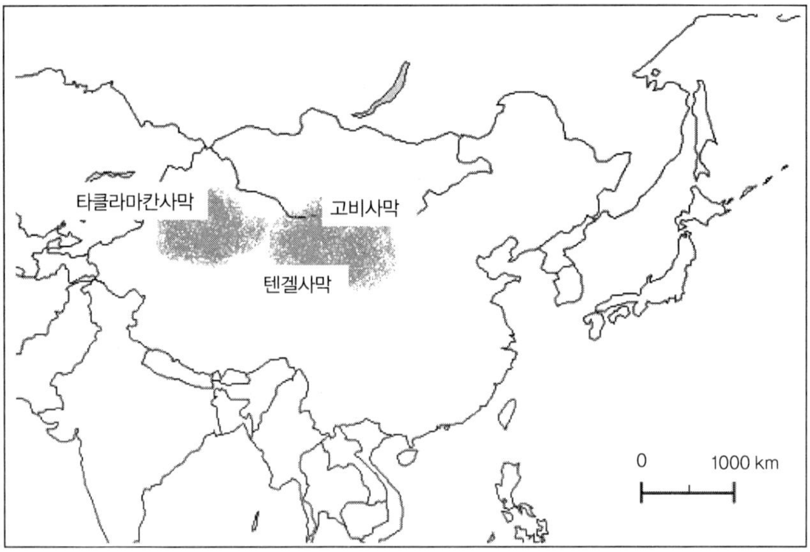

그림 1.2 황사의 발생과 이동. 황사는 중앙아시아에서 발원하여 우리나라와 일본, 심지어는 미국대륙까지 이동한다.

에서 그 피해가 보고되고 있으며, **염화불화탄소**(CFCs, 프레온가스)의 사용으로 인해남극 상공의 **오존**의 농도가 감소되면서 **오존층**이 파괴되어 **오존홀**(ozone hole)이 형성되었다. 영국에서 발생한 대기오염물질이 편서풍을 따라 노르웨이로 이동하여 그 곳에서 대기오염을 유발하였을 뿐만 아니라 토양을 산성화시킨 것으로 보고되었으며, 프랑스의 알사스 석탄광산에서 발생한 오염물질이 라인강을 따라 이동하여 벨기에와 네덜란드까지 이르러 그곳에서 서식하고 있는 물고기를 죽인 것으로 보고되었다. 최근에는 봄(3～5월)과 겨울(12～2월)에 중국 및 몽골의 사막지대에서 발생하는 **황사**가 한반도 뿐 만 아니라 심지어 장거리 수송되어 미국 대륙에까지도 도달하는 것으로 알려졌다(그림 1.2). 따라서 이제는 환경문제가 광범위한 영향권을 나타낸다는 것이 밝혀지면서 국제적인 협약이나 노력을 통해 함께 풀어야 할 과제가 되었다.

황사현상을 예로 들면 1965년부터 2004년까지 서울에 도래한 황사발생건수는 총 88건이었고, 특히 2000-2004년 중에 26건이 발생해 전체의 30%를 차지하였다. 계절적 분포는 봄철에 86.5%, 겨울철에 11.3%가 발생하여 대부분 봄철에 우세하게 발생하였다. 서울에 도달한 대부분의 황사가 몽골, 내몽골, 황토고원, 만주 지역에서 발생하여 이동해온 것으로 나타났다. 2000년 이전에는 몽골과 내몽골의 고비지역, 황토고원에서의 황사도래 기여도가 높았지만, 2000년 이후 상대적으로 몽골동부, 내몽골 동북부,

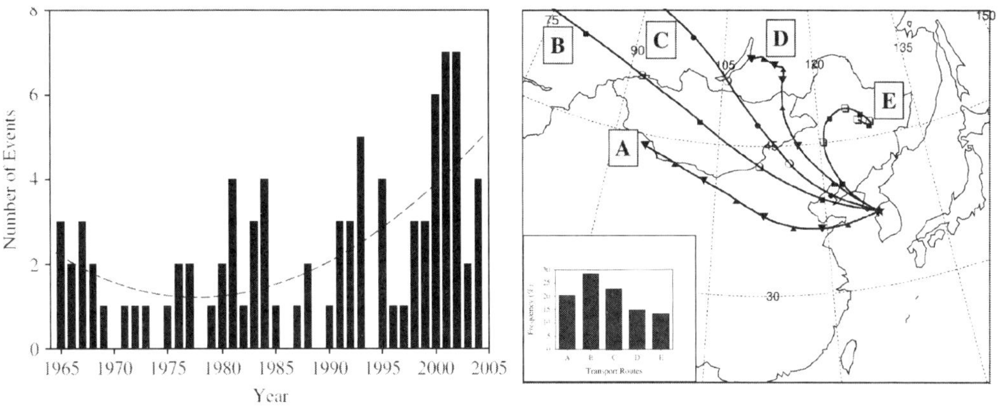

그림 1.3 1965-2004년간의 서울에서 관측한 황사발생건수 변화와 황사의 주요 운송경로(Kim, 2008)

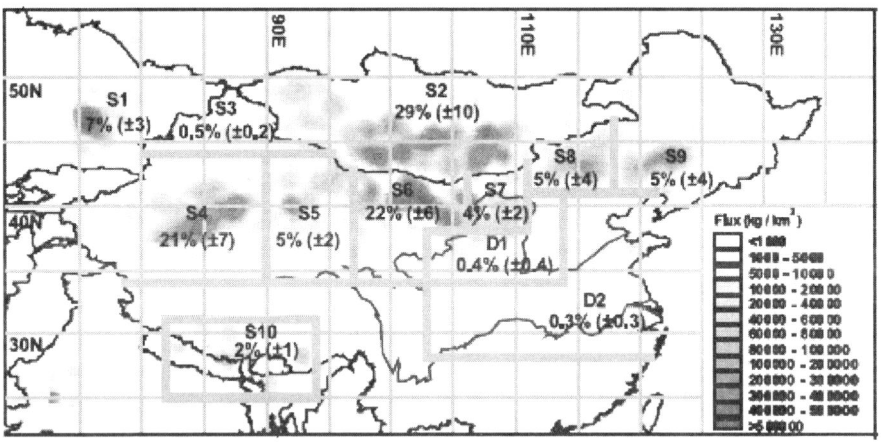

그림 1.4 1960-2002년간의 주요 황사발생지역과 기여도(Zhang et al., 2003)

골 동북부, 만주 지역의 비중이 증가하였다. 즉 **황사**발원지가 최근에 동쪽으로 이동한 것으로 확인되었다. 지난 50여 년간 전통적인 주요 **황사**발원지는 중국의 서부와 북부 지역, 몽골 남부지역 등이고, 기여도가 낮긴 하지만 내몽골-만주 인근 지역, 카자흐스탄 동부, 티벳 일부 지역도 황사발원지였다. 그러나 전통적인 황사발원지의 분포는 고정적이라기보다는 시기별로 주요 분포지역이 변화하는 역동성 가진 것으로 보인다(그림 1.3, 1.4).

(3) 시차성

환경오염의 발생과 이로 인해 영향이 나타나는 시기 사이에는 상당한 시간적 차이가 나타나는 경우가 많다. 다시 말하면 인간의 활동으로 인하여 발생되는 환경문제는 상당한 기간을 두고 생활환경에 나타나기도 한다.

예를 들어, 일본 **미나마타** 지방에 1908년부터 신일본질소비교공장이 가동되어 화학비료를 제조하기 시작하였는데, 1950년경부터 조개류가 죽거나 물고기가 죽어 물 위에 떠오르고 날아오르던 물새가 떨어지고 해초가 자라지 않는 등의 일들이 발생하였다. 또한 1932년부터는 비닐 등의 원료가 되는 아세트알데하이드를 생산하기 시작했는데, 이 공정에서 수은이 촉매로 사용되어 메틸수은이 발생하였고 1955년에는 수많은 고양이가 발작 증상을 보이다 죽어갔으며, 그 이듬해인 1956년에는 사람에게서도 같은 증상이 나타났다.

미국에서 일어났던 **러브 커낼 사건**에서도 1942년부터 1953년에 걸쳐 화학폐기물이 들어있는 드럼통을 나이아가라 폭포 근처의 러브 커낼에 매립하였는데 20여 년이 지난 1976년부터 시작하여 1958년까지 화학물질로 인한 피부 질환, 유산, 선천적 결함, 암 등의 발생했다. **이타이이타이병**도 카드뮴 중독이 오랜 시간에 걸쳐 나타난 사례 중의 하나이다.

따라서 환경오염으로 인해 당장 문제가 발생하지 않는다고 해서 안심할 수 있는 것은 아니고 장기적으로 볼 때 그로 인해 문제가 발생할 수 있다는 것을 염두하고 대처하는 것이 필요하다.

(4) 탄력성과 비가역성

자연환경은 환경오염에 대하여 정화할 수 있는 능력(**자정능력**) 및 원상회복 능력을 갖고 있다. 따라서 자연환경은 자정능력의 범위 내에서 원래 상태로 돌아갈 수 있는 탄력성을 갖는다고 할 수 있다. 그러나 지속적으로 환경오염이 발생하여 자정능력의 한계를 초과하면 환경은 자정능력과 같은 탄력성을 잃고 환경 악화가 가속화될 뿐만 아니라, 원상회복이 어렵거나 불가능해지는 비가역성을 나타낸다.

예를 들어 호수에 질소와 인 등의 영양물질이 과도한 상태인 **부영양화**(eutrophication)가 되면 식물플랑크톤이 과다하게 번식하고, 그 결과 플랑크톤이 대량 사멸할 때 세균이 수중의 산소를 이용하게 되므로 용존산소(DO)가 고갈되어 물고기들이 질식하는 결과를 가져오고 원래 상태로 회복되기 어려운 상태가 된다(제 6장 부영양화 참조).

(5) 엔트로피의 증가

사용 가능한(available) 에너지가 사용 불가능한(unavailable) 상태로 바뀜으로써 대기오염, 수질오염, 쓰레기 발생 등의 환경오염이 가중된다. 이와 같이 환경오염이 심화되는 것을 다른 말로 하면 엔트로피(무질서도)가 증가한다고 할 수 있다. 엔트로피는 열역학 제2법칙의 엔토로피 증가의 법칙에서 에너지의 상태를 설명하는 척도이다. 사용 가능한 에너지인 자원이 감소함으로 인해 환경오염은 악화된다고 할 수 있다. 이와 같이 인구의 증가 및 산업화에 따라 에너지의 사용이 증가하게 되고, 그 결과 이용 가능한 자원이 감소하게 됨으로써 환경오염은 심화된다고 할 수 있다.

2 인구의 증가와 환경문제

인류는 탄생 이후 서기 1804년 인구가 약 10억이 될 때까지 약 2백 만년이 걸렸다. 근대로 접어들면서 산업혁명 등의 일련의 사건들이 지난 후 1927년경에는 20억까지 증가하였다. 이는 123년간에 걸쳐 약 10억의 인구가 증가하였다는 것을 의미한다. 그러나 인구증가는 이것으로 멈추지 않았고 1960년에는 약 30억, 1974년에는 약 40억으로 증가하였다. 1987년에는 50억을 돌파하였고, 1999년에는 마침내 60억 명을 돌파했다. 그리고 2017년 1월 현재 약 74억명 정도로 추정하고 있으며, 2050년에는 90억 명에까지 이를 것으로 예상하고 있다. 현재 인구의 증가속도는 감소하고 있는 추세이지만 인구는 여전히 증가하고 있는 추세에 있다. 따라서 어떠한 제한요인이 없는 한 인구는 기하급수적으로 증가할 것으로 예상된다.

원시사회에서는 수렵이나 채집을 통해 양식을 얻다가 인구가 증가하면서 경작지를 만들어 농사를 짓게 되면서 농업사회가 형성되었다. 그러면서 더 많은 자연을 개척하여 경작하게 되었다. 그 결과 많은 산림과 초원과 습지대는 사라지고 야생생물의 서식지는 파괴되고 훼손되었으며, 많은 동식물 종이 사라지게 되었다. 특히 관개시설을 통해 농사를 짓는 과정에서 표토(표면의 토양)가 유실되어 영양분을 상실하거나 염분도가 증가하여 농업의 생산성은 저하되고, 그 결과 더 이상 농경이 불가능하게 되면서 방치하는 가운데 **사막화**가 일어나기 시작하였다.

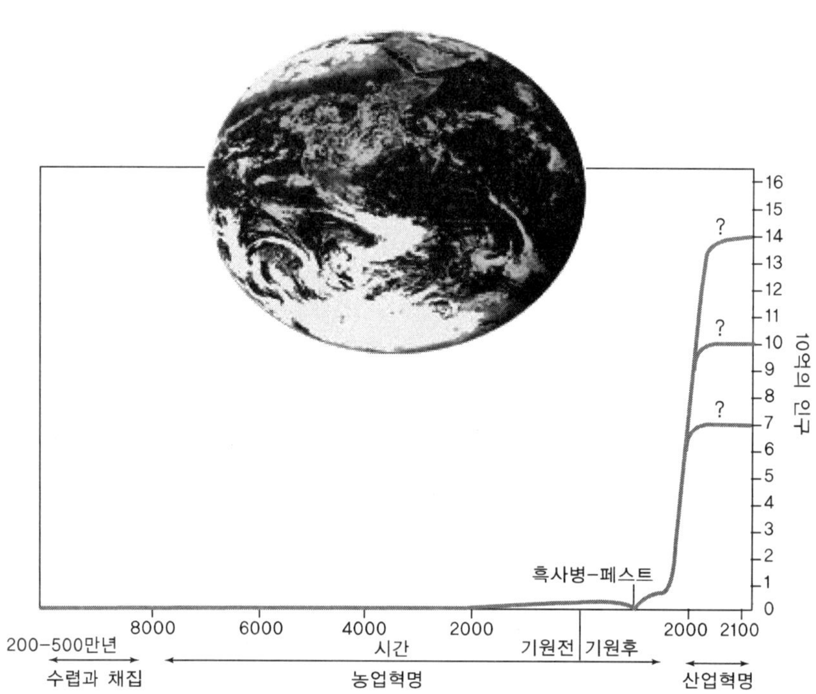

그림 1.3 인구의 증가. 세계 인구는 오랜시간 동안 서서히 증가하였고, 중세에 흑사병(페스트)로 2/3가 사망한 경우도 있다. 세계 인구는 2017년 1월 현재 약 74억 명이다.

과거의 **인구증가**에는 농업이 한 몫을 했다. 농업의 발전으로 많은 땅이 경작·개척되었으며 이에 따라 많은 노동력이 필요하게 되었다. 따라서, 다산으로 부족한 노동력을 채우려 했다. 하지만 최근에는 과학기술의 발달과 더불어 위생시설의 개선 및 의학기술의 발전으로 수명이 연장됨에 따라 인구가 기하급수적으로 증가하였다. 그렇지만, 이처럼 인구가 계속 증가한 것만은 아니다. 식량부족으로 인해 굶어죽고 페스트와 같은 질병, 전쟁, 천재지변으로 인한 죽음, 그리고 산아제한 등으로 인구는 감소하였다. 하지만 아직까지는 증가속도가 더 빠르므로 인구는 계속 증가할 것으로 보인다.

영국에서 18세기 중반에 시작된 **산업혁명**으로 인해 고도의 **산업화** 및 **도시화**가 진행되었으며, 그 결과 에너지의 사용이 증가하였다. 특히 **화석연료**를 주요 에너지원으로 사용하면서 **대기오염**이 가속화되었다. 도시에 인구가 집중하면서 밀도가 증가하였고, 산업 구조도 대량 생산과 대량 소비의 패턴으로 변하면서 환경문제가 발생하기 시작하였다.

3 문명의 발달과 환경문제의 변천

인류가 출현하면서 나무열매를 주식으로 하고 다른 초식동물과 경쟁하기 시작했다. 초기의 인간들은 과학기술이 빈약하고 다른 동물들에 비해 힘이 약했으므로 환경을 바꿀만한 큰 힘은 없었다. 하지만 도구를 제작하여 사용하고, 다음 세대로 지식을 전달하게 됨에 따라 점차 다른 생물에 비해 사회적, 생물학적으로 월등한 위치에 오르게 되었다. 또한, 산재해 있던 인간들은 집단생활을 함에 따라 더 큰 힘을 지니게 되었는데, 이로 인해 환경오염이 시작되었다고 할 수 있다. 집단생활로 인해 배설물의 배출, 산림의 훼손, 쓰레기의 증가를 가져왔으며, 도시가 생성되고 인구가 증가함에 따라 더 많은 식량이 필요하게 되어 농업생활이 시작되었다. 이러한 집단생활과 농업은 인간이 지구환경을 파괴하는 시발점이 되었다. 식량의 확보를 위해 땅을 개간하고 작물을 경작함으로써 생태계의 **먹이 연쇄과정**을 파괴하게 된 것이다. 예를 들면, 고대 4대 문명지의 하나인 인더스강 유역의 신드(Sind)라는 지역은 고도로 문명화되었던 곳(약 4000년 전)이지만 지금은 **사막**으로 변해버렸다. 이는 인간의 무분별한 산림훼손으로 비옥하던 토양이 사막으로 변해버린 한 예가 된다.

경제개발과 기술의 발달로 인간의 생활이 발전하고 인구가 증가함에 따라 더 많은 연료를 필요로 하게 되어 환경은 급속도로 파괴되었다. 한국의 경우는 1960~1970년대에 고도의 경제성장을 이룩하면서 대량의 폐기물 발생, 대기오염 등의 환경오염이 발생하였다. 인간의 오염활동의 증가는 호수의 부영양화, 농약으로 인한 수질 및 토양오염, 산업화 및 자동차 증가 등에 의한 대기오염이 심각하게 되었으며, **삼림파괴**로 인한 **기상변화**, 핵 개발로 인한 **방사능 오염** 등으로 근래들어 오염의 정도는 더 심화되고 있는 추세에 있다.

문명발달에 따른 자연환경의 파괴와 이에 따른 문명의 쇠퇴과정은 다음과 같다. 고대의 4대 문명은 나일강 유역을 중심으로 한 이집트문명, 황하강 유역의 황하문명, 티그리스・유프라테스강 유역의 메소포타미아문명, 인더스강 유역의 인더스문명이다. 이들은 공통적으로 북반구에 위치하고 있었으며, 큰 강을 끼고 있었다. 그렇지만 이 4대 문명도 결국은 몰락하고 말았는데 그 이유를 분석하면 다음과 같다.

이집트 문명의 대표적인 피라미드는 인류 문명의 발달에 있어 획기적인 건축물이다.

그림 1.4 고대 이집트의 피라미드와 스핑크스. 이 피라미드를 건설하기 위하여 같은 부피의 목재가 필요하였고, 이 목재들은 인근 나일강변 숲에서 조달하였다. 그 결과 오늘날 이 지역은 사막 지대이다. (사진제공: 정요찬 박사)

이 건축물을 세우기 위하여 많은 인원이 동원되었고, 주위에 있던 숲을 파괴한 후 목재를 가지고 요리를 하는 과정이나 난방용으로 이용한 후 이 지역은 **사막**으로 변하고 말았다. **중국 문명**의 대표적인 상징물인 만리장성을 만들기 위해 우거진 숲은 벽돌의 생산, 난방, 조리 과정 등에 소모되면서 인근의 많은 지역이 황폐화되는 결과를 초래하였다. **메소포타미아 문명**은 과도한 **관개**로 인해 쇠퇴한 문명이라고 할 수 있다. 즉 유프라테스강의 소금기 있는 물을 관개용으로 사용함으로써 소금(염분)이 농토에 축적되었고, 그 결과 농업의 생산성이 저하되면서 문명 자체가 쇠퇴해버렸다. 불교문화를 중심으로 이루어진 **인더스 문명**은 인구의 집중, 과도한 농경, 그리고 급격한 인구의 증가에 의하여 그 문명 자체가 유지되지 못하였다. 4대 문명 이외에도 그리스문명, 캄보디아의 앙코르왓트, 마야-잉카 문명, 이스터 섬 등도 인구의 증가에 따라 환경문제가 발생하면서 사라지게 되었다.

이렇듯이 **인류 문명** 발달에 따라 새로운 환경문제는 늘 발생하였다(표 1.3). 이중 산업혁명이전 까지는 문명의 혜택을 보는 인구는 극히 일부이었고, 생산도 제한된 지역에서 한정된 양만 만들었으므로 지구 전체로 볼 때에는 극히 작은 부분이며, 감당할 만한 수준이었다. 그러나 이제는 지구 전체가 하나로 묶여 있고 기술 문명이 급속도로 퍼져나감으로서 대량 생산-대량 운반-대량 소비의 시대가 되었다. 대량 생산, 운반, 소비의 시대는 **화석연료**가 있었음으로 가능하게 되었고, 이에 따른 환경문제는 지역적인 문제를 넘어 세계적인 문제가 되었다. 바로 지구온난화, 산성비, 오존층 파괴 등이 그 예이다.

〈표 1.3〉 인간문명 발달과 환경문제

시기	문명	발생한 환경 문제
기원전 10,000년	농업	• 개간으로 숲의 파괴 • 관개수로로 토양염분증가 • 메탄/이산화탄소 발생
기원전 1,000년	철	• 광산개발 • 고온을 얻기 위하여 숲을 파괴 • 이산화탄소, 슬러그 배출
9세기	화약	• 광산개발
14세기	도자기	• 토양채취-광산개발 • 고온을 얻기 위해서 숲을 파괴 • 이산화탄소 배출
15세기	인쇄/종이	• 펄프를 얻기 위하여 숲을 파괴 • 잉크와 염료를 얻기 위하여 생물체 포획/채취
18세기	화학비료	• 호수, 하천과 바다의 부영양화
18세기	산업혁명	• 화석연료 대량사용 • 기름 오염 • 이산화탄소 대량배출 • 지구온난화, 산성비
18세기	자동차, 기차	• 화석연료의 대량 사용으로 인한 지구온난화, 산성비 • 화석연료 운반과 유류오염 • 도로, 철도의 건설로 생태계 분할
18세기	도시화	• 도시 슬럼화 • 하수처리시설미비로 인한 오염 • 질병발생 등
19세기	전기(전력)	• 댐건설로 숲의 수몰 • 화력발전으로 화석연료소모 • 이산화탄소 다량 배출, 지구온난화, 산성비
1910년대	항공기	• 오존층파괴

시기	문명	발생한 환경 문제
		• 산성비 • 지구온난화
1920년대	비닐, 플라스틱 등 화학물질 생산	• 화석연료의 대량사용 • 분해가 안 되는 물질 때문에 토양오염 • 소각 때 다이옥신 배출 • 지구온난화
1930년대	원자력	• 방사능 오염 • 열 오염
1930년대	DDT 등 농약	• 농약 내성 생물 출현 • 이로운 곤충과 사람에게 독성 • 생물농축현상
1930년대	CFC 등 화학물질	• 오존층 파괴 • 지구온난화
1970년대	반도체/전자	• CFC 대량 사용, 오존층 파괴 • 불소 오염 • 중금속 오염
1970년대	어패류 양식	• 하천 호수에 녹조 • 바다에 적조 • 생태계 불균형
1980년대	유전공학	• 유전자 혼란?
1990년대	나노 산업	• 인체 방어기작을 뚫고 인체에 침입 • 질병유발 가능성?

※ ? : 과학적으로 확인이 되지 않은 추정

특히 최근에 시작된 **유전 공학**은 **유전자 조작 식품**(GMO 또는 LMO)을 만들면서 우리의 식탁을 풍요롭게 하고 배고픔과 질병에서 벗어날 수 있는 좋은 점이 있으나 아직도 유전자 조작 식품에 대한 안전성에 대한 논란은 그치지 않고 있다. 또 **나노(nano) 물질**은 인체의 방어기작을 뚫고 허파로 들어가고 심지어 혈관까지 침투가 가능하다고 하여 인체 안전성에 대한 논란이 일고 있다. 아직은 자연계에 미치는 영향에 대하여는 알 수 없는 것이 현실이다.

4 자원

인간의 생존과 풍요로운 생활 영위에 필요한 에너지를 가진 유·무형물을 자원이라 하며, 크게 자연자원과 개발자원으로 나눌 수 있다. 자연자원에는 태양, 인력 차이에 의한 조력, 지구 내부의 열에 의한 지열, 바람 등이 속하는데, 거의 무한하지만 아직까지 그 이용에 있어서의 의존도는 낮은 편이다. 반면에 상대적으로 자원으로서의 가치가 유한한 **화석연료**(석탄, 석유), 천연가스, 원자력 등의 개발자원은 발전, 난방, 수송, 생산 등의 목적으로 사용되고 있다. 특히 화석연료에 대한 에너지 의존도는 약 85% 정도인데 앞으로 약 40~50년 정도면 고갈되고, 천연가스조차도 앞으로 약 60년 정도 사용하면 고갈될 것으로 추정되고 있다.

오늘날의 환경오염 문제는 개발자원을 무분별하게 사용하여 발생한 것이다. 화석연료의 사용으로 인해 대기 중 질소산화물(NO_x), 황산화물(SO_x), 미세먼지(PM_{10} 및 $PM_{2.5}$), 휘발성 유기화합물(VOCs) 등과 같은 오염물질의 농도가 꾸준히 증가하여 왔다. 또한 광물자원의 개발 후 발생하는 폐기물인 광재를 방치함으로써 인근 토양과 물이 오염되어 피해를 유발할 뿐만 아니라 바람에 의해 비산되는 먼지에 의한 피해도 우려되고 있다.

잠재적으로 재생 가능한 자원을 재생 불능 자원으로 전환시킬 가능성이 있는 환경파괴의 주요 형태에는 다음과 같은 것들이 있다.

〈표 1.4〉 환경파괴의 주요 형태

- 생산성 있는 토지의 도시화
- 토양의 염류화 및 침수
- 부적절한 토양 관리
- 습지의 파괴
- 산림의 벌채
- 과잉 방목
- 지하수의 고갈
- 서식지 및 생물종의 제거로 인한 생물 다양성 감소
- 환경오염

우리가 재생 불능한 **자원**을 완전히 소모시킨다는 것은 실제적으로는 불가능하다. 하지만 지구상에 남아있는 이 같은 자원을 활용하는데 드는 비용이 그 자원의 경제적 가치를 초과한다면, 경제적인 관점에서 볼 때에는 고갈된 것이나 다름없다. 그러므로 귀중한 자원을 사용하는 방법은 다음의 네 가지이다.

- 기존 자원의 재활용(recycling) 또는 재사용(reuse)
- 자원의 폐기물 발생률 줄이기
- 자원을 절약하여 사용하기
- 대체 자원의 개발

5 오염과 환경문제

산업혁명 직후의 **오염**(contamination)은 **공해**(pollution)를 말하는 것이었다. 즉 공해란 환경의 질이 악화됨에 따라 나타나는 누적적이고 만성적인 피해 현상으로 영국의 공적 폐해(public nuisance)에서 유래된 것이다. 그렇지만, 현재의 환경오염의 의미는 공해보다 더 확대된 의미로 볼 수 있으며, 법적으로는 "**환경권**"을 수반한 의미이다. 따라서 최근에는 일반적인 용어로 공해보다는 환경오염이란 말로 표현하고 있다.

5.1 환경오염

초기 순수과학에서는 '순수하지 않은 상태'를 오염(contamination)이라고 정의하였으나, 오늘날 환경과학에서는 '사용하기에 방해가 될 만큼 충분히 이물질이 포함된 상태'를 오염이라 정의하고 있다. 이러한 오염의 원인은 크게 자연적 오염과 인위적 오염으로 나눌 수 있다. 천재지변(화산폭발, 해일, 지진 등), 생물의 배설 등의 자연적 오염은 대부분의 경우에 자연이 정화할 수 있는 능력범위 안에 있지만, 인간의 농약 사용, 화학물질의 사용 등의 인위적인 활동에 의한 오염으로 인해 자정능력의 한계를 벗어날 때에는 자연이 정화할 수 없는 상태가 된다.

오염물질이 환경에 영향을 미칠 때 다음과 같은 요인들이 중요하게 작용한다.

- **오염물질의 물리화학적 성질:** 분자 크기(분자량), 성상(고체, 액체, 기체), 휘발성, 끓는점, 밀도, 용해도(수용성, 지용성), 화학적인 반응성 등
- **농도:** 농도가 높을수록 정화되기 어려우며 인간이나 생태계에 더 큰 피해를 유발할 수 있다. 농도가 낮으면 만성적으로 피해가 나타난다.
- **환경에서 오염물질의 지속성:** 환경으로 오염물질이 배출된 후 물, 빛(자외선), 산소 등에 의해 잘 분해되지 않아 오랫동안 잔류할수록(잔류성유기오염물질, persistent organic pollutants, POPs: aldrin, chlordane, DDT, dieldrin, dioxins endrin, furans, heptachlor, Hexachlorobenzene, Mirex, PCBs, toxaphene 등 12가지) 생태계 및 인간과의 접촉 가능성이 증가하여 장기간에 걸친 노출로 인한 만성적인 피해를 초래할 수 있다.

5.2 산업 환경 재해

제조업은 여러 가지 재료와 원료를 직.간접적으로 사용하여 부가 가치가 높은 상품을 만드는 산업이다. 최종 산물은 인체와 동물에 미치는 유해성을 표시하게 된다. 이를 MSDS라고 하고 모든 공업 생산품에는 이를 작성하여야 한다. 유해성이 있다면 제품이 팔리지 않기 때문에 제조업자는 유해성이 없도록 관리를 철저히 한다. 완제품과 공정 과정에서 나오는 부산물은 제대로 처리가 된다면 환경오염물질의 발생은 거의 없다.

문제는 공정과정이 여러 가지 이유로 정지될 때이다. 재고의 증가, 일부 원료, 재료의 부족, 공정 과정의 고장등 이 그 이유들이다. 공정이 중단되면 원료, 재료와 중간 반응 산물들은 모두 빼내야 한다. 이때 이 중간 반응 산물들이 환경오염물질이 된다. 전세계적으로 발생한 주요한 산업 환경 재해는 다음과 같다.

(1) 일본 미나마타 (Minamata) 사건

일본 구마모토현의 미나마타지역에서 발생한 수은 중독 사건이다. 해안가에 위치한 이 지역에 신일본질소비료가 1932년부터 비닐의 원료를 생산하였고 이 과정에서 촉매로 사용한 수은이 처리과정없이 그대로 바다로 흘러들어갔다. 이후 1955년에 고양이가 원이 불명으로 죽는 현상이, 1956년 부터 사람에게 척추신경 질환이 발생하였다.

이 사건의 원인이 밝혀진 것은 1968년이며 사법적 판단은 1987년에야 이루어졌고 정부의 책임은 2004년에야 이루어졌다. 환경 재해는 이렇듯 원인과 책임 소재를 밝히는 것이 매우 어렵다. 이 사건으로 314명이 사망하였다. 수은 중독 사건은 일본 외에도 중국, 브라질 등 금을 채굴하는 지역에서도 발생하였으나, 보고되지 않는 소규모 중독 사건은 매우 많을 것으로 추측되고 있다. 이 사건을 계기로 유엔환경개발계획(UNEP)은 <**수은에 대한 미나마타 협약**>을 2013년 10월에 채택하였다.

미나마타 앞바다에서 잡힌 물고기에는 한때 10 ppm 에 이르는 수은이 검출되어 어업행위가 금지되었으나 1997년에는 물고기의 수은 농도가 국가 기준을 충족함으로서 어업이 허용되었다(www.nimd.go.jp 참조).

(2) 인도 보팔 (Bhopal) 사건

인도 중부 보팔시에 위치한 United Carbide India Lld. 회사에서 1984년 12월 초에 약 36톤의 MIC가 유출되었다. 다국적 기업인 이 회사는 비료를 만드는 회사로 환경 규제가 약한 인도에서 회사를 설립 (1969년) 한지 15년만에 대형 환경재앙을 유발하였다. 이 사고의 직접 피해로 사망자는 2,800여명이고 20만명이 간접적으로 피해를 입었다.

(3) 이탈리아 세베소 (Seveso) 사건

이탈리아 북부 세베소시에 위치한 한 농약제조 공장에서 1976년 7월 10일 폭발사고로 다이옥신 (Dioxin)이 누출되는 대형 사고가 발생하였다. 베트남 전쟁에서 사용했던 고엽제에 포함된 이 다이옥신은 맹독성 물질로 유전자 변화(돌연변이)를 유발하여 그 피해는 대를 이어 진행된다(제 12장 내분비계 장애물질 참조). 사고당일 3,300여마리의 가축이 사망하였고 1978년에는 70,000여 마리가 **다이옥신** 오염의 가능성 때문에 도살되었다. 이 지역은 2013년 초 현재까지 폐쇄되었고 지금도 정화과정을 거치고 있다.

(4) 스위스 바젤 (Basel) 사건

1986년 11월 1일 스위스 바젤의 의약품 제조회사인 산도스(Sandoz, 현 Novatis) 사의 화학물질 저장 창고에서 불이 났다. 이 창고에는 살충제, 살균제, 수은, 솔벤트, 연료 등 90여 종에 달하는 독성이 강한 화학약품 1,300톤이 들어 있었다. 이때 화재 진화를 하면서 많은 양의 물을 사용했는데, 화학물질들이 물에 녹아 들어가 라인 강으로 흘러들어가면서 바젤에서부터 400 km에 이르는 구간의 라인 강의 생물종들은 떼죽음을 당했고, 라인 강이 흐르는 프랑스와 독일도 많은 피해를 입었다. 이 사고를 바젤 사건이라고 부른다. 사건 후 산도스 사는 독일, 프랑스, 네덜란드, 벨기에에 1억 스위스프랑의 보상금을 지불하였고, 이 사건으로 스위스는 인접 국가들로부터 지탄을 받게 되었다. 이 사건이 일어난 후 1989년 3월 이곳 바젤에서 유해 폐기물의 국가간 이동 및 그 처리의 통제에 관한 협약인 '**바젤 협약**(Basel Convention)'이 체결되었다. 바젤협약은 유해폐기물에 대한 국제적 이동의 통제와 규제를 목적으로 한다. 주요 내용은, 병원성 폐기물을 포함한 유해폐기물과 기타 폐기물의 처리에 있어서 건전한 관리가 보장되어야 하며, 유해폐기물의 수출·수입 경유국 및 수입국에 사전통보를 의무화하고 있다. 바젤협약의 본문에 수록되어 있는 주요 원칙으로는 1) 각 나라는 유해 폐기물의 발생을 최소화해야 하며, 2) 가능한 한 유해폐기물이 발생한 장소 가까운 곳에서 처리해야 하고, 3) 유해 폐기물을 적절히 관리할 수 없는 국가에 수출해서는 안되며, 4) 각 국가는 유해 폐기물의 수입을 금지할 수 있는 주권을 가지고 있고, 5) 유해 폐기물의 국가간 이동은 협약에 규정된 방법에 따라 이루어져야 한다는 것이다. 우리나라는 1994년 2월에 가입하였다.

지금은 이런 사고에 대비하여 대형저류조를 설치하여 화학물질이 외부로 흘러 나가지 못하도록 하고 있다.

5.3 환경문제에서 잘못 인식되고 있는 점

(1) 기준치 이하는 괜찮다

최근에는 단기간뿐만 아니라 장기간에 걸친 오염물질에의 노출(만성적 노출)에 따른 건강위해성을 예측하는 것이 가능하게 되었지만, 여전히 많은 불확실성으로 인해 도출된 위해성 결과를 맹신할 수는 없다. 따라서 이러한 위해성평가 결과를 근거로 기준치를 설정할 경우 여전히 높은 불확실성을 지니고 있다는 사실을 간과해서는 안 된다.

특히 장기적으로 생물에게 농축되어 잘 분해되지 않는 물질로 인해 오는 피해를

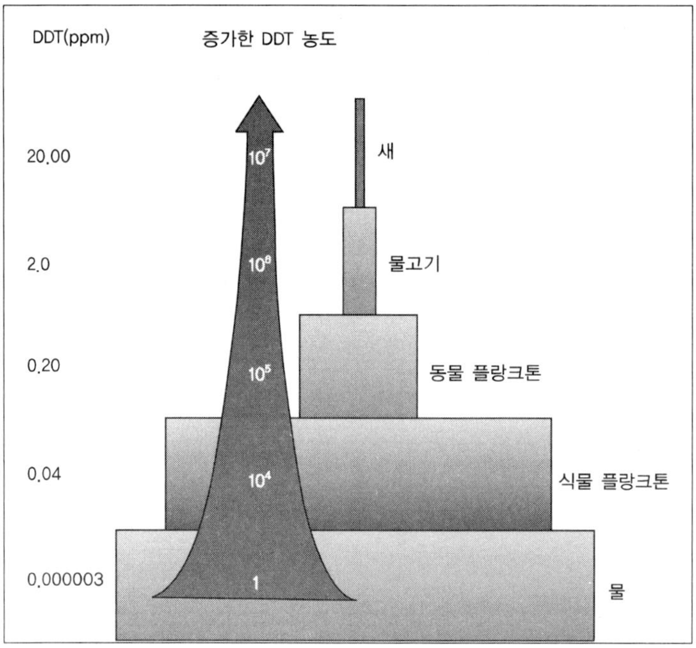

그림 1.5 먹이사슬을 통한 오염물질의 생물확대(biomagnification). 물 속에는 매우 낮은 농도로 오염물질(DDT)이 존재하지만 먹이사슬을 거쳐 새에게는 1천만배로 증폭되었다. 그 결과 칼슘대사가 망가져 새알(egg)이 쉽에 깨져 독수리 등이 멸종위기에 처하였다.

예측하기란 쉬운 일이 아니다. 더군다나, 이러한 기준치의 설정이 충분한 과학적인 자료를 바탕으로 이루어지지 않을 경우에는 불확실성에서 오는 문제들로 기준치 이하에서도 전혀 예상치 않았던 문제가 발생할 수도 있다는 것이다. 특히 일부 화학물질은 생체내의 **호르몬** 구조와 기능이 유사하여 아주 낮은 농도인 ppt(parts per trillion, 1조분의 1)의 수준에서도 영향을 끼칠 수 있다.

(2) 오염물질은 시간이 경과하면 사라진다

인간이 버리는 오염물질 중에는 환경 중에서 자연적으로 분해되는 물질들이 많다. 예를 들면, 가공하지 않은 천연식품은 미생물들에 의해 쉽게 분해되는 성질을 가지고 있다. 그렇지만 플라스틱과 같이 자연에서 분해되지 않는(**난분해성**) 물질이 존재하기도 한다. 그림 1.5에서는 물 중의 DDT가 **먹이사슬**을 따라 농도가 크게 증가하는 것을 보여주고 있다. 쓰레기를 매립할 경우 자연에서 분해될 것이라고 믿고 있지만, 화학

처리된 많은 쓰레기들이 수십 년 아니 그 이상의 기간이 되어도 남을 수 있다.

어떤 경우에는 원래의 오염물질이 화학적인 변화를 걸쳐 새로운 오염물질을 생성하거나 그 독성이 증가하기도 한다. 예를 들어 페놀의 경우 환경 중에서 화학반응을 걸쳐 클로로페놀로 변하여 독성이 증가한다.

(3) 오염물질은 이동하지 않는다

오염물질이 이동할 수 있는 경로는 수없이 많다. 생물체에 축적되어 **먹이연쇄**를 통해 이동하기도 하지만 생물이 가장 밀접하게 접하는 대기 및 물은 오염물질이 다른 곳으로 이동할 수 있게 해 주는 중요한 매체가 된다. 예를 들어, **체르노빌**에서 사고로 인해 유출된 **방사능**은 바람을 타고 대기에서 이동하였고, 그 결과 스웨덴의 감시관측소에서 고농도의 방사능이 검출되었다. 따라서 특정 지역의 오염은 그 지역만의 문제가 아니라 인접한 지역뿐만 아니라 더 나아가 지구적인 문제로까지 확장될 수 있다는 사실을 인식해야 한다.

(4) 사고는 발생하지 않는다

구 소련연방인 키에프(Kiev) 지역에서 1986년 4월 25~26일에 체르노빌 원자력 발전소로부터 기술자의 관리 부실로 인해 방사능 물질이 유출된 사건이 발생하였다. 이는 과학이 인간에게 많은 혜택을 주고 있지만 사소한 실수로 치명적인 환경문제가 발생할 수 있다는 것을 보여준 한 실례가 된 것이다.

우리나라에서는 1991년에 구미에서 **페놀**이 낙동강으로 유출되는 사고가 발생해 주변 지역 주민들이 구토·설사·복통 등의 증상을 일으킨 것은 물론 멀리 부산 지역 주민들까지 영향을 미치며 전국을 공포에 떨게 만들었다. 같은 사고의 발생을 막기 위한 대책으로 '4대강 특별법 제정'과 함께 30조원의 예산을 들여 사고 예방에 힘썼지만, 2008년 3월 경북 김천 코오롱 유화공장 화재 진압 과정에서 페놀이 소방용수에 섞인 채 낙동강으로 유입되는 사고가 발생했다. 이로 인해 경북 구미 지역과 대구에서는 수돗물 공급과 취수 중단이라는 조처가 내려져 시민들은 불안에 휩싸였다.

한 순간의 작은 부주의와 방심으로 인해 일어나는 환경 사고는 엄청난 결과를 가져올 수 있다는 인식을 우리 모두 갖는 것이 필요하다. 그 외에도 유럽, 미국, 일본과 우리나라에서 크고 작은 환경 사고가 발생하였고, 사고 이후 똑같은 사고가 발생하지 않도록 시설개선 등을 하였다.

6 민주주의 발전과 환경운동

6.1 여성해방운동과 자연보호운동

민주주의가 일찍이 시작된 영국에서 여성이 투표할 수 있었던 것은 1928년이다. 그 이전까지는 여성의 참정권은 보장되지 않았다. 여성에게 참정권을 보장한 것은 비로소 '남성과 여성이 평등하다'라는 것을 정의하였다는 것을 의미한다. 그 이전에는 여성은 남성의 종속물로 여겨졌으며 남성 우월주의가 중세 이후 현대까지 이어졌다. 그러나 여성과 남성이 동등하다는 인식은 이후 1960년대를 거쳐 '여성해방운동'이 진행되었고 그 결과 지금은 남성-여성이 평등한 관계를 유지할 수 있다. 즉 여성과 남성은 종속적인 관계가 아니고 서로 보완적이며 서로 존중하고 존중받는 동일한 주체라는 것을 확인한 것이다.

이와 마찬가지로 인간-자연(또는 다른 생물체)과의 관계도 과거에는 인간이 우월하여 인간이 자연을 정복하고 지배하는 것은 너무나도 당연하게 여겨왔다. 이러한 인간 우월주의에 따라 이 세상 모든 자연과 동식물은 인간을 위하여 존재한다는 것으로 인식하였고 이에 따라 무자비한 동물의 학살, 숲의 파괴, 산업 발달에 따른 독극물의 무단 방류 등이 아무 죄의식 없이 이루어졌다. 환경운동은 인간과 자연은 종속적인 관계가 아니라 서로 독립적이면서 서로 의존하는 존재라는 것을 주장하고 이에 많은 시민들이 호응하고 있다. 이러한 과정을 통하여 인간과 자연은 서로 어울리며 살아가는 평등한 관계를 유지하고 있다.

이러한 평등의식은 어느날 갑자기 생겨난 것이 아니고, 수많은 과학자들과 시민운동가들이 주도한 자연보호운동이 그 근간이 되는 것이다.

6.2 환경오염으로부터의 자유

인류 역사는 끊임없이 '억압'에 대항하여 '자유'를 얻고자 하는 싸움이 계속되었다. 중세 봉건시대에는 '신체의 구속으로부터 자유'를 얻고자 하는 싸움이 계속되었다. 그 이후 '사상의 자유'라는 것이 주요한 주제가 되었다.

'배고픔으로 부터의 자유'도 인류 발달 과정에 나타나는 주제이었다. 여기에 1970년

대부터 시작되는 것이 '불안으로 부터의 자유'이다. 범죄와 안전사고로 부터 안전하게 나와 가족의 생명과 재산을 보호하는 것이 바로 이 '불안으로 부터의 자유'이다.

최근 환경오염사고가 빈발하면서 이 '불안'에 포함되는 것이 바로 '환경오염'이다. 내가 마시고 숨쉬는 음식과 물과 공기가 깨끗한가 아닌가가 확인되지 않고 불안한 상태에서 먹고 마신다면 이는 완전한 '불안으로 부터의 자유'가 아니다. 즉 '삶의 질'이 높아지려면 안전한 환경 조건에서 살아야 한다는 전제 조건이 달성되어야 한다.

기준치 이하, 과연 안전한가?

기준치라는 것은 여러 가지 자연과학적 측면과 그 기준을 지키기 위하여 지불하여야 하는 사회적 비용을 고려하여 결정된다.

수돗물의 원수는 깨끗하면 깨끗할수록 좋다. 그러나 우리나라 상수원의 원수는 1등급인 상태를 유지하려면 상류에 가축뿐만 아니라 사람도 살지 못하게 하여야 한다. 이것은 또 다른 사회적 문제를 야기시킨다. 이미 팔당호 유역의 주민들이 이것 때문에 고통을 받고 있고 춘천권도 수도권 상수원 보호라는 정책아래 개발제한을 당하고 있다고 느끼는 것과 같다. 또 1등급은 아니더리도 2등급의 원수로도 충분히 좋은 수질의 수돗물을 공급할 수가 있으므로 수돗물의 원수기준은 꼭 1등급 수준을 요구하지 않는다.

반면에 소각로에서 나오는 다이옥신의 경우에는 아주 미량으로도 건강에 큰 위협이 되므로 우리나라에서도 그 배출기준을 아주 엄격하게 규제하고 있으나 주민들은 그것도 안심할 수 없다며 더 엄격한 기준을 적용하기를 바라고 있다. 이 경우 주민들이 요구하는 기준치를 충족하기 위하여 엄청난 시설투자가 요구되어 지방자치단체가 매우 난색을 표명하고 있다.

기준치라는 것은 먼저 오염공해물질을 정확히 측정할 수 있다는 가정에서 출발한다. 현재 우리가 쓰고 있는 인공화학물질은 수십만 가지가 넘는다. 가정에서 하수도로 배출되는 오염물질도 사용하는 음식의 재료에 따라 다르게 나타난다. 그러나 측정대상물질은 40여 개 항목으로 한정되어 있다. 따라서 측정이 되지 않는 오염물질도 있는 것이다.

대구에서 페놀이 유출되어 상수원이 오염된 적이 있었다. 시민들이 수돗물에서 냄새가 난다고 항의하였으나 당시 상수원수 검사항목에는 페놀항목이 들어있지 않아 원인파악을 바로 할 수가 없었다. 이렇듯이 검사항목이 없는 경우가 많아 기준치 이내라고 안심하여도 되는 것은 아니다. 수돗물이 비교적 안전하지만 마시는 물로 생수를 찾는 이유는 우리의 하천이 하수도로 전락한 사실을 시민들이 잘 알고 있기 때문일 것이다. 눈으로 시커멓게 오염된 물이 하천으로 흘러드는 물을 정화하여 공급하는데 안심하고 마실 기분이 아닐 것이다.

또 아무리 현대과학기술이 발전하여도 분석에는 한계가 있다. 오염물질의 농도를 표시하는 데에는 ppm(1백만분의 1)과 ppb(10억분의 1)이라는 단위를 사용한다. 오염물질이 물이나 공기 중에 1백만분의 1 또는 10억분의 1만큼 들어 있다는 뜻이다.

오염물질에 따라 검출 한계가 있어 일정농도 이하에서는 검출이 되지 않는다. 즉 검출되지 않았다고 하여 오염되지 않았다는 것이 아니라는 뜻이다. 또 우리 체내에서 일어나는 여러 가지 생리대사 과정에는 호르몬으로 작용하고 있는데 이 호르몬은 ppt(1조분의 1) 또는 1천조분의 1이라는 극미량으로도 우리 몸의 물질대사를 조절한다. 많은 인공 화학물질은 호르몬 특히 성호르몬과 구조가 유사하여 우리 체내에 미량 들어와 우리도 모르는 사이에 우리 몸을 변화시키고 있다.

근래 남성의 정자수가 줄어드는 등의 현실도 환경오염과 무관하지 않을 것으로 보고 있다. 그러나 지금의 분석 방법으로는 ppb 단위까지 측정하는 데에는 ppm 단위까지 측정하는 경우보다 엄청난 경비가 소요되며 ppt 단위는 엄청난 경비와 기술이 요구된다. 또한 어느 물질이 녹아 있는지도 모르고 미량으로 녹아 있을 때에 그것을 검출한다는 것은 고도의 기술을 요하는 것이다.

따라서 오염시킨 후에 다시 정화하여 사용한다는 것만큼 어리석은 일이 없다. 함부로 공기와 물을 오염시키는 사람은 불특정 다수의 건강과 생명을 위협하는 중한 범죄자로 다루어야 하는 까닭이 여기에 있다. 또 이들은 사회의 불신을 조장하고 오염감시와 정화경비를 부담시키는 경제범이기도 한 것이다.

가이아(Gaia)

지구를 하나의 유기체로 본다는 이론으로 1979년 Lovelock이 주창한 이론이다. **가이아**는 그리스 신화에서 나오는 '대지의 여신'을 말한다. 이 이론은 지구는 항상성(homeostasis)를 유지하고 있다는 것이다. 즉 지구의 평균온도, 해수의 염분, 공기중의 이산화탄소 농도와 산소농도 그리고 질소농도는 지구가 만들어 지고 나서 큰 변화가 없이 일정한 상태를 유지한다는 것이다. 마치 사람이 더우면 땀이 나서 체온을 식히고, 추우면 근육이 떨면서 열을 내어 항상 일정한 온도를 유지하는 것과 같다.

이 Gaia 이론에서 가장 중요한 것은 바로 생물이다. 생물체는 다양한 물질대사 과정을 통하여 물질을 순환시킨다. 예로 생물은 호흡과정을 통하여 이산화탄소를 대기중으로 내보내고, 이 이산화탄소는 빗물에 녹아 pH 5.6 상태가 되고, 이 낮은 pH는 석회암을 녹여 기암괴석을 만들고, 바다로 흘러가서는 조개껍질이 되어 지표면에 고정이 된다. 이러한 생물-무생물 환경 간에 밀접한 상호작용을 통하여 항상 일정한 상태가 된다는 것이다. 이 이론의 핵심은 지구에 살고 있는 생명체이다. 물리화학적으로는 높은 농도, 높은 압력, 환원상태의 물질은 계속 낮은 농도, 낮은 압력, 산화 상태로 진행이 된다. 그러나 생물체는 반대로 낮은 농도와 압력을 높게, 산화된 물질을 환원된 상태로 바꾸는 능력을 가지고 있고 이러한 물질 순환 과정을 통하여 지구는 항상성을 유지한다는 이론이다.

환경난민

안데스 산맥은 남미 서쪽에 남북으로 길게 뻗어 내린 고산 산맥이다. 적도에서 남극 직전까지 뻗어 내리는 이 산맥은 생물 다양성이 높은 지역이며 만년설이 쌓여 빙하가 만들어 지는 지역이다. 이 빙하는 압력으로 산 아래로 밀려 내려오면서 녹고, 녹은 물은 이 지역에서 살아가는 원주민들에게는 생명수로 사용되어왔다. 수 만년동안 빙하의 생성과 녹음이 정교하게 균형 이 맞아 물 걱정은 전혀 없는 지역이었다.

그러나 지난 10여년 간 이 산맥지역에서 빙하가 사라지면서 원주민들은 생명의 위협을 받게 되었고 지나가는 구름으로부터 몇 방울의 물을 얻기 위하여 헝겊으로 만든 그물을 이용하여 산에 걸친 안개와 구름 속을 힘겹게 휘젓고 있다. 이렇게 된 이유는 바로 지구 온난화 때문이다. 고산지역의 빙하가 한꺼번에 녹아 버림으로써 산 아래에는 쇄석호(碎石湖)가 만들어진다. 이 쇄석호는 위에서 쏟아진 물이 만든 호수이다. 자갈이 댐의 역할을 하기 때문에 압력에 취약하고 물의 압력이 높아지면 붕괴되어 그 아래로 쏟아지면서 더 큰 쇄석호가 만들어지고 또 붕괴되는 악순환을 거치게 된다. 이 과정에서 원주민의 생명을 위협하고 재산이 떠 내려 가기도 한다.

빙산이 다 녹으면 더 이상 물을 얻을 수 없으니 농경은 포기하고 생활 자체가 엉망이 된다. 이들은 삶을 위하여 도시로 몰려들지만 마땅한 기술도 없으니 막노동자로 살아가게 되며 이런 사람들이 많아지면서 인건비는 떨어지고 기본적인 삶도 유지 할 수 없게 된다. 이들은 현실에 대한 불만 세력으로 커지며 체제 전복 세력으로 자라게 된다.

이 원주민들은 이유도 모르면서 환경 변화의 피해를 떠안고 있다. 지구 온난화의 원인인 온실가스는 선진국 사람들이 풍요로운 삶을 영위 하면서 발생한 이산화탄소와 메탄가스에 의하여 진행되었다. 원주민들은 이 온실가스의 발생에는 아무 기여도 하지 않았으나 지금은 죽음 의 문턱으로 내몰리고 있는 것이다. 이렇게 환경의 급격한 변화로 피해를 입는 사람들을 환경 난민(environmental refuges)이라고 한다.

미국도 이미 1930년대에 중부 대초원이 황폐화 되면서 dust bowl 이라는 모래 폭풍의 피해를 보았고 이 이야기는 존 스타인벡 (John Steinbeck) 의 소설 '분노의 포도(The grapes of wrath)'에 잘 묘사 되어있다. 지금 유럽으로 몰려들고 있는 시리아 난민도 그 근본은 환경 난민이다. 찬란한 앗시리아 문명을 꽃 피운 이 지역은 2007년부터 기록적인 가뭄이 들면서 토양의 수분이 낮아져 농경이 불가능한 상태가 되었다. 그 결과 농경지를 버린 약 800여만 명의 농부들이 도시로 몰려들면서 사회 불안과 불만이 커졌고 마침 불어 닥친 '아랍의 봄'에 정치 전복 과 민중 봉기가 일어났으며 사후 수습이 제대로 되지 않아 유럽과 지중해 바다를 떠도는 난민이 되었다.

우리가 편하다고 타고 다니는 자동차에서 내뿜는 배기가스, 쓰레기 매립장에서 나오는 메탄 가스. '나는 조금만 배출한다' 라고 하지만 이것들이 모여서 전혀 관계가 없는 지역의 사람들이 환경난민으로 전락하여 고통을 받고 있다.

제2장

생태계의 상호작용: 환경과 생물

1 생태학의 개념

'**생태학**(ecology)'이란 말은 그리스어에서 '집' 혹은 '가정'을 의미하는 'oikos'와 학문을 의미하는 'logos'에서 유래되었다. 생태학은 '생태계를 연구하는 학문'이라 할 수 있다. 생태계란 어떤 지역의 모든 생물(즉, 군집)이 물리·화학적 환경(무생물적 환경)과 상호작용을 하며 에너지 흐름에 의해 뚜렷한 영양단계, 생물의 다양성 및 물질의 순환을 만들어내는 하나의 시스템을 말한다.

모든 생물은 여러 가지 방식으로 다른 생물과 영향을 주고 받는다. 한 생물은 다른 생물을 취하여 에너지원이나 물질원으로 이용하기도 하고, 어떤 생물은 다른 생물에게 해를 주지 않고 일정 기간 동안 이용하기도 한다. 동물이 식물의 종자를 전파시키거나 박테리아가 유기물을 분해하여 다른 생물이 이용하게 하는 것처럼 한 생물은 다른 생물에게 봉사하기도 한다. 생태학은 생물 **개체**에서 **개체군**, **군집**, **생태계**, **생물권**까지 다양한 구성적 단위를 가지므로 다양한 수준에서 고찰되어야 한다(그림 2.1).

그림 2.1 생태학은 생물 개체로부터 집단, 군집, 생태계, 생물권 등 다양한 수준을 대상으로 한다. 또한 이들 여러 수준의 현상을 규명하기 위해 원자 수준에서부터 분자, 개체, 집단, 생태계까지의 다양한 수준에서 연구가 이루어지는 학문이다.

1.1 생태계(ecosystem)

생태계는 직간접적으로 상호작용하는 생물적 요소와 무생물적 요소로 구성되어 있다. 생물학적 요소는 먹이망을 통한 에너지 의존형으로 상호관계를 맺고 있으며, 생산자, 소비자 및 분해자로 구성되어 있다. 반면 생물의 생활, 생식 및 분포에 미치는 모든 물리·화학적 요인을 통틀어 무생물적 요소라 한다. 여기에는 물, 산소, 이산화탄소, 인, 질소 등의 순환하는 무기원소와 화합물이 포함되며, 생물의 활동과 죽음에 의해서 생성되는 탄수화물, 단백질, 지질, 부식질 등의 유기화합물, 그리고 기온, 강수, 일조량 등 생물의 생리활동에 영향을 미치는 기후요인 등을 포함한다.

생물학적 요소에서 **생산자**는 녹색식물(광합성을 통하여 무기물을 유기물로 고정하는 독립영양생물), 조류, 광합성박테리아 등으로 주로 광합성을 통해 에너지를 획득한다. **소비자**는 일반적으로 생산자를 포식하는 동물로 구성되며, 소비자 단계 내에서도 먹고 먹히는 연쇄 단계가 구성된다. 따라서 생산자를 먹는 초식동물은 1차 소비자, 1차 소비자를 먹는 육식동물은 2, 3차 소비자로 분류할 수 있다. **분해자**는 죽은 조직(생물체나 그 배설물)을 분해하여 유기물을 무기물로 전환하여 에너지를 얻는다. 주로 세균 및 까마귀와 같이 썩은 고기를 먹는 조류와 곤충 등의 동물이 이에 속한다. 이처럼 각 계층은 여러 개의 구성원으로 되어 개체군을 형성하고 또한 상이한 종 개체들이 모여 군집을 이루어 생존하게 된다. 또한 각 개체군 또는 군집간의 상호관계를 가지고 상호 의존하게 된다(경쟁, 기생, 공생, 포식 등).

1.2 생태계의 구분

생태계의 구성요소들은 서로 간에 부단히 상호작용하며 하나의 계(system)를 형성한다. 생태계의 구분과 경계는 이들 구성요소의 종류와 상호작용의 세기에 따라 구분할 수 있다. 개념적으로 구성요소들간의 유사성과 상호작용이 현저히 약해지는 곳이 생태계의 지리적 경계라 할 수 있다. 예를 들어 섬, 모래톱, 잔디밭, 소나무숲 등은 주변지역과 대별되는 생태계를 형성한다.

"하나뿐인 지구"를 의미하는 지구생태계는 다양한 생물과 무생물적 환경, 그리고 이들 간의 복잡한 상호작용의 얼개로 구성된다. 그리고 다소 경계가 불명확한 여러 하부 단위의 생태계를 간직한 어머니 생태계(제 1장 Gaia 참조)이기도 하다. 넓은 의미로 수생태계, 육상생태계 등 생물서식처의 물리적 기반에 의한 구분도 가능하다. 그러나 바다에서 증발한 수증기가 육상에 비로 내려 다시 강으로 바다로 흘러 들어가듯이 땅과 하천, 바다는 부단히 상호작용한다. 따라서 하변생태계, 갯벌생태계 등과 같이 땅과 물을 함께 포함한 생태계도 있다. 농경생태계(그림 2.2), 산림생태계(그림 2.3), 도시생태계 등과 같이 토지피복형태 혹은 토지이용양상에 따라 구분하기도 한다. 또는 다양한 토지피복 상태의 땅조각들로 구성된 경관생태계(그림 2.2)를 규정하여, 이들 땅 조각 간의 생물의 이동과 에너지 및 물질흐름을 연구하고 있다. 고산생태계 혹은 극지생태계와 같이 극단의 기후특성으로 만들어진 생태계도 있다.

그림 2.2 우리나라에서 흔히 볼 수 있는 농경생태계의 예로서 전라남도 해남군에 위치한 KoFlux 연구지의 IKONOS 위성영상(해상도 4미터) 사진이다. 농경지역과 인근에 위치한 야산, 군데군데 흩어져 위치한 촌락의 모습, 그리고 이들을 연결하는 도로망을 볼 수 있다. 일반적으로 농경생태계는 집약적이고 인공적인 토지이용을 보이며, 외부와의 에너지 및 물질이동이 매우 큰 생태계이다. 이렇듯 다양한 땅조각들로 구성된 지역을 경관(landscape)이라 부른다.

한편 개미집과 개미군집의 활동범위를 포함하는 개미군집생태계와 같이 특정생물을 중심으로 하는 구분도 가능하다.

이와 같이 지구상에는 다양한 생태계가 존재하며, 이들 다양한 생태계는 주변 환경과 부단히 상호작용한다.

1.3 생물과 환경

생태계는 생물 개체들의 모임이다. 한 생물체의 일생 동안에 영향을 받는 모든 것들을 그 생물의 환경이라 한다. 환경은 매우 넓은 의미의 개념으로 생물적 요인과 비생물적 요인으로 구분할 수 있다.

무생물적 요인은 생물을 유지하는 데 필요한 에너지 흐름, 여기에 영향을 미치는 물리적 요인들, 그리고 생명 현상을 수행하는 데 요구되는 물질들의 공급을 포함한다.

그림 2.3 산림생태계의 예로서 강원도 인제군에 위치한 점봉산 정상에서 남쪽을 바라보며 찍은 사진이다. 시기는 2004년 11월 중순경이라 낙엽인 진 후의 사진이다. 상단 중앙부에 보이는 흰색 인공구조물은 양양 양수발전소의 상부댐이다. 보는 바와 같이 농경생태계에 비해 토지피복이 단순한 편이지만 지형이 매우 복잡함을 알 수 있다. 사진에서도 그늘진 곳과 햇빛을 받는 곳이 뚜렷이 구분된다. 따라서 비교적 작은 지역에서도 매우 다양한 환경적 변이가 나타나며, 이는 산림에서 생물 다양성이 큰 이유 중의 하나이다.

앞서 언급한 생태계의 무생물적 요소 대부분이 개체의 생명활동에 관여하고 있다. 반면에 생물적 요인은 그 생물의 일생 동안에 관계하는 모든 생물을 말한다. 한 생태계에서 모든 생물체는 먹이망을 통한 에너지 흐름과 물질순환에 의해 직간접적으로 연관되어 있다. 따라서 광합성을 하는 식물, 다른 생물을 먹는 동물, 부패와 분해작용을 하는 미생물 등이 모두 생물적 요인이 되는 것이다.

1.4 제한요인

생물들은 주위의 환경과 다양한 형태의 상호작용을 하지만 특정 요인이 그 생물의 생존에 중요한 요인이 되는 경우가 있다. 만약 그 요인이 결핍되거나 부족하게 되면 그 종은 생존에 저해를 받게 되는데, 이때 그 요인을 제한요인이라 한다. 제한요인은 생물적 요인이 될 때도 있고, 비생물적 요인이 될 때도 있으며, 종에 따라 매우 다르다. 많은 식물은 토양 내의 물 부족에 제한을 받고, 동물들은 기후와 먹이에 제한을 받는다. 예를 들면 뱀과 도마뱀은 온난한 지역에 한정되어 있고 군주나비 애벌레는 성장하기 위해서 박주가리가 필요하다.

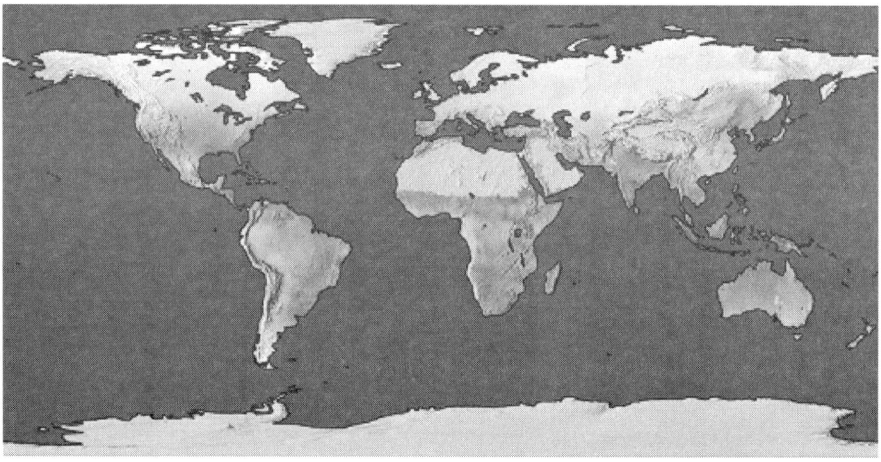

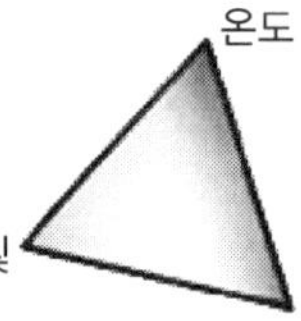

그림 2.4 식생의 일차생산성을 조절하는 기후영향인자 지도. 지구에는 다양한 생태계가 있고 그 생태계들은 온도, 햇빛, 물의 주요한 3개 환경요인에 의하여 지배받고 있다.

식물의 성장에 주요한 **제한요인**은 물, 온도, 일사량 등의 **기후조건**과 가용한 영양염 등 **토양**의 비옥도이다. 적도지방은 비가 많이 내리고 온도가 높아 식물성장에 유리한 반면, 구름이 많이 끼어 일사량이 상대적으로 부족한 편이다. 따라서 구름의 양이 감소하여 일사량이 늘어난다면 식물이 더 잘 성장할 것이다(그림 2.4). 반면에 중앙아시아, 미국서부 지역처럼 건조한 지역에서는 강수가 늘어나면 식생성장이 증가할 것이다. 시베리아와 알래스카 지역에서 추운 기온과 고위도의 적은 일사량이 이들 지역의 아한대림과 툰드라 식생의 성장을 제한하는 **기후요인**으로 작용하고 있다.

대부분의 어류는 수중의 **용존 산소**에 제한을 받는데, 유속이 빠른 산간의 계곡에는 산소가 풍부해 송어(trout)의 좋은 환경이 된다. 하류로 내려오면 유속이 느려지고 햇빛의 투과가 증가하여 하천수가 따뜻해진다. 물이 따뜻해지면 산소 용해도가 감소하므로 이 지역의 물에는 붕어, 배스(bass)와 같은 저산소 적응력이 있는 어류가 살아간다. 이처럼 어류들은 각 종 특유의 산소와 수온에 대한 **내성**의 범위를 갖는다. 여기서 낮은 용존 산소량과 높은 수온은 송어의 **제한요인**이 됨을 알 수 있다. 따라서 송어를 보존하려면 하천 주변에 나무를 심어 수온을 낮추어야 한다.

1.5 서식지와 적소

서식지란 생물이 서식하는 공간을 말한다. 한 생물의 서식지는 토양형, 물 이용도, 기후 조건과 같은 물리적 특성이나 그 지역에 우점하는 식물로 구분한다. 예를 들어 서늘하고 습하며 그늘진 곳의 이끼 서식지, 느릅나무가 자라나는 지역의 느릅나무좀 서식지, 유속이 빠르고 차갑고 용존 산소량이 많으며 바닥에 곤충이 많이 서식하는 송어 서식지 등 각 생물체마다 다양한 조건의 서식지가 있다.

적소(niche)란 한 생물이 주위 환경에 대해 행하는 기능적 역할로서 그 종의 삶의 방식이라 할 수 있다. 한 생물의 적소에는 그 생물에 영향을 주는 모든 것들과 그 생물이 일생 동안 영향을 미치는 모든 것을 포함한다. 비버(beaver)는 댐을 만들어 주변을 범람시킴으로써 자신이 보호받을 수 있는 생활공간을 넓히는 한편, 오리나 어류와 같은 다른 생물들에게도 좋은 서식공간을 제공한다. 하지만 주변의 토양을 침수시켜 나무의 성장은 저해된다. 비버는 물리적 환경을 변경시켜 다른 동물들의 서식환경을 만들어 그 동물들을 포식한다. 민들레는 햇빛이 잘 드는 버려진 공간에 쉽게 침입하여 수일 내에 많은 종자를 만들어 먼 곳까지 전파시킨다. 민들레는 성장에 많은 빛이 필요하므로 그늘진 곳에서는 자라지 않는다. 따라서 민들레는 잘 깎여진 잔디밭에서 잘 자랄 수 있는 것이다.

2 생물의 상호작용

생물들 간의 **상호작용**에 대한 예로서 초식과 포식, 경쟁과 공생관계가 있다. 생물간 가장 보편적인 상호작용은 초식동물이 식물을 먹는 **초식**(herbivore)과 포식동물이 피식동물을 먹는 **포식** 또는 **육식**(carnivore)이다. 초식과 포식은 먹이의 대상이 되는 생물체의 양과 분포에 영향을 미친다. 초원지역에서 양의 방목은 일년생 초본보다는 다년생 초본이나 관목이 우점하는 결과를 초래한다고 알려져 있다. 포식은 피식자 개체군에 항상 부정적인 영향만을 미치는 것은 아니다. 포식으로 인해 약하고 늙은 피식자가 줄어들고, 더 건강하고 빠르고 적응력 높은 개체가 살아남음으로써 이들의 유리한 형질이 후손에 전달되는 **자연선택**의 요인이기도 하다.

제한된 자원을 차지하기 위한 생물 간의 **경쟁**이 발생한다. 동일 종 사이의 경쟁을 **종내경쟁**이라 하는데, 물과 양분을 서로 차지하기 위한 옥수수끼리의 경쟁, 배우자를 차지하기 위한 물개 수컷 사이의 경쟁 등이 있다. 동일 종간의 경쟁 역시 부정적 측면과 함께, 보다 더 잘 적응된 개체가 살아남아 후손에 우수한 형질을 물려준다는 전체의 입장에서 보면 장점도 있다. 한편 이종 간에 일어나는 경쟁을 **종간경쟁**이라 한다. 초본과 나무는 이용 가능한 빛과 물을 놓고 서로 경쟁한다. 만약 경쟁하는 한 종이 주위 환경에 더 유리한 적응을 하게 되면 경쟁종은 **적소**를 변경시키거나 다른 곳으로 이주해야 하며 그렇지 못하면 멸종된다.

공생은 서로 다른 종이 밀접한 관련을 유지하면서 같이 살아가는 것을 말하는데, 공생관계에 있는 종들은 상호접촉을 통해 적어도 한쪽은 어떤 형태의 이익을 얻는다. 여기에는 **기생**, **편리공생**, **상리공생**의 세가지 유형이 있다. 기생은 기생생물이라 불리는 생물이 **숙주**라 불리는 생물의 체내나 체외에서 양분을 얻는 관계를 말한다. 편리공생은 공생하는 두 생물 중 한쪽은 이익을 얻지만 다른 쪽은 이해가 없는 관계이다. 나무에 부착해 자라는 이끼나 양치류, 덩굴식물 등이 그 예이다. 상리공생은 두 생물 모두에게 이익이 되는 공생관계로서 많은 경우의 상리공생은 절대적이어서 상대생물이 없이는 결코 생존할 수 없다. 많은 식물들이 수분매개 곤충과 상리공생을 한다. 식물과 뿌리 혹의 질소고정 박테리아도 상리공생의 예이다(그림 2.5).

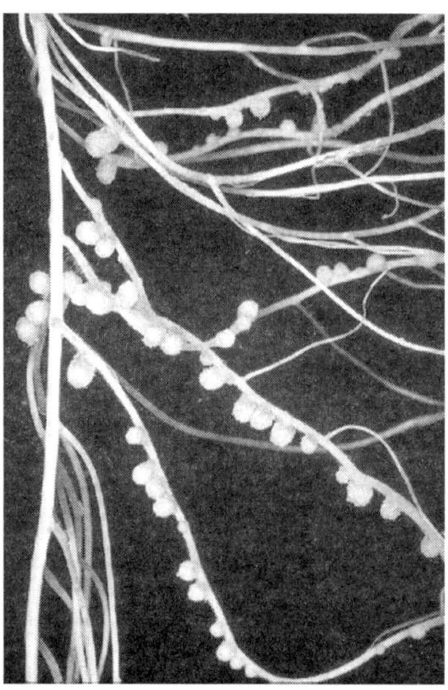

그림 2.5 콩과식물의 뿌리에 공생하는 박테리아는 질소를 고정하여 식물에 공급하므로 식물에게 이익이 되고 박테리아는 식물로부터 양분을 공급받아 상호이익이 있는 관계이다.

3 군집과 생태계의 상호작용

앞에서 생태계 내에서 생물들 간의 상호작용을 살펴보았다. 생물들은 다른 생물이나 주위의 무기환경과 관련하며 살아간다. 이처럼 서로 관련을 가지는 생물들의 무리를 **군집**이라 한다. 군집 내의 생물들은 각기 고유의 적소를 가져 나름의 기능을 수행하는데, 이들 모두는 군집의 부분들이다. 군집의 각 생물들은 주위의 무기환경과 관련하며 일련의 기능을 수행하는데 이를 생태계 기능이라 한다. 생태계 기능에는 먹이망을 통한 **에너지 흐름**과 영양물질의 순환, 대기-지표간의 물 순환 등 지구상에서 일어나는 에너지 흐름과 물질순환 과정을 포함한다.

3.1 생태계를 통한 에너지 흐름

태양으로부터 방출되어 지구에 도달한 빛에너지 중에서 약 1% 만이 **광합성**에 이용된다. 생산자는 빛에너지를 이용하여 탄수화물을 생성하고, **소비자**인 초식동물은 **생산자**로부터 에너지를 획득하며, 육식동물은 **포식**과정을 통해 초식동물이 흡수한 에너지를 얻게 된다. **분해자**는 동식물의 사체와 배설물로부터 에너지를 흡수한다. 이처럼 에너지의 흐름은 일방적이며, 한번 흡수된 에너지는 생태계 내에서 소산(즉 에너지의 질이 저하되는 현상으로 흔히 엔트로피의 증가를 일컫는다)되거나 외부로 방출되어 다시 재활용되지 않는다. 이처럼 생태계를 통한 에너지 흐름의 각 단계를 영양단계라 한다. 생산자는 1차 영양단계가 되고, **초식동물**은 2차 영양단계가 된다. 초식동물을 먹는 육식동물은 3차 영양단계, 다른 육식동물을 먹는 **육식동물**은 4차 영양단계가 된다. **잡식동물**, **기생생물**, **부식생물** 등은 무엇을 먹느냐에 따라 영양단계가 달라진다. 우리가 삼겹살을 먹는다면 우리는 3차 영양단계에 속하게 되고 상추를 먹는다면 2차 영양단계에 속한다(그림 2.6).

에너지가 한 영양단계에서 다음 영양단계로 전해질 때 일부는 **열역학 제2법칙**에 의해 소실된다. 대부분의 소실되는 에너지는 이용되지 못하고 환경으로 방출되어 공기나 물, 토양 속으로 사라진다. 이와 같은 열 손실 외에 생물의 생명 유지를 위한 에너지 소비가 있다. 즉, 음식물을 씹거나 둥지를 만들거나 새끼를 기르는 행동 등에는

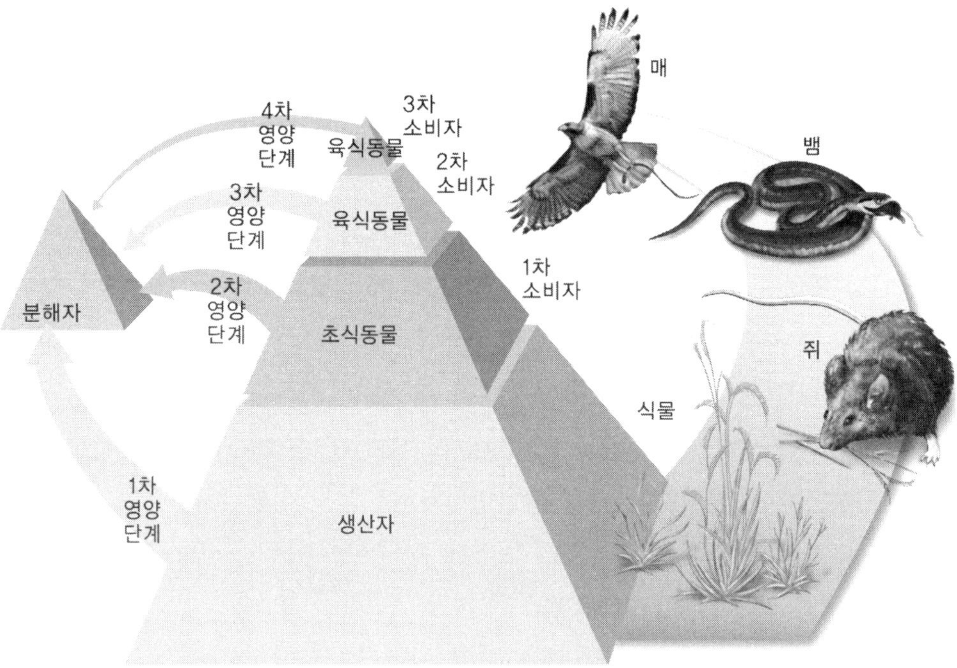

그림 2.6 생태계를 통한 에너지 흐름. 생태계를 통한 에너지 흐름은 여러 영양단계를 거치게 된다. 이때 각 단계로 이동하면서 약 90%의 에너지가 소실된다. 따라서 높은 영양단계에는 적은 에너지와 소수의 생물이 있게 된다.

많은 에너지가 소비된다. 일반적으로 약 90%의 유용한 에너지가 다음 영양단계에 이르는 동안 소실된다. 따라서 초식동물 영양단계가 갖는 에너지의 양은 생산자 영양단계가 갖는 에너지의 약 10%에 불과하며, 3차 영양단계에서는 1차 영양단계의 약 1%에 불과하다. 생태학자들은 각 영양단계의 에너지량을 측정하기가 어려운 까닭에 각 영양단계의 생물이 갖는 생체량의 무게를 합한 **생물량**을 다른 척도로 사용한다. 생물량을 이용한 비교에서도 각 영양단계로 넘어갈 때 약 90%의 에너지 소실이 있는 것으로 나타난다.

광합성 외에 생태계의 중요한 에너지 과정으로 **증발산**에 의한 잠열과정과 땅을 가열하는 지중 열전달과정이 있다. 잠열은 액체상 물을 기체상 수증기로 바꾸는 과정에서 소비하는 에너지로 물 1그램당 약 540칼로리의 열이 필요하다. 잠열은 생태계 복사에너지 수지에 매우 중요한 요소로서, 지표에 도달하는 태양에너지의 많게는 수십 퍼센트를 소비하며, 그 양은 대기건조도, 토양수분, 식생량 등 다양한 요인에 의해 조절된다. 잠열은 땅에 내리는 강수량의 약 절반 정도를 수증기의 형태로 대기로 되돌려 보내는 중요한 물순환 과정을 이끌기도 한다. 즉 잠열에 의해 대기는 끊임없이 수증기를 보충 받아 다시 비를 내리게 된다.

3.2 먹이사슬과 먹이그물

초식이나 **포식** 등에 의해 한 영양단계에서 다음 영양단계로 에너지가 이동되는 과정이 먹이사슬이다. 먹이사슬에는 식물-초식동물-포식동물의 영양단계로 에너지가 이동하는 광합성 기원의 초식**먹이사슬**이 있고, 동식물의 사체로부터 박테리아, 균류, 곤충이나 지렁이류 같은 작은 생물로 이루어진 분해자들로 에너지가 이동하는 잔사먹이사슬이 있다. 잔사먹이사슬은 다양한 곳에서 발견된다. 호수의 바닥이나 심해는 광합성을 하기에는 너무 어두워 그곳에 사는 동물과 분해자는 상부의 광합성 층에서 떨어지는 유기물 입자에 의존하여 살아간다. 보통 생태계에서는 잔사먹이사슬이 광합성 기원의 먹이사슬과 연결되어 복잡한 먹이사슬을 이루는데, 이와 같이 여러 개의 먹이사슬이 중첩되고 서로 연관된 것을 **먹이그물**이라 한다(그림 2.7).

그림 2.7에 나타낸 것처럼 참매는 여러 종류의 생물을 포식한다. 즉, 이들은 여러 먹이사슬에 연결되어 있다. 따라서 한 먹이 공급이 고갈되더라도 큰 어려움 없이 다른 먹이로 교체할 수 있다. 이들처럼 복잡한 먹이그물을 갖는 생물은 단순한 먹이사슬을 갖는 종보다 훨씬 안정적으로 생존한다.

3.3 생태계에서의 물질 순환

에너지와 함께 먹이사슬을 통해 이동하는 것으로 C, H, O, N, P, S 등의 무기물이 유기물화합물로 저장되어 상위영양단계로 전달된다. 이들 물질은 성상만 바뀔 뿐 소멸되지 않는다. 즉 탄소는 대기 중의 이산화탄소에서 광합성에 의해 탄수화물에 고정되었다가 필요에 따라 단백질과 지방에 고정된다. 그리고 소비자 및 분해자에 의해 소비되었다가 다시 호흡과정을 통해 이산화탄소의 형태로 대기 중으로 환원된다. 이 과정에서 지구상의 총 탄소의 양은 보존된다. 반면에 에너지는 이들 순환과정을 따라 이동하며 소산된다. 즉 다시 순환되지 않고 저질의 에너지(주로 열에너지의 형태)로 소산되어 방출된다.

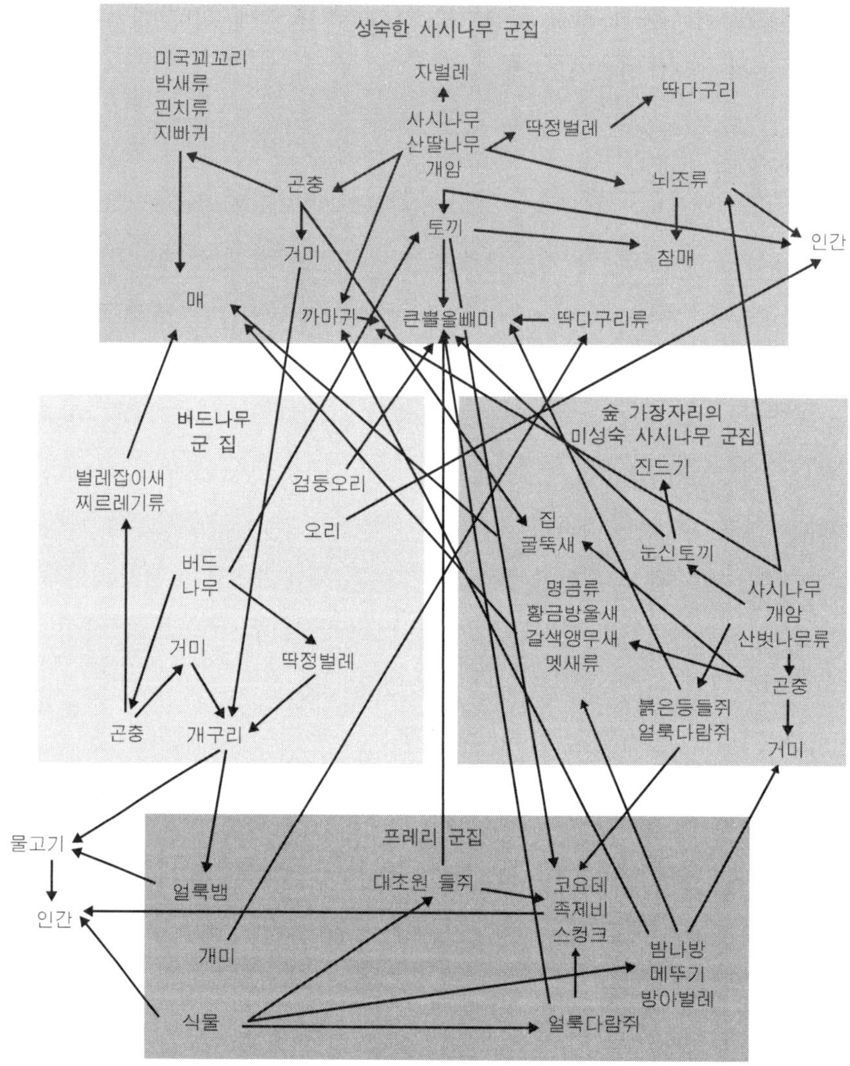

그림 2.7 먹이그물. 생태계 내에서 생물들 사이의 복잡한 상호관계는 먹이그물을 이룬다. 이 관계에서 핵심적인 한 종의 개체수가 감소하면 여러 생물들이 영향을 받게 된다. 위의 그림에서 토끼는 다양한 동물의 먹이가 됨을 볼 수 있다.

생태계에서 일어나는 물질순환은 아래와 같이 네 가지 형태로 구분할 수 있다.

- **수리학적 순환:** 화학변화가 일어나지 않고 순환되는 것으로, 주로 물에 의해 물질이 이동되는 형태이다.
- **기체형 순환:** 대기권이 저장고로 작용하며 CO_2, N_2 등의 기체상태의 원소들이 생물의 호흡에 의해 소멸 · 생성되는 순환형태로서 양적인 변화는 작다. 탄소순환

과 질소순환의 예는 그림 2.8과 그림 2.9에 나타나 있다.

- **침전형 순환:** 암석권이 저장고로 작용하며 P, S 및 I 등의 고체형 원소가 풍화에 의해 원소가 유리되어 침전되는 순환형태이다. 침전형이므로 재순환이 느리다. 인순환의 개념은 그림 2.10에 나타나 있다.
- **생지화학적순환**(biogeochemical) : 대기, 생물체, 땅 간에 발생하는 물질순환과정으로 화학적인 성상의 변화가 주요하게 관여한다. 대표적인 경우로 탄소, 질소, 인, 황 등의 순환을 들 수 있다.

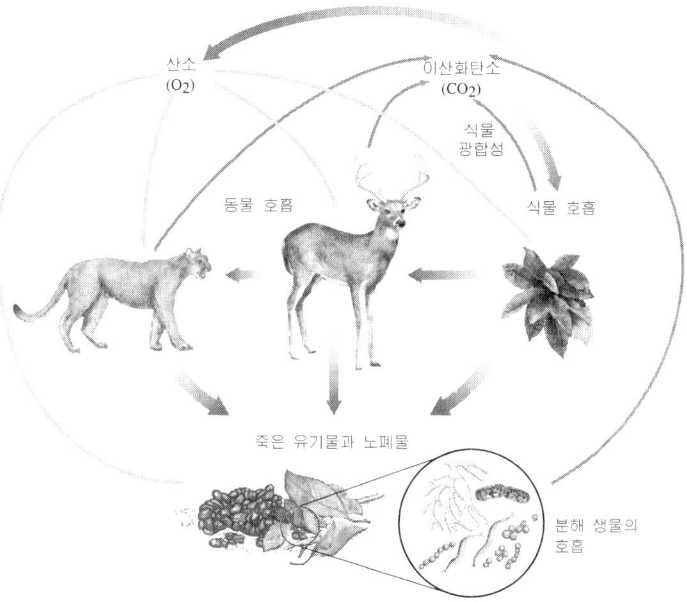

그림 2.8 탄소 순환. 탄소원자는 생태계 내를 순환한다. 식물은 광합성을 통해 이산화탄소에 들어 있는 탄소 원자를 유기 분자로 고정한다. 식물이 고정한 탄소는 먹이사슬을 통해 동물에게 전해진다. 생물의 사체나 노폐물은 분해자에 의해 분해되어 이산화탄소로 전환되어 방출된다. 또 생산자, 소비자, 분해자가 호흡을 할 때 탄소 원자는 이산화탄소로 대기 중에 방출된다. 따라서 산소 원자도 탄소 원자의 순환과정에 같이 순환한다고 할 수 있다.

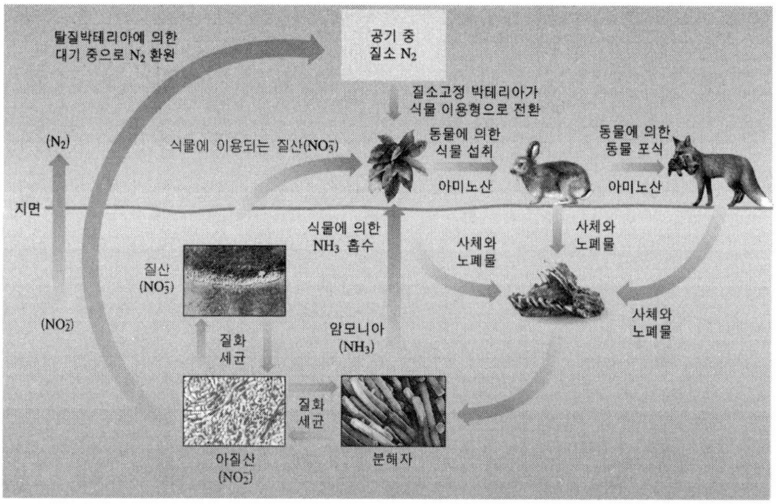

그림 2.9 질소 순환. 질소 원자의 생태계 내 순환은 공중질소의 고정에서 시작된다. 공중질소는 질소고정 박테리아에 의해 식물체로 흡수되어 단백질과 다른 화합물의 합성에 이용된다. 단백질은 먹이사슬을 통해 다른 생물에 전해진다. 생물의 사체나 노폐물에 함유된 질소화합물은 분해자에 의해 암모니아로 전환되어 식물이 재이용하거나 다른 박테리아에 의해 아질산이 되었다가 탈질박테리아에 의해 공중질소(N_2)로 전환된다.

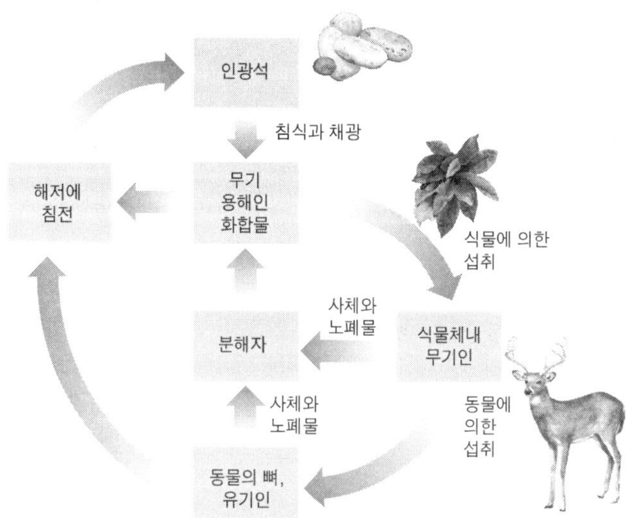

그림 2.10 인 순환. 인은 암석에서 용출되어 식물과 동물이 이용하는 인산이 된다.

4 생태계 변화

생태계의 변화는 자연적으로 천천히 진행된다. 하지만 자연적인 변화에 인위적인 변화가 더해지면서 그 변화가 빨라졌다. 인간의 개발 즉, 벌목, 화전, 댐 건설, 건축물 축조 및 도로건설 등의 일련의 행동들은 생물이 서식할 공간을 변화시켰으며, 개발로 인한 대기오염이 가중됨에 따라 생태계의 변화가 급격하게 다양해졌다.

4.1 인간 활동에 의한 서식처 파괴

인류가 생태계를 변화시키는 수단은 대단위의 평원개발로 농경, 삼림벌채, 방화, 댐의 건설, 건축물의 신축, 도로의 건설 등 인간의 활동 등에 의해서이다. 인간활동의 결과는 정말 다양하다. **베트남 전쟁**에서 울창한 숲이 화학무기로 파괴되면서, 안정되고 복잡한 사슬에 얽힌 생태계는 불안정하고 단순한 생태계로 변해버렸고, 삼림벌채로 숲의 나무에 의존하던 동물이 사라지며 황무지로 변해버렸다. 이러한 생태계의 변화로 **홍수**, **가뭄**, **토양의 영양분 결핍** 등의 문제가 발생하게 되었다(그림 2.11).

그림 2.11 몽골 항가이산맥 초지의 노천 광산. 몽골과 같은 건조지역에서의 광산개발은 초지생물의 서식처를 파괴함은 물론, 광산개발에 많은 물을 이용함으로써 하류지역의 수자원 고갈을 야기하기도 한다.

4.2 대기오염

대기 중에 오염물질이 존재함에 따라 직 · 간접적으로 그 피해가 나타나고 있다. 인간의 화석연료의 사용으로 나타난 온실효과는 대기 중의 CO_2농도를 증가시켜 남극과 북극의 얼음을 녹임으로써 **해수면**의 상승, **이상기후**의 발생 등의 결과를 가져오고 있다. 특히 해수면의 상승은 심각하여 CO_2농도가 현재보다 2배 증가하면 세계의 주요 도시는 대부분 물 속에 잠기는 상태가 일어날 것으로 예측하고 있다. 이처럼 대기오염은 생태계의 파괴 및 변화에 영향을 미치고 있다.

4.3 농약 살포

인간은 인구의 증가에 따른 식량부족을 해결하기 위하여 식량의 확보와 병충해의 방지를 목적으로 **농약**을 사용해 왔다. 하지만 지속적인 농약사용으로 해충의 저항성 획득(resistance), 잠재 곤충의 병 · 해충화(resurgence), 농약의 잔류(residue)라고 하는 '3R'의 문제성을 낳았다. 대표적으로 DDT라는 유기염소 살충제는 물에 작 녹지 않는다. 그러므로 분해되는 속도는 느리고 잔류하는 양은 증가하게 되어, 생물에 축적되는 결과를 낳았다(그림 1.5 참조). 또한, 해충을 죽이기 위해 살포한 살충제는 해충의 천적까지 죽임으로써 생태계를 파괴하였다. 그리고 살충제의 피해는 야생동물에도 많은 영향을 미친다. **야생조류**의 개체수의 감소는 **살충제**의 사용에 의한 중독작용 외에 알껍질이 얇아져서 번식의 감퇴 내지 직접 살충제에 의하여 사망되고 있다. 따라서, 멸종되어 가는 조류에 대한 보호가 시급한 실정이다.

4.4 육상 · 수상 생태계의 변화

육상생태계는 **삼림**에 의존하여 형성되었다. 그러나 삼림의 훼손으로 생태계가 파괴됨에 따라 야생동물은 서식지를 잃었으며 나아가 멸종위기까지 맞고 있는 실정이다. 수상생태계는 **수질오염원** 즉, 하수, 분뇨, 공장폐수, 광산폐수, 석유폐수, 방사성폐수, 온배수 등으로부터 생활 환경이 변화하고 있다. 이에 **부영양화**는 자연적으로 발생하기도 하지만, 그 원인은 수질오염에 기인한다고 해도 과언은 아니다. 부영양화로 수중의 산소가 고갈되어 어류 및 그 먹이가 될 수 있는 종이 사라지게 됨에 따라 생태계가 변화하고 있다. 또한, 수계에 독성물질의 유입으로 생물체내에 축적되어 피해를 입히는 사례도 현저하다. 최근에는 성호르몬과 유사한 **환경호르몬**이 수생태계에 사는 동물들의 암컷 : 수컷의 비율을 바꾸기도 한다(제 12장 내분비계 장애물질 참조).

4.5 생물 농축

물질순환은 환경학적으로 그 중요도가 크다. 왜냐하면, 먹이사슬을 통해 오염물질이 이동됨에 따라 상위단계의 생물일수록 오염물질이 축적되는 양이 증가하는 '**생물농축**(bioaccumulation)'이 발생되기 때문이다. 실제 미국의 Long Island 해역의 DDT 생체농도(ppm)는 수중에서 0.00005ppm, 수초 및 식물플랑크톤에서 0.04ppm, 조개에서는 0.26~0.42 ppm, 어류(정어리, 송사리, 장어 등)에서는 0.2~1.3ppm, 그리고 조류(갈매기, 백로, 물수리 등)에서는 3.5~26.4ppm으로 조사되었다. 이는 먹이사슬에 의해 상위단계로 갈수록 그 농도가 100만 배 증가하는 것으로 환경에서 생물농축현상을 보여주고 있다. 영양단계가 높은 생물에게서 오염물질이 높은 농도로 나타나는 현상을 **생물확대**(biomagnification)라고 한다(그림 1.5 참조).

육상 및 수상 생태계의 독성물질(**난분해성물질**)의 유입은 분해가 되지 않거나 분해되는 속도가 느려 생물에게 축적되어 상위단계의 생물종은 고농도로 독성물질을 섭취하게 된다. 이로 인해 발생된 일본의 **미나마타병**과 **이타이이타이병** 등은 생물계의 축적으로 인하여 인간에게 미친 피해를 보여준다.

4.6 생태계 유지와 회복

앞에서 서술했듯이 생태계의 변화는 궁극적으로 인류에게 영향을 주고 있다. 따라서, 생태계에 대한 계속적인 연구 및 인식의 변화를 시도해야 하며, 인류에 의해 서식지를 잃은 환경 압력종의 보호에 노력을 기울여야 한다. 이러한 노력은 국내 및 국제적으로 이루어져야 하며, 생태계 파괴의 궁극적 원인을 제거하거나 줄여나가고 이에 상당한 법적 근거를 확립하는 정책수립에 관심을 가져야 한다.

제3장 생태계와 군집

1 천이

앞에서 생태계의 파괴와 교란을 야기하는 여러 가지 요인들을 살펴보았다. 생태계는 역동적으로 변화하는 단위로서 파괴와 교란에 의해 생태계의 군집 구조가 바뀌어도 오랜 시간이 지난후에 이전 상태와 유사한 모습으로 변화하여 간다. 간혹 교란의 정도가 매우 심하여 생태계가 심각하게 훼손되었을 경우 이전 상태와는 사뭇 다른 방향으로 변화해가기도 한다. 시간에 따른 군집 구조의 예측 가능한 일정한 변화를 **천이**(succession)라고 한다. 천이는 기존 생명체가 살아가기에는 부적합하지만 다른 종류의 생물체들이 살아가기에는 좀 더 적합한 상태일 때 발생한다. 생물체의 한 군집은 약간 변화된 군집에 의해 대체되고, 그 자체가 생물체의 연속적인 조합에 의해 대체된다. 군집의 변화 경향은 그 지역의 기후와 토양조건 등의 자연적 요인에 의해서도 결정되지만, 인간이 관여하는 방식에 따라서도 영향을 받는다.

그러나 지구 상의 넓은지역에서 식생 **군집**의 변화는 주로 온도와 강수 등이 식생 성장의 주요한 **제한인자**로 작용한다. 여기에 인간의 영향은 크게는 지구온난화와 같은 지구 전체 규모에서 작용하기도 하고, 작게는 조림, 숲가꾸기 등과 같이 유역 규모에서 나타나기도 한다. 천이는 두 가지로 나뉠 수 있다. **일차 천이**는 물이나 노출된 광물,

모래사장 등과 같이 이전에 생물 군락의 발달이 전무했거나 매우 미약했던 곳에서 시작되고, **이차 천이**는 기존 생태계의 파괴와 교란에서 시작된다.

1.1 일차 천이

일차 천이는 노출된 바위표면, 순수한 모래 또는 정체되어 있는 물에서 시작된다. 바위와 모래에서 발생하는 천이는 물에서 일어나는 것과는 다소 다르기 때문에 흔히 육상 일차 천이와 수계 일차 천이로 구분하여 살펴볼 수 있다.

(1) 육상 일차 천이

육상 일차 천이는 천이의 시간적 순서에 따라 선구단계, 중간단계, 극상군락 단계로 구분할 수 있다. 선구단계는 암석과 순수한 모래 등 생명체가 살아가기 매우 열악한 환경에서도 살아갈 수 있는 몇 종류의 생물체들이 서식처를 형성하여 **선구군락**을 이루는 경우이다(그림 3.1).

초기 군락의 지배적인 생물은 **지의류**(lichen)이며, 이는 녹색이고 광합성을 수행하는 **조류**(algae)와 수분을 유지하면서 바위 표면에 부착하는 **균류**(fungi)의 공생 관계이다.

그림 3.1 선구생물. 바위의 지의류(lichen)들은 파편 조각들을 축적하고, 광합성을 하며 바위를 부수기도 한다. 이러한 활동이 토양층을 형성하는 데 기여한다.

지의류는 생산자 역할을 하며, 많은 미생물들에게 먹이와 **피난처**를 제공한다. 지의류로부터 생기는 산(acid)은 물리화학적 풍화작용에 의해 암석을 작은 입자로 분쇄시켜 궁극적으로 얇은 토양층을 축적하게 한다.

이 얇은 **토양층**은 일부 균류와 작은 벌레, 해충과 박테리아, 원생동물과 약간의 작은 일년생 풀을 유지시켜준다. 이들 생물체들이 자라서 재생산하고 죽어감에 따라 토양에 추가적인 유기물을 제공한다. 이제 지의류는 작은 다년생 **초본** 군락으로 대체되고 시간이 지남에 따라 다년생 초본은 **관목**으로, 관목은 햇빛을 많이 필요로 하는 나무(**양수림**)로, 나아가 음지에서도 버틸 수 있는 나무(**음수림**)에 의해 대체된다. 마침내 상대적으로 안정하고 오래 존속되며 좀 더 복잡한 식물, 동물, 균류, 박테리아의 상관군락인 **극상군락**(climax community)이 생성된다. 이 과정에서 각 단계를 천이단계라 하며, 이들 단계의 전체과정을 천이라고 한다(그림 3.2). 극상군락의 종류는 기후나 토양 등에 의존한다. 그러나 종류에 관계없이 다음과 같은 전형적인 극상군락의 특징이 있다.

1. 극상군락은 혼합된 종을 유지할 수 있다.
2. 천이군락은 종의 변화가 있고 많은 양의 새로운 물질과 에너지는 축적하는 것에 반하여, 극상군락은 에너지 균형을 이루고 있다.
3. 극상군락은 **천이군락**보다 더 많은 종류의 생물이 있으며, 생물 간의 다양한 **상호관계**를 맺고 있다.

그림 3.2 지상에서의 일차천이. 토양의 형성은 일차천이의 주요 단계이다.

4. 극상군락은 에너지 효율과 복잡성이 증가하는 쪽으로 변화한다.

(2) 수계 일차 천이

육상 천이의 주요 개념을 수중 생태계에 적용할 수 있다. 바다를 제외한 대부분의 수중 생태계는 일시적이다. 주변 대지로부터 토양 입자와 유기물질이 계속 유입되어 연못이나 호수 같은 얕은 수체는 메워진다. 물이 얕아짐에 따라 정수식물(emergent plants)이 등장하여 수체 내에서의 생산성이 증가하고 유입되는 유기물을 보다 잘 축적하게 되어 퇴적이 쌓여 물은 더 얕아진다. 강원도 강릉시에 있는 경포호가 이 과정에 있다. 이러한 과정이 계속되면 젖은 토양은 드러나고 마르기 시작한다. 동시에 잔디와 젖은 토양에서 살수 있는 다른 식물들이 등장하게 된다. 이를 습초지라 부르는데 일단 이런 변화가 일어나면 그 단계는 전형적인 육지 천이 변화를 시작하고 마침내 극상군락으로 발전한다(그림 3.3).

1.2 이차 천이

일차 천이를 유도했던 동일한 과정과 활동의 결과로 이차 천이가 일어난다. 주요한 차이점은 이차 천이는 기존 군락이 어떤 이유에서건 파괴될 때 일어난다는 점이다.

그림 3.3 연못으로부터 습초지로의 천이. 낮은 연못이 토사와 유기물질로 서서히 채워지고, 연못 위로 부유식물들이 생성되면서 초지가 자리를 잡는다. 강원도 강릉시에 있는 경포호가 이러한 과정에 있어 수심이 얕아지고 호수면적이 줄어들고 있다. 현재 이 천이 과정은 계속되는 준설로 지연되고 있다.

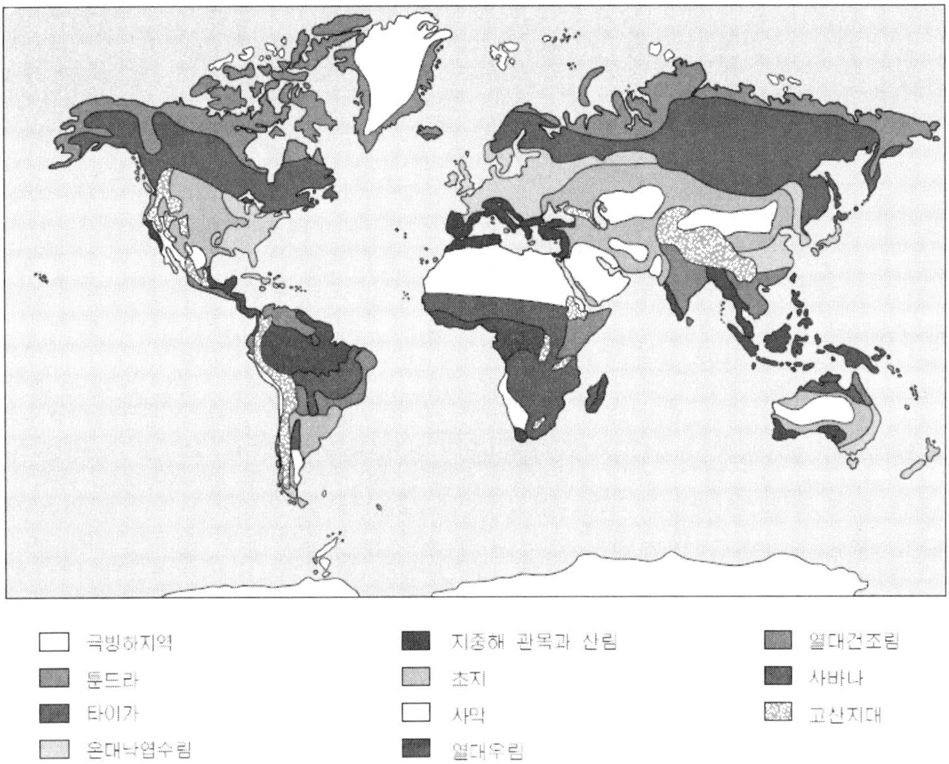

그림 3.4 세계의 **생물군계**

산불, **홍수** 또는 농업용 **개간** 등이 그 이유이다. 일반적으로 파괴된 생태계는 완전한 암석 상태로 돌아가지는 않는다. **토양**의 대부분이 남아있고 식물 성장에 필요한 많은 영양분이 기존 생태계의 복원을 위해 사용될 수 있다. 결론적으로 이차 천이는 일차 천이보다 좀 더 급격히 이루어지는 경향이 있다.

2 극상군락의 주요 유형: 생물군계

넓은 지리적 분포를 보이는 육상 극상군락을 **생물군계**(biome)라 한다(그림 3.4). 생물군계에 포함된 종들은 지구상의 모든 부분에서 동일한 것은 아니다. 그러나 생태계의 일반적인 구조와 적소는 넓은 의미에서 유사하다. 강수와 기온은 극상군락의 발전에 영향을 미치는 주요한 비생물적 요소이다. 강수는 연간 총 강수량과 강수의 계절적 분포, 건기와 우기의 구분 등이 중요하다. 기온의 변화는 더욱 다양하여 열대지방의 더운 날씨, 극지방의 혹독한 겨울과 짧은 선선한 여름, 온대지방의 사계절 등이 나타난다. 그림 3.5는 강수량과 기온 두 가지 변수 사이의 상호작용이 극상군락의 분포를 설명하는 양상을 보여준다(그림 2.4 참조).

기온과 강수량 이외에도 몇 가지 다른 중요한 요소가 극상군락에 영향을 미칠 수 있다. 시베리아의 자작나무 군락과 같이 일부 극상군락은 주기적인 **화재** 때문에 더 잘 자란다. 심한 바람은 수목의 성장을 저해하고 토양을 급격하게 건조시킨다. 모래질토양은 빨리 마르는 경향이 있어 나무처럼 수분 요구량이 높은 종의 성장을 막는 반면, 습윤한 토양은 나무와 같은 종들이 성장하기에 좋은 조건이 된다. 현 시점에서 그 지역에서 서식하고 있는 생물종은 새로운 지역에 번식하려는 것들이기 때문에 매우 중요하다. 주요한 생물군계와 그 특성을 형성하는 요인들은 다음과 같다.

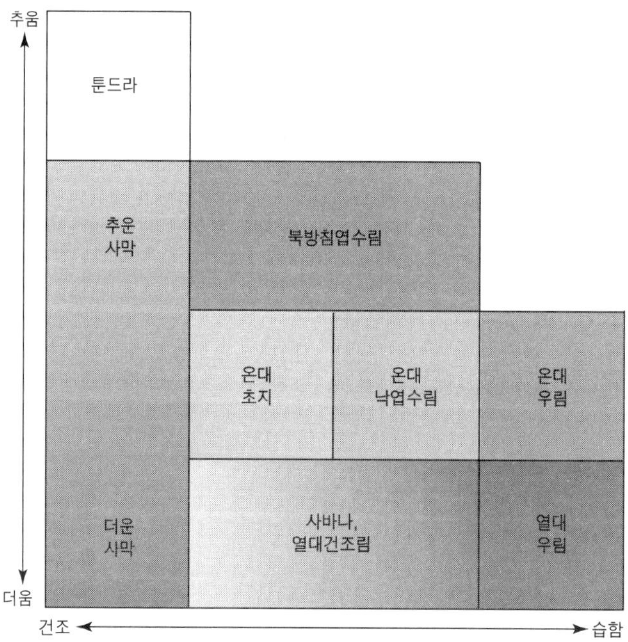

그림 3.5 식생에 있어서의 **기온**과 **강수량**의 영향

(1) 사막

사막(desert)은 연강수량이 250 mm 이하인 지역으로 물 부족은 사막을 결정짓는 기본적인 요소이다. 비는 매우 드물게 내리고 불규칙적으로 번개를 동반한 소나기 형태로 온다. 증발률이 크기 때문에 비가 내려도 식물은 매우 짧은 기간에 성장한다. 사하라 사막과 미국과 멕시코의 남서쪽 사막은 연중 대부분 기간 동안 매우 덥지만, 미국의 북서쪽 사막지역과 중앙아시아의 고비사막은 겨울 동안 매우 춥고 상대적으로 여름은 시원하다. 게다가 사막은 구름이 별로 없어 낮 동안 토양 표면과 공기가 급속히 가열되고, 해가 진 후엔 지표에서 열 에너지가 방출되면서 급속히 냉각되어 기온의 일교차가 매우 크다. 겨울 동안에는 더운 사막에서도 추운 밤이 전형적으로 나타난다.

사막은 **생물종 다양성**이 제한되어 생물이 전혀 없을 것으로 생각되지만 사막의 생물들은 건조하고 뜨거운 환경에서 살아남을 수 있게 특별히 적응되어 있다. 예로 식물은 물의 손실을 최소화하도록 잎의 크기가 작고, 연중 가장 건조한 기간 동안 잎을 완전히 떨어뜨린다. **선인장** 같은 종류는 **건기** 동안에 사용할 물을 스펀지 같은 몸체에 저장한다. 어떤 식물들은 비가 올 때까지 씨나 일부 기관이 수면에 들기도 한다. 다년생 식물들은 가끔 내리는 비에 의존하며 **우기**동안 식물은 대부분 꽃을 피우거나 재생

그림 3.6 중국 내몽골자치구의 쿠부치 사막 전경. 오른쪽 사진에는 적으나마 식물이 성장함을 볼 수 있고, 멀리 시외곽의 녹지와 도시지역이 보인다. 이처럼 쿠부치 사막의 동쪽 끝은 도시, 농경지역까지 매우 인접해 있다.

산 한다. 또한 크게 눈에 띄지는 않지만 많은 동물들이 살아간다. 도마뱀, 뱀, 작은 포유동물, 초식포유류, 육식동물과 새를 **사막**지역에서 볼 수 있다. 사막에 사는 많은 동물은 최소량의 물로 살아 남을 수 있다. 일부는 음식으로부터만 필요한 수분의 대부분을 얻기도 하고, 방수 가죽이나 표피를 가지고 있어 **증발**에 의한 수분 손실이 거의 없다. 그들은 하루 중 시원할 때 만 제한적으로 활동하고 낮 동안은 주로 땅속 굴에서 대부분의 시간을 보내면서 극심한 온도 변화를 피하고 수분을 보존한다.

(2) 초지

초지(grassland)는 전 세계에 걸쳐 광범위하게 분포되어 있다. 지역에 따라 중앙아시아, 북미, 남미의 초원지역을 각각 프레리, 스텝, 팜파스 등으로 불러왔다. 사막과 같이 초지의 형성에 영향을 주는 주요 요인은 이용할 수 있는 수분의 양이다. 일반적으로 초지의 년강수량은 250~750 mm이다. 이 지역은 바람이 많은 여름에서 추운 겨울로 이어진다. **불**은 이 생태계에서 중요한 영향을 미친다. 나무는 드문 편으로 주로 수

그림 3.7 다양한 몽골의 초지: 우상단부터 시계방향으로 몽골남부 사막초지, 몽골중부 초지, 몽골동부 초지, 몽골중북부 산림초지

로를 따라 나타난다. 초본류가 식생의 60～90%를 차지하며 다양한 종의 개화 식물들이 초지에 산재해 있다.

지구상의 대부분의 초지는 토양이 비옥하고 깊기 때문에 옥수수, 밀과 같은 **농작물**을 재배하기 위해 수세기 동안의 **개간** 결과 농토로 전환되어 왔다. 더 건조한 초지는 소, 양, 말과 같은 **가축**을 **방목**하는 곳으로 개조되고 있다. 전통적으로 이 지역은 들소, 영양, 야생마 그리고 다양한 종의 양, 소, 염소와 같이 대규모의 이동성 **초식동물**의 보고였다. 또한 메뚜기, 풍뎅이류, 파리 같은 곤충이 흔하고, 쥐, 다람쥐와 같은 작은 초식동물도 풍부하다. 이들 초식동물과 곤충들을 잡아먹는 조류도 풍부하다.

(3) 사바나

사바나(savanna)는 나무가 점점이 흩어져 있는 초지로 아프리카, 남아메리카, 오스트레일리아의 일부 지역에 나타난다. 이들 지역은 연 강수량이 500～1,500 mm인 열대성 기후이다. 그러나 강우가 1년 내내 고르게 분포하지 않으며, 일반적으로 긴 **가뭄** 후에 **폭우**가 오곤 한다. 이곳의 동식물은 강한 계절적 특성을 보인다. 재생산 활동은 **우기**에 주로 일어난다. 주요 식물은 풀이지만 가뭄에 저항력이 있고 나무 꼭대기가 평평하고 가시가 있는 나무들로 흔히 볼 수 있다. **불**이 빈번하게 발생하는 곳으로 이 나무들은 화재에 대한 저항성이 크다. 주요 포유류는 초식동물이다. 호주의 캥거루, 아프리카의 다양한 종의 영양, 남아메리카의 라마가 그 예이다. 많은 종의 설치류, 조류, 곤충류, 파충류가 이 생물군계에 관련되어 있다. 곤충류 중에는 흙무더기를 쌓는 **흰개미**가 특히 흔하다.

초지와 사바나에서는 풀-가축-사람으로 이어지는 단순한 먹이연쇄과정이 있다. 양, 염소, 말 소, 낙타 등 사람이 길들인 가축은 풀을 먹고, 그 가축의 고기와 젖을 먹는 단순한 생태계의 기본은 바로 풀이다. 가축이 풀을 과잉 소비하면 표토가 드러나서 사막이 된다, 우리나라에 봄에 날라오는 황사의 원인 중의 하나가 과도한 방목이다. 또 풀을 찾아 이동하므로 쉽게 집을 짓고 허무는 형태이다.

(4) 열대우림

열대우림(tropical rainforest)은 아시아 남동부와 중앙아메리카, 남아메리카, 아프리카, 카리브 해와 태평양 연안의 일부 섬들의 적도 부근에 위치하고 있다. 기온은 일반적으로 따뜻하고 비교적 일정하다. 서리는 없고, 거의 매일 비가 내리며 연간 강우량은 2,000 mm를 초과한다. 기온이 따뜻하고 **강우**가 풍부하여 식물들이 매우 빨리 자라는 한편, 토양 내 영양물질이 식물에 바로 흡수되지 못하고 물에 의해 씻겨 내려가는 경우가 많아 **토양**은 매우 척박하다. 영양물질이 씻겨 내려가기 전에 **영양물질**을 흡수하기 위해 토양 표면 가까이에 넓은 **뿌리조직**이 발달했다. 열대우림은 나무가 대부분의 영양물질을 보유하고 있기 때문에 농경지로 적합하지 않다. 이들 지역을 **개간**하였다가 사라진 **문명**들이 동남아시아의 앙코르왓트, 중남미의 마야, 잉카 문명이다.

한편 **열대우림**은 매우 많은 수의 **생물종**을 포함하고 있다. 열대우림의 종들은 지상의 기타 지역의 모든 종들을 합한 것보다 더 많다. 꽃과 열매가 1년 내내 풍성하기 때문에, 즙과 열매를 먹이로 하는 조류와 포유류가 매우 다양하게 존재한다. 대부분의 **태양광선**이 나무에 의해 가려져, 투과하는 빛의 양이 적기 때문에 많은 동물들은 소리로써 의사소통을 한다.

(5) 온대낙엽수림

온대지방의 산림은 대부분 겨울 동안 잎이 없고 다음 해 봄에 잎이 다시 자라는 나무들로 구성된다. 이런 종류의 산림을 온대낙엽수림이라 하며, 아시아와 유럽, 미국의 동부 절반과 캐나다 중남부와 남동부의 일부 등 많은 지역에서 나타난다. 우리나라 대부분 지역이 온대낙엽수림에 속한다. 이 지역들은 일반적으로 연간 강우량이

그림 3.8 강원도 인제군 점봉산의 온대낙엽수림 지대

1,000 mm 또는 그 이상이고 비교적 고르게 분포되어 있다. **열대우림**에 비해 온대낙엽수림은 일반적으로 훨씬 더 적은 종으로 이루어져 있으며, 많은 산림들이 2~3개 정도의 **우점** 수종으로 구성되어 있다. 온대낙엽수림은 나무의 잎과 목질부를 먹이로 하는 수많은 곤충군의 서식지이다. 이 산림 안에 사는 조류는 연중 봄에 도착하여 여름과 잎이 떨어지는 동안 그들의 어린 새끼들을 기르는 철새와, 박새, 딱따구리, 들꿩 등을 포함한 텃새들이다. 쥐, 다람쥐, 토끼, 사슴, 멧돼지 등 다양한 포유동물도 이 지역에 서식한다. 주요 포식자는 여우, 오소리, 족제비, 코요테, 맹금류 등이다.

(6) 타이가, 북부침엽수림 또는 아한대림

캐나다 남부의 절반, 북유럽의 일부, 러시아의 많은 지역에 두루 걸쳐 타이가(taiga), 북부침엽수림 또는 아한대림으로 알려져 있는 침엽수림이 있다. 가문비나무, 전나무, 낙엽송들이 이 지역에서 가장 잘 알려진 나무들이다. 기후는 짧고 서늘한 여름과 눈이 많이 내리는 긴 겨울을 보인다. 겨울은 매우 춥고 6개월 정도 지속된다. 일반적으로 토양은 겨울 동안 얼어 있는 상태이다. 강우량은 연간 250~1,000 mm 범위에 있지만, 1년 내내 낮은 기온과 일사량이 적어 수분 증발이 많지 않기 때문에 습한 편이다.

이곳의 나무는 특히 겨울 상태에 잘 적응되어 있다. 겨울은 상대적으로 건조하고 바늘 모양의 잎들은 수분 손실을 마기 위해 적응되어 있고, **낙엽송**은 가을에 잎이 진다. 겨울에 눈이 많이 내리므로 물리적 손상을 덜 받기 위해 나뭇가지가 유연하고 눈이 잘 미끄러질 수 있도록 피라미드 형태를 취하고 있다. 사슴, 순록(카리부), 무스 등

그림 3.9 스웨덴 우메오 인근의 타이가 지대

그림 3.10 몽골 알타이 산맥 타반보그드의 고산툰드라

초식동물이 풍부한 편이고, 이 외에 늑대, 족제비, 쥐, 다람쥐 등이 전형적인 이 지역의 포유류이다. 대부분의 조류는 철새이고 길고도 추운 겨울 동안 활동하지 않는 많은 곤충들을 주로 먹고 산다. 추운 날씨 때문에 파충류와 양서류는 이 생물계에서 거의 살 수 없다.

(7) 툰드라

타이가 북부는 나무가 거의 없는 생물계로서 영구히 동결된 토양층, 즉 **영구동토층**으로 구성된 툰드라(tundra) 지역이다. 유사한 생물계가 세계 전역의 높은 산꼭대기에서도 발견되며 이것은 고산툰드라로 잘 알려져 있다. 영구히 동결된 토양과 극도로 춥고 바람이 심하여 이 지역에서는 나무가 살 수 없고, 짧은 여름 동안 토양의 표층이 녹을 때 많은 초본과 지의류가 자란다. 이들 초본의 키는 보통 20 cm이다. 일반적으로 습하고, 영구동토층 위로 얕은 연못과 물웅덩이가 많이 만들어진다. 따라서 오리와 거위 같은 물새들은 짝짓기와 새끼들을 기르기 위해 툰드라로 이주한다. 곤충은 여름에 흔하며 철새들의 먹이가 된다. 파충류 또는 양서류는 이러한 극한적인 기후에서는 살아남지 못한다. 매우 짧은 생장기로 인하여, 이 생태계의 훼손은 회복시키는데 시간이 걸리므로 조심해서 다뤄야 한다.

(8) 고도와 위도

생물군계의 분포는 **강우량**과 **기온**에 의해 결정된다. **적도**에서 **북극**으로 갈수록 기온이 낮아지는 것처럼 산 밑에서 정상으로 갈수록 추워진다. 따라서 해수면에서 산꼭대기로 오르면서, 적도에서 북극까지 여행할 때 우연히 만날 수 있는 것과 유사한 일련의 생태계를 지날 수 있다(그림 3.11).

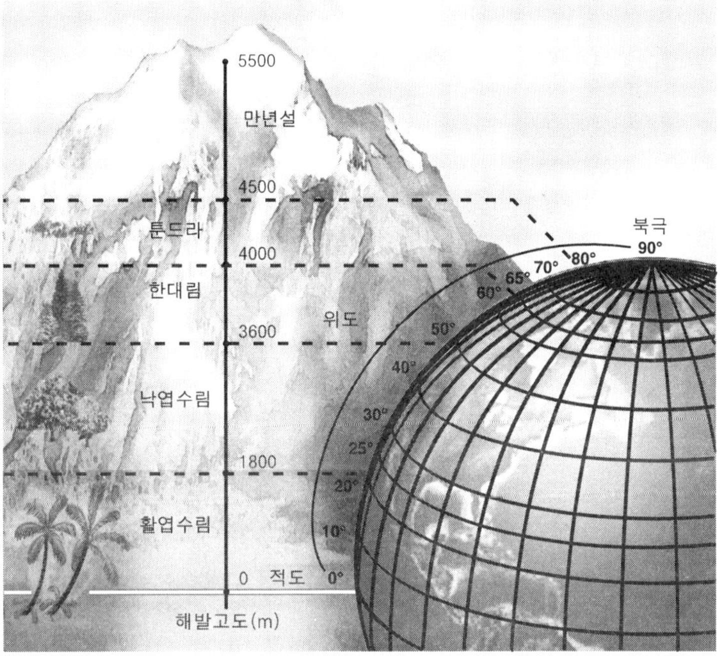

그림 3.11 고도, 위도와 생물군계와의 관계. 고도가 올라갈수록 기후는 변한다. 높이가 더 높아질수록, 기후는 더 추워진다. 평온한 열대지방의 높은 산꼭대기에서 눈이 내릴 수 있다. 또한 적도에서 북극까지 여행할 때에도 산을 등반할 때와 같은 식물의 변화를 체험할 수 있다. 독일의 생물, 지리학자 **훔볼트**(Humboldt)가 제시한 내용이다.

3 주요 수중 생태계

앞에서 살펴본 바와 같이 육상 생태계는 강우량과 기온, 그리고 토양의 유형과 바람과 같은 요인들에 의해 영향을 받는다. 이와 달리 수중 생태계의 주요한 결정요인은 물에 침투하는 태양광선의 투과력, 기층의 특성, 수온, 용존물질의 양 등이다.

(1) 해양 생태계

담수와 해수를 구분하는 주요 결정요소는 수중에 녹아있는 염의 양이다. 용존된 염이 적은 경우를 **담수 생태계**, 높은 양의 염을 가진 것을 **해양 생태계**, 그리고 해수와 담수가 섞이는 곳처럼 중간 수준의 염을 가진 곳을 **기수 생태계**라 한다. 해양 생태계는 다시 **원양 생태계**, **저서 해양 생태계**, **연안 생태계**, **하구** 등 다양한 생태계로 구분할 수 있다(그림 3.12).

(2) 원양 생태계

공해에서 많은 종류의 갑각류, 물고기, 고래가 먹이를 쫓아 활발하게 유영한다. 이런 종류의 동물을 **원양동물**(pelagic)이라고 하며 그들이 사는 생태계를 **원양 생태계**라 한다. 해양에서 광합성을 담당하는 생물들은 대부분 작고 미세하며 물 위에 떠있는

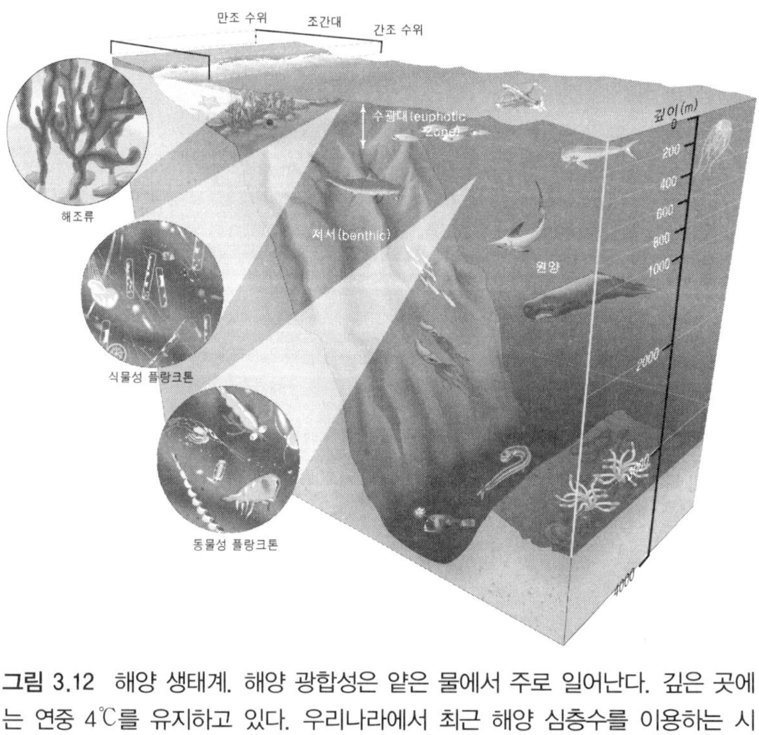

그림 3.12 해양 생태계. 해양 광합성은 얕은 물에서 주로 일어난다. 깊은 곳에는 연중 4℃를 유지하고 있다. 우리나라에서 최근 해양 심층수를 이용하는 시도가 이루어지고 있다.

식물 플랑크톤이라 부르는 조류이다. 이들은 주로 상부층에만 분포하는데 태양광이 깊이 침투하지 못하기 때문이다. 태양광선이 침투할 수 있는 층을 **수광대**(euphotic zone)라 한다. 작고 힘없이 헤엄치는 많은 종류의 동물들인 **동물 플랑크톤**은 식물 플랑크톤을 먹고 산다. 이들은 식물 플랑크톤 보다 더 깊은 곳에 살기도 하지만 밤에 위로 올라와 식물 플랑크톤을 잡아먹는다. 새우와 물고기가 동물 플랑크톤을 잡아먹고, 이들은 다시 연어, 참치, 상어, 고등어와 같은 더 큰 물고기에게 차례로 잡아먹힌다. 해양의 생물들은 식물 플랑크톤이 많은 곳에 풍부하게 분포한다. 생물체가 광합성을 위해 이용하는 인, 질소, 탄소 등수체의 **영양물질**은 식물 플랑크톤의 생산성에 영향을 미치는 주요한 요소이다. 수중에서 이들 영양염은 불충분하게 공급되기에, 가장 생산적인 수중 생태계는 이들 필수적 영양물질들이 가장 많이 퍼져 있는 곳이다. 칠레 앞바다와 같은 **용승대**는 해저의 풍부한 영양염이 수면으로 상승하는 곳으로 세계적인 어장으로 널리 알려져 있다.

(3) 저서 해양 생태계

바다의 바닥에 사는 생물을 저서 생물이라 부르며, 이 생물들로 이루어진 생태계를 저서 생태계라 부른다. 물고기, 조개류, 굴, 그리고 다양한 갑각류, 해면동물, 말미잘과 그 외 많은 다른 종류의 생물체들이 해저에 산다. 연안의 얕은 물인 경우 **태양광선**이 밑바닥까지 침투할 수 있고, 켈프(다시마의 한 종류) 같은 부착성의 광합성 생물체들이 흔히 자란다. 이들은 다른 해저 생물들의 훌륭한 **서식처**를 제공하기도 한다. **모래**, **진흙**, **암석** 등 바닥의 형태에 따라 살아가는 생물체의 종류가 다르다. 조개류, 작은 갑각류 등은 모랫바닥에서 흔하지만, **부착조류**는 뿌리를 고착하기 힘들어 잘 자라지 못한다. 반면에 진흙은 뿌리식물에게 좋은 서식처이고 진흙 내의 여러 동물들을 먹고사는 다양한 **혈거성 생물**들이 서식하기 좋다. 우리나라 서해와 남해에 발달한 **갯벌**은 **생물 다양성**과 **오염정화력**이 높은 지역이다. 바다의 암석 표면은 큰 조류들에게 아주 좋은 부착장소를 제공한다(그림 3.13).

해양의 아주 깊은 층은 **수광대**에서 내려오는 지속적인 **유기물질**에 의존하는 생태계로서 이를 **심해 생태계**라 한다. 본질적으로 이 환경의 모든 생물체들은 떠내려오는 것은 무엇이든 먹고사는 **청소생물**(scavenger)이다.

산호초는 주로 물이 따뜻한 지역에서만 서식한다. 수온이 저서 생태계의 종을 구성

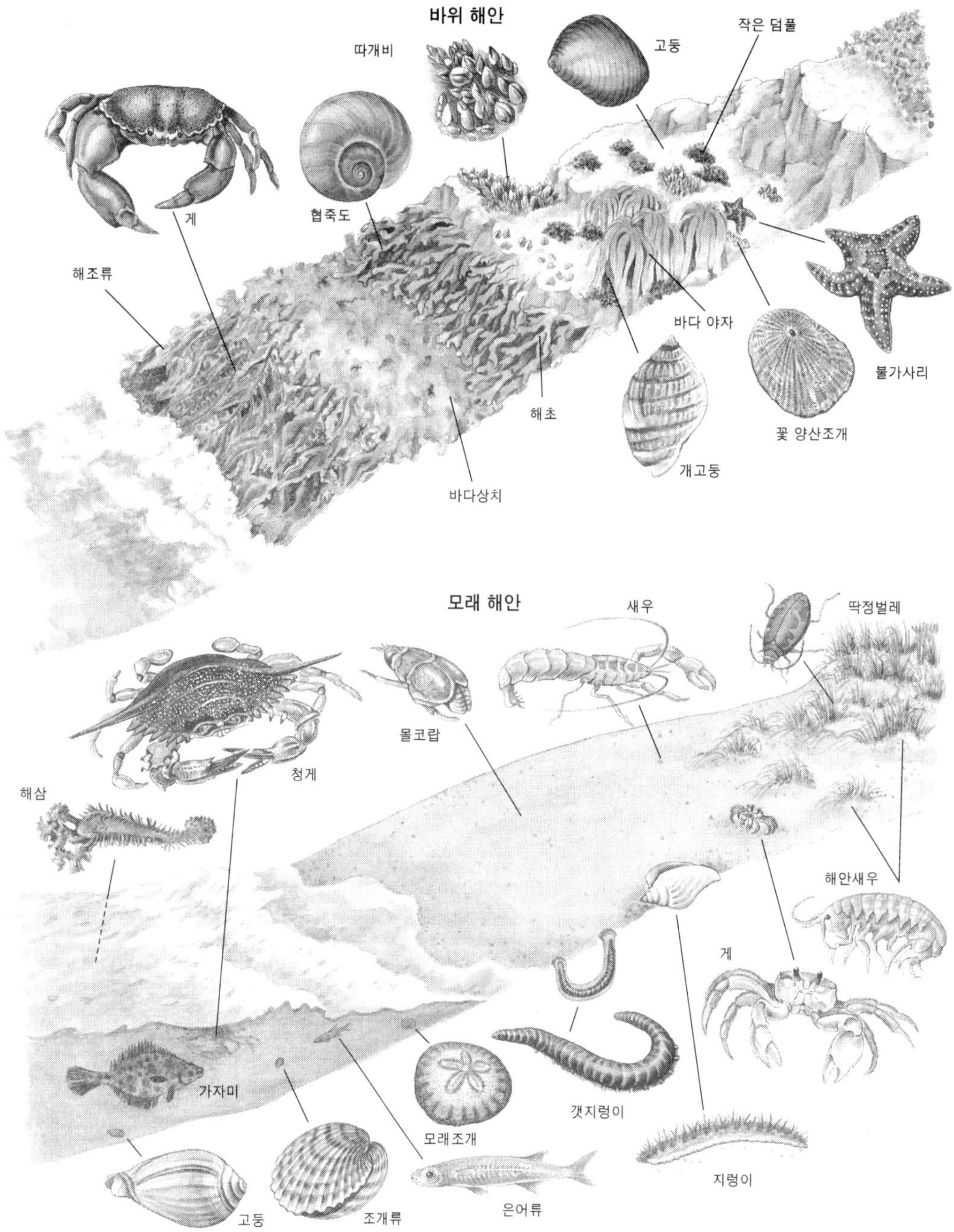

그림 3.13 저서 해양 생태계. 기층의 종류는 해안 근처에 살 수 있는 생물의 종을 결정짓는다. 암석은 생물들의 부착 장소를 제공한다. 모래는 항상 움직이기 때문에 생물이 잘 부착하지 않는다. 진흙은 산소를 거의 포함하고 있지 않다.

그림 3.14 산호초. 산호는 외부 골격을 만드는 작은 바다 동물이다. 산호는 일정한 조류와 상리공생관계를 형성해 상대생물과 더불어 잘 살아간다. 골격은 다양한 생물들이 살아가는 데 필요한 서식처 역할을 한다.

하는 과정에 영향을 미친 사례라 할 수 있다. 산호초는 몸체 둘레에 컵 모양의 외부 골격을 만드는 많은 수의 작은 동물로 만들어진다. 그들은 먹이를 잡기 위해 골격에서부터 뒤어나올 수 있고 태양에 노출되어 있다. 산호는 체내에 단일 세포로 된 **조류**를 포함하고 있다. 이 조류들은 **광합성**을 하고 성장에 필요한 **영양물질**을 자신과 산호 모두에게 제공한다. 물이 따뜻해야 하므로 **산호 생태계**는 적도 부근에서만 발견되고 있다.

또한 조류가 광합성을 해야 하므로 태양광선이 충분히 들어올 수 있을 정도의 깨끗하고 얕은 곳이어야 한다. 조류와 산호 사이의 상호 **공생**관계에 의해 이들 외에 많은 다른 종의 동물들이 살아갈 수 있는 서식처를 제공한다. 어떤 동물은 직접 산호를 먹고 살기도 하지만 어떤 동물은 작은 플랑크톤과 산호 생물들 사이에서 서식하는 조류를 먹고 살기도 한다. 이처럼 많은 종의 어류, 갑각류, 해면 동물, 조개류와 고둥이 산호초 생태계의 일부분으로, 산호초는 지구에서 가장 생산성이 높은 생태계 중의 하나이다(그림 3.14). 근래에 인근 섬으로부터 유출된 다량의 토사가 산호초를 뒤덮어 빛을 차단하여 조류의 광합성을 저해하였고, 이에 따라 산호-조류간의 공생관계가 훼손되어 결국 **산호초**가 죽어버리는 **백색화 현상**이 널리 발생하고 있다. 우리나라도 제주

그림 3.15 망그로브 늪. 망그로브는 해안을 따라 발견된 매우 습하고 염도가 높은 진흙에서 살 수 있는 열대성 나무이다. 나무는 퇴적물을 포착할 수 있어서 증식하기 위해 바다쪽으로 더 멀리 퍼지려 한다.

도 인근, 동해안에서 이 현상이 나타나고 있다.

망그로브 늪 생태계는 해안가의 지역에 형성되며, 지리적으로는 미국 남부 플로리다와 카리브해, 동남 아시아, 아프리카 등지에서 발견되고 있다(그림 3.15). 주요 생물은 높은 염을 함유한 해수를 견딜 수 있는 특수한 성질의 수목으로, 이들은 잎으로 소금을 배출한다. 식물들은 수면 위까지 뿌리를 뻗쳐 산소를 얻고 스스로를 지지한다. 나무는 퇴적물을 걸러 갑각류, 강장 동물, 해면 동물, 어류의 거주 장소를 제공한다.

퇴적이 계속됨에 따라 육상 생태계로 변하기도 한다. 근래에 동남아시아의 많은 망그로브 숲이 새우양식장으로 개발되어 심각하게 훼손되었다.

(4) 하구

해양 생태계의 특수한 부분인 하구는 얕고, 물의 염분은 조수와 강으로부터 흘러나오는 물에 따라 변하는 기수 생태계의 일종이다. 따라서 이곳에 사는 생물은 동적인 물리적인 상태와 화학적인 상태의 변화에 특히 잘 적응되어 있고, 종의 수는 바다나 담수보다는 훨씬 적다. 하구는 많은 양의 영양물질이 만으로 유입되는 곳으로 특히 생산성이 높은 생태계이다. 높은 광합성 활동 때문에 하구 내의 많은 종의 생물들이 살 수 있다. 하구는 가자미와 작은 새우 같은 어류와 갑각류를 위한 보육장소로서 특히 중요하다. 성숙한 생물들은 이 생산적이고 안전한 장소로 들어와 번식을 하고 바다로 되돌아간다. 어린 새끼들은 하구에서 치어기를 보내고 바다에서 살아남을 수 있을 즈음해서 결국 바다로 떠난다. 하구 역시 **퇴적물**을 거르는 작용을 하여 많은 종류의 오염물질이 바다로 유입되는 것을 방지해 준다. 이런 퇴적활동이 지속됨에 따라 하구가 점진적으로 채워지고 언젠가는 염습지가 되어 육상 생태계의 한 부분이 된다.

(5) 담수 생태계

담수 생태계는 해양 생태계와 달리 염의 존재량이 훨씬 적고, 수온의 변화가 크고, 물이 낮은 방향으로 흐르고, 산소의 공급이 종종 부족하고, 담수계에 서식하는 생물체가 매우 다양하다. 담수 생태계는 상대적으로 물이 고여 있는 호수, 연못, 저수지 등과 강과 같이 물이 아래 방향으로 흐르는 곳으로 구분하여 볼 수 있다.

(6) 호수와 연못

호수의 얕은 해안을 따라 나타나는 수광대에는 **정수식물**(emergent plant)이라 부르는 호수 바닥에 뿌리를 내리고 일부는 수표면 위에 떠 있거나 물 위로 솟아나온 잎을 가진 식물들이 살고 있다. 부들, 갈대, 쇠귀나물, 수련 등이 그 예이다. 엘로디아와 차라와 같이 수표면 아래에 잠긴 뿌리를 가진 **침수식물**(submerged plant)도 있다. 또한 많은 종류의 담수 조류들이 바닥에 매트처럼 깔려 있거나 물속의 식물과 또 다른 물체에 붙어서 자란다. 이들 식물과 조류는 어류, 가재류, 조개류 그리고 많은 종의 수중 곤충들에게 서식처를 제공한다. 뿌리 식물이 있는 지역을 **연안역**(littoral zone)이라 하고, 뿌리 식물이 없는 호수 부분을 **준조광대**(limnetic zone)라 부른다(그림 3.16).

호수의 생산성은 수온, 태양광, 영양물질의 존재량 등에 의해 영향을 받는다. 얕은 호수는 대부분의 물이 태양광선을 흡수하여 더 따뜻하고 광합성을 호수의 바닥까지 일어날 수 있기 때문에 생산성이 더욱 높다. 하천은 호수로 영양물질을 이동시키는 주요한 통로이다. 깊고 차갑고 영양물질이 부족한 호수는 생산성이 낮으며 빈영양호라 불린다. 얕고 따뜻하고 영양물질이 풍부한 호수를 부영양호라 부른다.

수중에 함유된 **용존 산소**의 농도는 호수에 서식하는 생물의 종을 결정한다. 호수의

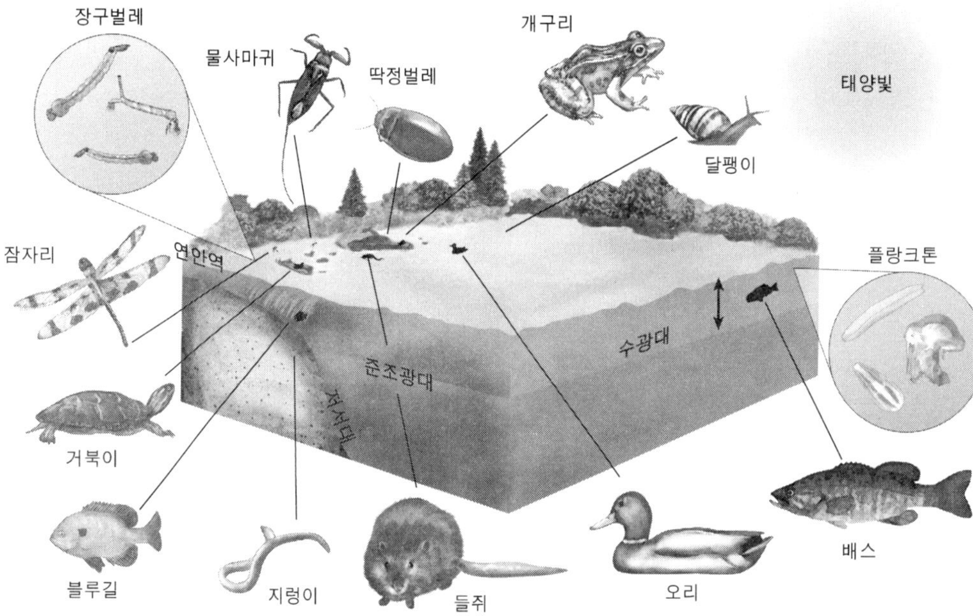

그림 3.16 호수 생태계. 호수 연안대와 깊은 지역은 서식하는 종의 생태학적 지위가 다르다.

용존산소는 수생 식물의 광합성의 결과로 물에 유입되는 산소분자와 바람이 수면을 가로질러 불어 생기는 파동에 의해 공기와 물을 혼합시키는 과정에서 유입된다. 호수 안이나 주변에 사는 생물의 신진대사 배설물과 죽은 식물과 동물, 나무에서 떨어져 물에 들어온 유기물을 박테리아와 균류가 분해하는 과정에서 수중의 산소를 사용한다. 이것을 **생화학적 산소 요구량** 또는 BOD라고 부른다. 유기물이 많은 경우 분해과정에서 산소를 다량 사용하여 호수의 용존산소가 줄어들게 된다. 심한 경우 물고기와 다른 생물체의 죽음을 초래하기도 한다.

(7) 하천과 강

강에서는 물이 흐르기 때문에 부유성 플랑크톤보다는 부착생물이 더 중요한 역할을 한다. 대부분의 조류는 바위나 하천 바닥의 다른 물체에 부착하여 자란다. 물이 얕기 때문에 빛은 더 쉽게 바닥까지 침투할 수 있고, 식물의 광합성은 주로 필요한 영양염류의 양에 의해 영향을 받는다. 육지로부터 유입되는 동식물의 잔해와 토사는 식물의 **광합성**에 필요한 영양소를 제공한다. 하천에는 특히 잔해를 먹이로 이용한 것에 적응한 생물군이 있다. 하천으로 유입된 동식물의 잔해를 박테리아와 균류가 우선 차

그림 3.17 우리나라에 설치된 인공습지. 하수처리용으로 만들어져 유기물질과 영양염류를 제거하고, 갈대, 달뿌리 풀 등 대형수초를 이용한다.

지하고, 많은 종의 곤충들이 이들 박테리아와 균류를 먹음으로써 유기물질을 잘게 찢는다. 먹는 과정 중 생성되는 배설물과 조그마한 입자는 곤충들의 먹이가 되며, 이 곤충들은 다시 육식성의 곤충과 물고기에게 차례로 잡아먹힌다.

태양광선이 덜 침투되는 좀 더 큰 강과 진흙이 많은 하천에 사는 생물들은 하천에 떠다니는 먹이를 주로 먹고 산다. 이렇게 더 큰 강은 더 따뜻한 편이고 천천히 흐른다. 그러므로 산소의 양은 일반적으로 적고, 동식물의 종은 상류지역과 다르다. 강에 유기물질이 늘어나면서 BOD가 높아지고 물속의 산소가 감소한다. 식물은 강가를 따라 자라게 되고, 광합성을 함으로써 생태계에 영향을 주고 동물들에게 은신처를 제공한다.

늪과 **습지**는 수중 생태계에서 육상 생태계로 변하는 장소이다. 늪은 비 때문에 계속 범람하는 곳이든 연중에 부분적으로 범람하는 곳이든 이들 환경에 적응한 나무가 자란다. 습지는 주로 풀과 갈대로 이루어져 있다. 많은 늪과 습지는 결국 모두 육상 생태계로 변화해 가는 천이 단계이다. 이 습지는 생산성이 높고 오염물질을 분해하는 능력이 크다. 이러한 점을 이용하여 오염물질을 정화하는 목적으로 인공습지를 만들어 사용하고 있다(그림 3.17).

습지는 수조류, 어류, 파충류, 양서류 등의 동물 및 식물의 다양성이 높을 뿐만 아니라, 홍수와 한발을 조절하는 기후조절 역할을 하고 침식방지, 정수, 해안지대 보존과 같은 환경적 기능 등 생태학적으로 매우 중요하다. 이러한 인식이 확산된 것은 최

〈표 3.1〉 람사협약으로 지정된 우리나라 습지(자료: 환경부)

지역명	위치	특징	지정일자
대암산용늪	강원 인제군 대암산	희귀야생 동식물이 서식하는 국내 유일의 고층습원	'97.03
우포늪	경남 창녕군	다수의 멸종위기 동식물이 서식하는 국내 최대의 자연늪	'98.03
신안장도습지	전남 신안군	멸종위기종 서식. 이탄층이 발 보전된 도서지역 산지습지	'05.03
순천만 · 보성갯벌	전남 순천시 도사동 일대, 전남 보성군 벌교읍 해안가일대	멸종위기종 흑두루미의 국내 최대 월동지	'06.01
제주 물영아리 오름습지	제주 서귀포시 수령산	물장군과 맹꽁이 등 멸종위기종 서식. 독특한 식생경관을 지닌 화구호습지	'06.01
무제치늪	울산 울주군	끈끈이주걱, 꼬마잠자리 등 희귀 야생 동식물 서식. 이탄층이 잘 발달된 산지습지	'07.12
두웅습지	충남 태안군	희귀야생 동식물 서식하고 해안사구 배후에 형성된 사구습지	'07.12
무안갯벌	전남 무안군	생물다양성 풍부하고 지질학적 보전가치가 있음.	'08.01
오대산 국립공원습지	강원 평창군	멸종위기종 서식하고 이탄층 잘 발달된 산지습지	'08.10
강화 매화마름 군락지	인천 강화군	매화마름, 금개구리 등 멸종위기종 서식	'08.10
제주 물장오리오름습지	제주 제주시	팔색조, 삼광조 등 멸종위기종 서식. 이탄층 발달한 산정 하구호 습지	'08.10
제주 1100고지 습지	제주 서귀포시	멸종위기종 및 희귀종이 서식하고 독특한 지형에 발달한 고산습지	'09.10
서천갯벌	충남 서천군	다수의 멸종위기종 조류 및 전세계 물떼새 개체수의 1% 이상이 서식(검은머리물떼새)	'09.12
고창 · 부안 갯벌	전북 부안군, 고창군	다수의 멸종위기종 조류 및 전세계 물떼새 개체수의 1% 이상이 서식(흰물떼새)	'10.02
동백동산습지	제주도 제주시	지하수 함양률이 높고 생물다양성이 풍부한 곶자왈지역	'11.03
운곡습지	전북 고창군	생물다양성이 풍부하고 멸종위기종 수달 등 서식	'11.04
증도갯벌	전남 신안군	풍부한 저서생물, 멸종위기종인 노랑부리백로, 가창오리 등 서식	'11.07
밤섬	서울 영등포구 여의도동, 마포구 당인동	매, 큰기러기 등 멸종위기종 서식. 팔당댐 방류량에 따라 수시 침수	'12.06
송도갯벌	인천 연수구	연안 습지	'14.07
숨은물뱅듸	제주 제주시	산지 습지, 멸종위기종인 자주따귀개 등 서식	'15.05
한반도습지	강원 영월군	멸종위기종인 수달, 돌상어 등 서식	'15.05

근의 일이며, 실제 **습지**는 가장 비옥한 건초용 목초지 대비 두 배 이상의 유기물질을 생산하는 것으로 알려져 있다. 그러나 가뭄과 매립장 건설, 국가적 차원의 배수활동 등으로 인해 습지가 현저히 감소되는 것을 방지하기 위해, 국제적으로 보호가치가 있는 중요한 습지의 보호에 관한 협약이 1971년 이란의 람사(Ramsar)에서 채택되었다. **람사 협약**의 이념은 다음과 같다. 습지는 수계의 조절자로서 또한 특유의 동식물, 특히 물새를 보호하는 서식처로서 기본적인 생태학적 기능을 가지고 있으며, 경제, 문화, 과학 및 여가 가치를 가진 중요한 자원이므로 현재와 미래에 있어서 습지의 점진적 침식과 손실을 저지해야 하며, 철새가 계절적인 이동과정에서 국경을 넘을 수 있으므로 국제적인 자원으로 간주되어야 한다. 우리나라는 1993년 3월 28일 가입하였고 7월 28일 발효하였다. 우리나라에서 람사 협약에 포함된 습지는 2016년 현재 21개소이다. 람사협약에 의한 습지는 물이 고여 있거나 흐르고, 담수 또는 간조시의 염수를 포함해서 물의 깊이가 6 m를 넘지 않는 해양에 해당되는 자연적이든, 인공적이든, 지속적이든, 일시적이든 관계없이 소택지(marsh), 이탄지(peatland), 늪, 또는 물이 있는 지역으로 독특한 생물, 지리학적 특성, 희귀 동식물 종의 서식지, 특히 물새 서식지로서의 중요성을 가지는 곳이어야 한다.

제4장 생물 다양성

1 생물 다양성이란?

한 나라가 얼마나 부자(wealthy)인가를 나타내는 지표는 GDP로 표현되는 물질적인 부, 문화와 전통을 가진 문화적인 부와 생물 다양성을 확보한 생물자원의 부로 나타낼 수 있다. 앞의 두 가지는 노력을 하면 얻을 수 있는 부 이지만, 마지막 생물 다양성은 나라가 위치한 자연 환경과 그 자연을 지키는 국민들의 노력에 의하여 유지되는 부이다.

생물 다양성이 물질적인 부로 확인되는 것은 바로 고려 시대에 중국에서 밀수입한 목화이다. 문익점이 몰래 들여온 목화는 당시 원나라가 수출을 금지한 품목이었다. 당시 고려는 솜을 비싼 값에 수입하여 가공하여 사용하였다. 이 밀수입한 목화 덕분에 고려는 쉽게 겨울을 날 수 있었다. 누에도 역대 중국 왕조가 수출을 금지한 품목이었으며 누에가 생산한 비단만 교역물품으로 외국으로 비싼 값으로 팔려 나갔다. 당시 로마에서는 비단과 금이 같은 무게로 거래되었다는 설도 있다. 그러나 이 누에도 당나라 공주가 단단 위리크(지금의 아프카니스탄 근처라고 함)에 시집가면서 비녀에 누에 알을 숨겨 반출하였고, 이 지역은 **비단** 생산지로 부를 축적하였다고 한다.

근세에는 브라질의 **마나우스**가 몰락한 것도 주요한 생물을 지키지 못하여 몰락한 예가 된다. 마나우스는 아마존강 중류에 위치한 오지이며 고무나무가 특산종인 지역이었다. 산업혁명으로 고무 소비가 급증하면서 고무 생산을 독점한 마나우스는 엄청난 부를 축적하였고, 열대우림 속에 아름다운 오페라 하우스를 가진 도시로 발전하였다. 이 오페라 하우스의 벽면 재료, 의자, 부속들은 유럽의 이탈리아, 오스트리아, 영국 등에서 가져다가 지었다고 한다. 그러나 영국이 몰래 고무나무를 빼내어 당시 영국의 식민지이었던 말레이시아에서 재배가 성공하면서 마나우스는 몰락하고 말았다. 생물 다양성이 가진 경제적 가치를 알 수 있는 예들이다.

생물 다양성(biodiversity)이란 원래 한 지역에 살고 있는 생물의 종(species)이 얼마나 다양한가를 나타내는 지표이다. 통계적으로 종의 수와 개체수를 분석하여 다양한 지표로 나타낸다. 최근에는 이 생물 다양성을 종의 다양성뿐만 아니라 생물의 유전적 다양성과 생물이 살아가는 생태계의 다양성까지를 포함하고 있다. 한 지역을 개발 하는 것은 바로 그 지역의 자연 환경이 사라지고 그 안에 포함된 수많은 생물들이 함께 사라진다는 것을 의미한다.

2 생물 다양성이 중요한 이유

생물 다양성이 중요한 이유는 식량, 의약품, 의류 등 인류의 삶을 유지하는 데에 절대적으로 필요한 물질이 모두 생물에게서 나왔기 때문이다. 또, 생태계가 건전하여야 **물질순환**이 제대로 이루어지며 오염물질이 제거된다. 그리고 건전한 생태계와 다양한 생물은 우리에게 휴식 공간을 제공하고, 자연 속에서 생명 윤리를 깨닫게 한다.

생태계는 다양한 생물로 구성되어있다(제2장, 3장 참조). 구성원이 다양할수록 생태계는 안정적이다. 생태계는 물질 순환, 먹이 연쇄, 에너지 전달 과정을 통하여 오염물질을 분해하고 다양한 먹거리를 제공하고 의약품도 제공하고 있다. 숲을 예로 들면 숲은 물을 함유하는 능력이 뛰어나 홍수를 예방하고 가뭄 때에도 물을 계속 흘려보내는 역할을 한다. 이 과정에서 숲은 마땅한 식물과 동물들이 어우러져 사는 생물 사회를 구성하고, 이 구성원들은 숲을 더 풍요롭게 한다. 인구가 늘어나 이 숲을 파괴하여 농경지로 만들면 숲이 가지고 있었던 물의 함수 능력이 떨어져 표토층이 메마르게 된다. 메마른 표토층은 바람으로 날려가고 비가 오면 토사가 밀려나 인근 하천과 호수로 흘러 들어 간다. 이 토사는 궁극적으로 하천과 호수의 바닥을 높게 만든다. 또 표토층이 날라간 토양은 척박하여 더 이상 식물이 자라지 못하고 따라서 동물들도 사라지게 된다. 이런 과정을 통하여 사람들이 생산성이 떨어진 숲을 떠나면서 인근 문명도 피해를 입게 된다. 이런 경과를 거쳐 지금은 폐허가 된 도시는 터키의 에페서스(성경에서는 에베소라고 함)이다. 생태계의 변화는 천천히 일어나고 있어 그 피해를 바로 느끼지 못하지만 언젠가는 망가진 생태계 때문에 피해를 입게 된다.

최근에는 **생태관광**(eco-tour)이라는 개념이 정립되면서 자연을 그대로 바라보는 것이 새로운 관광상품으로 자리잡고 있다. 생태관광은 말 그대로 자연 생태계를 경험하는 관광상품이므로 잘 보전된 생태계는 새로운 소득원이다. 대표적인 생태 관광지는 호주의 대 **산호초 지역**(great reef barrier), 시베리아 **타이가** 산림과 **바이칼호** 지역, 카나다 **로키**지역, 미국과 아프리카의 여러 국립 공원들, 동남 아시아 국가들의 **정글**, 몽골의 **대초원**과 **습지** 등이 있다. 또, 건강한 생태계는 그 구성원들이 어우러져 오염물질을 정화한다. 푸르른 숲은 지구온난화의 원인 물질인 이산화 탄소를 흡수하고 산소와 수분을 배출함으로서 지구를 식혀주는 역할을 한다. 우리나라 서해안과 남해안에 드넓게 펼쳐진 **갯벌**은 그 자체가 오염 정화 장치이다. 갯벌에 붙어 있는 미생물이 분해하고, 게와 갑각류는 이 미생물과 유기물질을 먹어 치워 오염 물질을 정화하고 있다(그림 3.13 참조). 훼손된 갯벌이 정화 능력을 상실한 것은 바로 그 안에 사는 다양한 생물들이 사라졌기 때문이다. 오염 정화는 생물 종 다양성이 중요한 첫째 이유이다.

생물 다양성이 중요한 두 번째 이유는 바로 경제적 가치이다. 우리가 먹는 식량은 모두 생물 자원이다. 지역과 문화에 따라 인류가 먹는 음식은 다르지만 곡류는 쌀, 보리, 밀, 콩, 수수, 옥수수, 귀리, 팥, 메밀 등 모두 합하여 20종도 안 된다. 야채, 과일, 생선을 포함한 육류도 모두 생물에서 얻은 것이다. 또 화석연료를 대체하는 **바이오 디젤**(Bio-diesel)은 유채를 비롯한 식물에서 얻은 것이다. 또 다른 경제적 가치는 바로 의약품이다. 중세 때에도 질병을 다루는 의약품은 동물과 식물 그리고 광물에서 얻었다. **민간 요법** 또는 **전통의약**이라는 것이 바로 그 지역에서 나는 생물체에서 질병 치료제를 얻는 것이었다. 이는 경험에서 얻은 것이라 나름대로 의미가 있으며, 현대에서 과학적으로 분석하고 응용하여 새로운 신약으로 개발하였다.

대표적인 것이 남태평양의 사모아섬에서 자생하는 식물인 *Homalanthus nutans*에서 얻

〈표 4.1〉 식물에서 추출하여 사용하는 대표적인 의약품과 효능

의약품명	효능
아스피린(Aspirin)	진통, 해열
코데인(Codeine)	진통, 기침 해소
이페카크(Ipecac)	구토 유도
필로카핀(Pilocarpine)	안구혈압 저하
슈도에페드린(Pseudoephedrine)	비강의 울혈 해소
퀴논(Quinine)	말라리아 예방과 치료
레서핀(Reserpine)	혈압 강하
스코폴라민(Scopolamine)	근육통 완화
테오필린(Theophylline)	기관지 확장
빈블라스틴(Vinblastine)	Hodgkin질환 치료

은 **프로스타라틴**(prostaratin)이다. 바이러스가 원인인 **황열병**(yellow fever)은 열대지역인 이 지역에서 흔한 질병이고, 민간 요법으로 이 지역에서 나는 식물인 *Homalanthus nutans*를 치료제로 달여 먹었다. 미국 국립 암센터에서 이 식물에서 프로스타라틴을 추출하였고, 이는 **에이즈 바이러스**인 HIV를 억제하는 것을 확인하여 항 에이즈제로 사용하고 있다. 역사적으로 인류는 약 20,000여 종의 식물을 약재로 사용하였고, 그 중 특정 약효 성분을 추출하여 상용화한 것이 이제 겨우 100여 종에 불과하다(표 4.1). 따라서 아직 확인되지 않은 전통 민간요법과 또 미지의 세계에 널린 새로운 식물들이 가지고 있는 잠재적인 가치는 무한하다.

미생물은 다른 미생물의 성장을 억제하는 **항생물질**을 분비하며 이를 인류가 이용하여 질병을 퇴치 할 수 있었다. 대표적인 항생물질인 **페니실린**(Penicillin)은 곰팡이에서 얻었고 2차 세계 대전과 그 이후에 많은 인명을 구하였다. 그 후에 발견된 스트렙토마이신 등도 모두 미생물에서 얻은 것이다. 그러나 21세기 현재 질병균들은 항생제에 내성을 가져 새로운 항생물질이 필요하지만 개발과정은 더디다. 그 이유는 지난 50년간 찾을 수 있는 물질은 대부분 발견되었고, 남은 것은 특수한 지역, 즉 **남극**, 히말라야와 같은 **고산 지대**, 시베리아의 **툰드라 지대**, **심해**, 뜨거운 **온천수 지역**과 같은 극한 지역에서 서식하는 생명체로부터 얻는 새로운 물질 만이 남아 있기 때문이다. 따라서 **특수한 생태계**와 자연 환경을 가진 것은 단순히 관광뿐만 아니라 생물 자원의 보고를

확보하고 있다는 뜻으로 매우 중요한 부를 확보하는 것이다. 최근에는 IT(정보공학)의 발달로 의약품을 컴퓨터 상에서 디자인하여 새로운 신약 개발에 생물 다양성이 차지하는 중요성은 예전 보다는 훨씬 줄어 들었다. 그러나, BT(**생명공학**)가 발달하면서 생물 다양성과 유전자 다양성은 더 중요하게 되었다. 현재 BT가 발달하였으나, 아직은 생물 자체를 창조하지는 못하고 다른 생물이 가진 유전자를 이용하여 새로운 품종을 만들어 내고 있다. 따라서 질병에 강한 품종, 고온, 가뭄, 냉해에 강한 품종을 얻기 위해서는 이런 유전자를 가진 품종을 확보하여야 한다. 이러한 이유로 각국에서는 유전자 은행을 설립하고 외국, 특히 생물자원이 풍부한 국가들과 교류하여 생물자원을 확보하고자 한다.

특히 곤충은 **항암물질**을 가지고 있어 새로운 신약물질 제공자로 각광을 받고 있다. 예전에는 나비에서 물감을 추출하여 화폐에 사용하기도 하였으나, 이제는 훨씬 더 부가가치가 큰 신물질 제공자이다.

화장품도 생물에서 얻은 물질을 이용한 것이다. 인간이 노동으로 꽃에서 꿀을 딴다면 꿀 1리터는 상상할 수 없는 가격이 된다. 그러나 꿀벌들이 꽃에서 따온 꿀을 인간이 중간에서 가로 챔으로서 우리는 쉽게 꿀을 얻을 수 있다. 만일 자연 환경이 오염되어 꿀벌이 살아 갈 수 없다면 우리는 꿀을 얻을 수 없을 뿐만 아니라, 꽃들이 수정하지 못하여 더 이상 아름다운 식물을 볼 수 없게 된다. 더불어 잼, 과일쥬스 등 과일로 만든 식품은 식탁에서 사라질 것이다. 이렇듯 생물은 우리에게 무한한 경제적 이익을 직접, 간접으로 주고 있다.

꿀벌은 생태계 보존을 위하여 절대적으로 필요한 개체군이다. 농작물의 약 71%가 꿀벌에 의하여 꽃가루 받이(수정)가 이루어 진다. 우리나라에서 꿀벌이 농작물 수정에 관여하는 경제적 가치는 6조원으로, 뉴질랜드에서는 50억달러로 평가 되고 있다(2013년 가치). 꿀벌은 꿀 이외에도 로얄젤리, 의약품, 화장품의 원료를 생산하고 있다. 벌집구조물과 생태적 습성은 생채모방 기술에 응용이 되고 있다. 꿀벌이 중요한 이유는 식물들의 **꽃가루 받이**를 담당하므로 생태계의 가장 기본이 되는 생산자인 식물의 활동을 돕는 역할을 한다는 점이다. 따라서 꿀벌이 사라지면 식물의 개체수가 줄어들고, 가축과 사람을 포함하는 동물의 개체수도 줄어 들 수 밖에 없다. 최근 **'꿀벌 실종사건'**에 대하여 세계 여러나라가 관심을 기울이는 것도 바로 이러한 이유에서이다.

그림 4.1 꽃에서 벌들이 채취한 꿀. 인간의 노동력으로 꽃에서 채취하면 현재의 가격으로 살 수없을 정도로 비싸게 된다. 꿀벌이 사라지면 꿀을 얻지도 못할 뿐만 아니라 식물의 번식이 이루어지지 않아 결국 인간 문명도 사라지게 된다(출처: www.wikipedia.org).

또 생물 다양성은 윤리의식을 높이는 데에도 기여를 한다. 인류는 자연을 정복의 대상으로 보았으나, 생물다양성이 중요하고 보전할 이유를 찾았으므로 이제는 더 나아가 자연과 환경을 보전하는 행동을 실행하게 된다. 이러한 의식은 환경 교육을 통하여 더 확대되고 있다.

생물 다양성은 진화와 생물의 근원을 밝히는 연구와 이에 관련된 유전학, 생리학을 포함하여 모든 생물학의 기초가 된다. 현재 진행중인 지구온난화를 포함한 환경 변화와 오염은 생물 다양성에도 영향을 미친다. 과거의 생물 다양성 변화를 추적하면 미래에 변화될 생물 다양성 변화도 충분히 예측할 수 있다고 본다. 이러한 의미에서 생물 다양성 보존은 중요한 의미를 가진다.

그리고, 생물 종 다양성이 풍부한 지역은 레크리에이션, 등 여가 활동을 즐길 수 있는 지역이다.

3 생태계 다양성

지구상에는 기후로 나누면 열대-온대-한대 지역으로 구분된다(제3장 생태계와 군집 참조). 또 육상 생태계에는 열대우림, 온대 숲, 한대의 툰드라 및 타이거 지대, 사바나 지역, 사막 지역 등 매우 다양한 지역으로 구분이 되나 크게 나누면 습지, 반습지, 건조, 사막 지대로 구분된다. 수 생태계는 해양, 하천, 호소, 기수호 생태계로 구분된다. 생물 다양성이 가장 높은 곳은 수 생태계에서는 산호초(coral reef)와 망그로브(mangrove forest)이고, 육상 생태계에서는 습지와 열대우림(tropical rain forest)이다.

산호초 지역은 바다에 얕은 수심으로 형성된 산호초 지대이다. 산호는 공기 중의 탄산가스를 흡수하여 석회암으로 만드는 작용을 하여 지구온난화 작용을 완화하는 작용도 한다. 산호초의 가장 큰 기능은 다양한 생물들이 살아가는 장소를 제공하여 이 지역이 생물 다양성이 매우 높다는 것이다. 얕은 바다로 산호와 바닷 물풀이 풍부하여 이를 먹이로 하는 물고기와 산호를 숨이 공간으로 이용하는 물고기, 이 물고기를 먹이로 하는 다양한 육식어류가 함께 공존하는 생태계이다. 최근에 수온이 상승하여 산호초가 죽으면서 황폐화되고 있다.

망그로브 지역은 열대 연안 해양에 나타나는 생물 다양성이 매우 높은 지역이다. 망그로브 숲은 육지와 바다가 만나는 지역에서 사는 나무로서 생산성이 매우 높다. 뿌리와 줄기에서 생산된 유기물은 미생물, 저서 곤충의 먹이가 되고 이를 먹는 물고기, 육식어류가 모여드는 곳이다. 또 망그로브 나무 뿌리는 물고기의 어린 새끼들이 숨을 수 있는 공간으로 이용된다. 망그로브 숲은 1980년대부터 새우 양식장으로 개발 되면서 파괴되기 시작하였다. 갑각류의 소비가 늘면서 새우 양식은 새로운 사업으로 떠오르면서 망그로브 숲은 파괴되었고 그 자리에는 새우 양식장이 들어서게 되었다. 새우 양식장에서 뿌려대는 사료는 인근 수역에 부영양화(제6장 부영양화 참조)를 유발하고 증가된 유기물로 무산소층이 형성되는 등 환경 파괴가 뒤따랐다.

육상 생태계에서 열대우림은 생물 다양성이 가장 높은 지역이다. **열대우림**은 적도를 따라 아프리카, 동안 아시아와 파퓨아 뉴기니와 남태영양의 섬 그리고 남아메리카에 분포되어있다. 이 중 브라질의 **아마존** 강 유역은 세계 최대의 열대 우림이다. 이곳에서 생산되는 산소는 전 세계에서 생산되는 산소의 5%를 차지할 정도이다. 이 열대우림에는 아직 문명의 발이 닿지 않은 지역도 상당부분이다. **아마존** 강에는 민물에 사는 돌고래가 있을 정도로 특이한 생태계이다. 이 지역의 토양과 식물과 공존하는 미생물 중에서는 새로운 **신약**을 찾아낼 수 있는 가능성이 높아 각국의 제약회사들이 연구 조사하고 있다. 또 새로운 식물들도 난치병인 **에이즈** 등의 치료 예방제로 개발 가능성이 높다. 그러나 브라질 정부는 이 열대우림을 1980년대부터 개발하면서 엄청난 면적의 열대우림을 태워버렸다. 이 우림이 소실되면, 그 안의 생명체도 함께 사라진 것은 확실하다. 이렇게 만든 농토는 5년을 넘기지 못하고 척박한 땅으로 변하였다(제3장 열대우림 참조).

열대우림을 태우고 만든 것은 바로 초지이다. 이 풀을 키워 소에 먹이고 쇠고기를 얻기 위한 것이다. 따라서 햄버거를 먹는 것은 아마존 숲을 태우는 것과 같으며 햄버거 하나의 가격을 생태학적으로 분석하면 천문학적인 액수가 된다(제 10장 농업과 환경 참조).

생물 다양성이 높은 또 다른 지역은 **습지**이다. 습지는 일시적 또는 영구적으로 물이 차는 지역으로 크고 작은 호수, 하천을 비롯하여 해안가의 갯벌, 갈대밭이 여기에 속한다. 습지는 육상 생태계와 수 생태계를 연결하는 생태계로 다양한 생물이 살고 있고 이 생물들의 상호작용으로 오염 정화 능력이 매우 뛰어나다. 호수와 하천에서는 물고기에게 양분과 숨을 공간을 제공하여 생태계를 유지하는 기능도 있다. 최근에는 오염 정화 능력이 큰 것을 이용하여 **인공 습지**를 만들어 환경 보전에 응용하기도 한다(제3장 하천과 강 참조).

4 종 다양성

종(species)은 생물을 구분하는 가장 작은 단위이다. 종은 서로 교배가 가능하고 그 자손이 또 교배가 가능하면 같은 종으로 인정한다. 최근에는 생물학이 발전하면서 핵산의 염기 서열을 바로 비교 분석하여 종으로 인정하기도 한다. 종은 진화의 산물이다. 종이 만들어지는 과정은 분화라고 하며 이 분화는 지역적 고립, 돌연변이 등 다양한 원인에 의하여 진행된다. 한 지역이 고립되면 그 지역은 독특한 생태계로 **진화**하고 그 안의 생물들도 지역에 맞게 진화하여 독특한 생물 종으로 분화한다. 다윈이 제시한 적자 생존과 자연 선택은 바로 이 과정을 말한다. 북극곰은 추운 북극에 적응하여 하얀 털과 두터운 지방층을 가지고 있고, 사바나 지역의 영양은 잘 도망 다니도록 뒷다리가 발달되어 있다. 북극곰은 아프리카 사바나 지역에서 살아 갈 수 없고 영양도 북극에서는 살아 갈 수 없다. 이는 그 지역에 살도록 적응되어 있기 때문에 자기의 영역, 즉 환경을 벗어나서는 살아 갈 수가 없다. 따라서 독특한 생태계에는 독특한 생물체가 있고 그 생물체는 그 지역에 적응되어 있는 것이다.

시베리아 **타이가** 산림 지대에는 봄과 여름이 짧다. 식물들은 이 짧은 시간에 자손을 퍼트려야 하고 이 과정에 수정 매개체인 벌과 나비를 불러 모으기 위하여 화려한 색상을 띄고 있다. 이러한 현상은 아프리카 **사바나** 지역에서 짧은 우기에 꽃을 피는 식물도 마찬가지이다. 또 추운 지역에 사는 식물은 혹한을 이기기 위하여 항산화제를 많이 함유하고 있기도 하다. 이런 항산화제는 새로운 신물질로 인간이 이용하기도 한다.

지금 지구에 있는 생물의 종은 정확하게 파악되고 있지 않다. 학자들에 따라 차이가 있으나 약 1,400만 종의 생물이 이 지구에 있고 이중 10%인 140만여 종이 확인되고 분류학적 이름이 붙어 있다. 확인된 생물 분류 군은 주로 대형 생물(예로 포유류, 조류 등)이며, 소형 생물인 곤충, 미생물은 현재 알려진 것이 극히 일부분일 것으로 추정되고 있다. 특히 곤충은 생태계마다 독특한 종이 있을 것으로 추측되고 있다. 미생물도 곤충들과 공생, 기생 관계를 유지하여 현재 알려진 5,000여 종 보다는 훨씬 많은 종수가 있을 것으로 확인되고 있다.

우리나라에서는 지난 60년간 사람의 통행이 금지된 비무장지대(DMZ)가 생물다양성이 높은 지역으로 알려졌고 최근에 DMZ평화 공원이 주창되고 있다. 남・북한 접경지대인 **비무장지대**는 1953년 7월 27일 체결된 정전협정에 의하여 군사분계선 남・북 각각 2 km씩 구축된 구간으로 사람과 군사시설의 유입이 금지되었다. 총면적 886 km^2로 조성된 이 지역은 인간활동이 없음으로서 자연스럽게 생태계가 진화하면서 생물다양성이 높은 지역이 되었다. 2013년 현재 멸종위기 종 67종을 포함하여 이 지역에는 2,700여종의 동・식물이 서식하고 있음이 확인되었다. 이는 대한민국 전체에서 서식하는 생물종의 30%가 서식할 정도로 생물 종 다양성이 높은 지역이다. 정부는 이 지역을 남북공동으로 관리하는 **유네스코 생물 보전지역**(UNESCO Biosphere reserve)로 지정하고자 하고 있다. **접경지역**이 생물 다양성이 높은 지역으로 변화된 예는 동독

그림 4.2 비무장지대(DMZ, 휴전선)에 서식하는 것으로 알려진 삵. 이 지역에는 산양도 흔히 발견되는 등 생물종 다양성이 높은 지역이다(출처: www.wikipedia.org).

서독의 경계 지역이다. 이 지역은 1990년 통일되기 이전 약 30년간 장벽이 세워져 통행이 금지된 지역이었다. 생태계가 **천이**과정을 거쳐 생물다양성이 높은 이 지역은 오늘 날 1,393 km에 이르는 **녹색 벨트**(Grunes band, Greenbelt)지역으로 **생태 관광**의 중심지로 부각되고 있다.

5 유전적 다양성

사람마다 각각 다 다르고 특징이 있듯이 생물에도 같은 종이지만 다른 특징이 있다. 이를 **품종**이라 한다. 좋은 품종은 토종닭, 한우, 진돗개 하듯이 다른 품종과 구분한다. 이런 품종의 차이는 바로 유전적 차이를 나타내는 것이고 이 품종을 많이 보유하고 있는 나라가 바로 생물 부국이다. 우리나라에서는 고유한 품종이 있었으나, 생산성 (경제성)만을 따져 많은 품종이 사라졌다. 대표적인 예가 우리나라의 토종 흑돼지, 토종닭이다. 같은 양의 사료를 먹고도 생산성이 낮아 외국 품종으로 대체되면서 이제 보기 어렵다.

옥수수는 남미가 원산지이다. 지금의 옥수수는 작물로 재배되면서 생산성이 높은 품종으로 개량되어왔다. 생산성이 높은 품종은 병충해에 약한 상태가 되기 쉽다. 병충해에 강한 품종을 만들려면 이 유전자를 가진 품종이 있어야 한다.

목화는 솜의 원료이다. 목화는 대개 흰색의 실을 만들어 내므로 옷을 만들려면 염색을 하여야 한다. 이 염색과정에서 배출되는 염색 폐수는 처리하기 어려운 환경오염 물질이다. 목화의 원산지인 남미에서는 붉은 색, 베이지색 등 색깔이 있는 품종이 있다. 이 품종을 개발하여 뽑아낸 실은 염색 과정이 필요 없어 환경오염을 줄일 수 있다.

현대 생물학의 기술로 **유전자 조작**을 통하여 유용한 품종을 만들 수 있다. 그러나 현재의 유전공학은 새로운 생명체를 만들 수는 없고 기존의 생물에서 유전자를 이용하는 수준이므로 유전자 자원의 확보는 국가의 미래가 달린 중요한 과제이다.

따라서 경제성은 없으나, 병충해, 건조, 소금기에 강한 품종을 확보하는 것은 곧 국가의 부와 직결이 되는 사항이다. 이러한 유전자를 가진 품종은 원산지, 초기 경작지를 중심으로 남아 있고 이 지역은 대개 미개발 지역이다.

세계 각국은 이 유전자 자원을 확보하기 위하여 노력하고 있다. 선진국의 경우 후진국으로 부터 종자를 확보하기 위하여 원조와 공동연구의 명목으로 유전자 자원을 확보하고 있다. 외국의 콩 품종 중 하나는 1950년대에 건너간 우리나라의 콩 품종을 이용한 것이라고 한다.

6 생물 다양성의 감소-멸종

생물이 멸종하는 것은 자연적인 현상이다. 자연에서 엄연히 존재하는 적자생존 방식이 종의 분화와 선택에 작용한다. 지구상에서는 몇 번에 걸친 멸종이 있었다. 공룡의 멸종은 운석의 충돌과 이 충돌로 발생한 화재와 화재로 발생한 먼지가 태양광을 가리고 그 후에 찾아온 식물의 사멸과 추위로 결국 멸종하였다. 지금도 지진, 화산활동, 해일 등 자연 활동으로 멸종은 끊임없이 일어나고 있다.

멸종의 더 큰 원인은 바로 **인간의 간섭** 때문이다. 인간 활동에 의하여 발생하는 멸종의 과정은 다음과 같다.

(1) 지구 기후 변화

자외선 증가, 기온 상승, 해수면의 상승, 염분의 저하등 지구 환경이 변하면서 멸종

그림 4.3 인공수정을 위하여 명태의 개체수를 늘리려는 사업을 하려고 하였으나 동해안에서 이제는 살아있는 명태를 구하기 어려워 살아있는 명태를 구한다는 포스터. 명태는 전형적인 냉수어족이어서 기후변화로 동해의 수온이 높아져 어획량이 대폭 감소하였다.

한다. **오존층**이 피괴되면서 **자외선**이 증가하면 알로 번식하는 개구리의 경우 개구리알이 자외선을 받아 굳어져 번식이 되지 않는다. 또 기온이 상승하면 곤충이 알에서 깨어나는 시기가 빨라져 성충이 되어 날아가면, 이 곤충의 애벌레를 먹고 사는 새들은 먹이감이 없어져 사멸하게 된다. **해수면**이 상승하면 서식지가 없어져 사멸하게 된다. 지구의 변화 속도가 생물들이 적응하기에 너무 빠르므로 멸종하는 생물의 수는 급격히 증가할 것으로 예상되고 있다.

(2) 서식지의 파괴

개간, **산불**, **도로 개설**로 인한 분할, 농지와 택지로 전환 등으로 서식지가 파괴되면서 생물의 종수가 급격히 줄어든다. 먹이 감이 없어지면 포식자도 결국은 사멸하고 만다.

서식지를 보호하기 위한 적극적인 방법이 **국립공원**(National Park) 지정과 **그린벨트**

그림 4.4 한라산 국립공원. 생물종 다양성 보존을 위하여 약 90,000km^{2}가 천연보호구역으로 지정되었다.

(Green Belt)이다. 우리나라도 2016년 12월 현재 22개의 국립공원(www.knps.or.kr)이 지성되었고 각 시, 도, 군에서도 형편에 맞게 공원으로 지정하여 관리하고 있다. 그린벨트는 도시 주위의 무분별한 개발을 막기 위하여 1971년 서울시 주위에 개발제한구역으로 지정한 것이 시초이다. 이후 모든 도시에 확대하여 시행하고 있다. 국립공원과 그린벨트는 생물종 다양성의 확보는 물론 오염물질 정화, 깨끗한 물과 공기의 공급, 여가 장소의 확충 등 다양한 기능을 하고 있다.

(3) 질병

지구 기후 변화 등으로 생물에게 피해를 주는 질병이 증가하고 특정 생물에게는 치명적이다.

(4) 남오용

부정확한 정보와 맹신으로 동식물을 잡고 먹는 행위로 특정 동식물이 멸종한다. 우리나라는 보양, 몸보신에 대한 맹신으로 각종 야생동식물을 채집, 포획하고 있다.

(5) 환경 오염

환경오염으로 직접적으로 생물을 죽이기도 한다. 환경호르몬 등의 영향으로 부리가 휘어진 새들은 먹이를 구하지 못하여 죽기도 한다. 문제는 이런 오염으로 발생된 신체의 변화가 후대로 전하여 진다는 것이다. 환경오염으로 서식지가 파괴되어 생물이 죽기도 한다.

(6) 외래종의 침입

외래종이 유입되어 토종 생물에게 위협적인 존재로 작용한다. 우리나라에서는 황소개구리, 배스, 블루길 등이 대표적인 유해 외래 어종이다. 이들은 하천과 호수에서 토종 붕어를 비롯한 토종 물고기를 위협하고 있다. 식물도 외래 침입종이 많아 토종 식물을 밀어 내고 있다.

이러한 여러 가지 변화 때문에 21세기에는 1년에 약 5만 종씩 사라질 것으로 예상하고 있다. 멸종을 방지하고 멸종 속도를 늦추기 위하여 '자연을 보호한다'는 것은 국가적인 사명이 되었다.

7 보존 생물학

보존 생물학은 생물의 멸종을 막고 생물학적 다양성을 구성하는 유전자, 종, 군집, 생태계의 위기에 대처하는 새로운 학문이다. 생물을 보전하기 위하여 동물원을 지어 보전한다는 것은 비과학적이다. 생물 다양성을 지키기 위하여 그 생물이 살 수 있는 환경을 만들어야 한다. 예로 찬물에서 사는 **연어**를 보호하기 위하여 수온 상승을 막고, 토사 유입을 막기 위하여 하천 주위에 나무를 심는다. 즉 연어를 보호하기 위하여 숲을 조성하여야 한다는 것이다. 연어가 회귀하는 하천의 주위에 있는 산림이 황폐화되면 숲을 흐르는 하천은 태양열 때문에 수온이 상승하고, 토사가 밀려 들어와 수심이 얕아져 연어는 살지 못한다.

아마존강 상류지역에는 최상급가구에 사용되는 마호가니가 살고있다. 이 마호가니는 경제적 가치가 높아 키가 크고 잘 자란 것들이 선택적으로 벌목이 된다. 벌목된

그 자리에는 빨리 자라는 다른 나무가 자라고 어린 마호가니 나무는 다른 나무의 그늘에 가려 자라지 못하여 멸종위기에 몰리게 된다. 양수림인 마호가니는 선택적 벌목에 의하여 천이과정에서 사라지게 된다(제 3장 천이 참조). 따라서 지속적인 마호가니 생산을 위하여는 철저한 산림관리가 필요하다.

1980년대에 년평균 8~10%의 GDP 증가를 보이던 동남아시아와 남미의 국가들이 1990년대 들어 경제 발전이 주춤한 것은 바로 산림을 망가트렸기 때문이다. 산림을 벌목하여 수출함으로서 GDP는 증가하였으나, 산림이 재충전 할 시간을 주지 않고 벌채한 결과 이제는 더 이상의 경제 개발이 어렵게 되었으며, 황폐화된 산림은 오히려 경제 개발을 막는 역할을 하고 있다.

개발과 자연 보전은 칼의 양날과 같다. **지속적인 개발**(sustainable development)을 통하여 지속적인 경제 발전을 이룰 수 있다.

8 생물 다양성에 관한 국제 협약

이 협약의 목적은 유전 자원에 대한 적절한 접근과 기술로 생물 다양성을 보전하고 유전자원에서 얻은 이익을 자원을 가진 국가와 기술을 가진 국가가 공정하게 나눈다는 것이다. 자연 자원이 풍부한 국가들은 대부분 후진국으로 기술이 없고, 선진국은 앞선 기술은 있으나 생물자원이 없는 상태이다. 따라서 생물 자원 개발을 통하여 얻는 이익을 공정하게 나누자는 목적은 매우 합리적이다. 과학자들은 현재의 동식물 멸종률이 지속된다면 50년 후에는 전체 동식물 종의 4분의 1이 지구상에서 사라질 것으로 경고하고 있다. 다양한 종류의 동식물들은 인간에게 꼭 필요한 의약품, 농산물, 식료품 원료 등을 제공하여 그 잠재적 혜택을 가치로 따질 수 없다. 따라서 세계 각국은 생물 자원의 중요성을 깨닫고 각국의 동식물의 고유성을 지키고 자원화하기 위한 **생물 다양성에 관한 협약**(Convention on Biological Diversity)을 채택하였으며, 이는 각국가 고유 생물자원에 대한 주권을 인정한 협약이다. 1987년부터 **자연보전연맹**(IUCN)의 권유에 따라 논의에 착수하였으며, 1992년 6월 브라질 리우에서 열린 유엔환경개발회의에서 158개국 대표가 모여 협약에 서명하였고 1993년 12월에 발효되었다. 현재 전세계 195개 국가가 참여하고 있고 우리나라는 154번째 서명 국가(1994년 10월 가입)이다. 생물 다양성 협약 당사국 총회에서는 7가지 주제별 프로그램에 대한 작업을 시작하였는데, 1) 해양 및 해안 생물 다양성의 연구, 2) 농업 환경 생물다양성, 3) 삼림 생물다양성, 4) 섬 생물다양성, 5) 내수면 생물다양성, 6) 건조지역 생물다양성, 그리고 7)산악지역의 생물다양성을 포함한다. 생물다양성이란 지구상의 모든 생물종의 다양성뿐만 아니라 이 생물들이 서식하는 생태계 다양성, 그리고 생물이 지닌 유전자 다양성까지도 포함된다. 생태계 다양성이란 열대, 온대, 한대, 해양, 하천, 호소, 숲 등을 포함하는 서식지의 다양성을 뜻한다. 생물 다양성이 가장 높은 해양 생태계는 산호초, 망그로브 숲을 꼽을 수 있고, 육지 생태계로는 **습지**, **열대우림**이 포함된다. 유전자 다양성이란 같은 종 내에서도 서로 다른 유전자 때문에 여러 가지 독특한 형질이 나타나는 다양성을 의미한다. **옥수수**라는 종 내에서도 다양한 옥수수 품종이 있으며, 우리나라 토종 흑돼지나 토종닭 등은 유전자 다양성을 나타내는 예이다. 또한, 유전자 조작을 통해 병충해 또는 건조에 강한 작물 품종을 만들 수 있다.

이 협약은 생물다양성을 보존하기 위한 국제 협력 방안을 논의하는 순수한 목적으로 시작되었지만, **유전자**의 산업적 이용 가능성을 둘러싼 선진국과 개도국의 상반된 입장을 타협하기 위한 형식으로 작성되었다. **생물다양성**이 높은 지역은 주로 개도국인데 반해 이를 이용할 수 있는 기술을 가진 국가는 선진국이기 때문에, 종전까지는 선진국이 개도국의 생물다양성을 무제한적으로 사용하였다. 따라서 생물다양성 협약은 선진국과 개도국을 타협시키기 위해, 유전자원에 대한 접근, 이용 및 이익 공정분배를 위한 국내적 조치 의무와 기술이전 의무(선진국에 대해) 등을 부여하고 있다. 즉, **유전자원** 개발능력이 부족한 개도국은 선진국에 유전자원 개발을 허용하되 유전자원 이용으로부터 생기는 이익을 유전자원 제공국과 상호 합의된 조건 하에 공평하게 배분할 것과 유전자원 개발기술에 대한 개도국 접근 허용 의무를 선진국에 부여하게 되었다.

9 우리나라의 생물자원

9.1 생물자원 지원기관

우리나라의 생물자원과 관련된 기관은 각 부처에 흩어져 있다. 우선 환경부에서는 2007년에 개관한 **국립 생물자원관**(www.nibr.go.kr)이 있어 동물, 식물, 미생물 등 모든 생물 분류군을 대상으로 표본을 확보하고 있다. 한국생명공학연구원에서는 생명공학에 필수적인 표준 미생물, 동물, 식물 세포주, 유전체 연구소재, 수정란, 생물자원정보를 수집보전하는 목적으로 **생물자원센터**(ktct.kribb.re.kr)를 운영하고 있다. **국립수목원**(www.kna.go.kr)에서는 국내외 산림생물자원의 조사, 수집, 보전, 특산종의 복원, 생물자원의 산업화 등을 수행하고 있다. **국립생태원**(www.nie.re.kr)은 2013년 개관하였으며 다양한 생태계를 체험할 수 있다.

또 **국립해양생물자원관**(www.mabik.re.kr)이 설립되었다. 그 외에 특수한 생물자원을 수집 보전하는 **유전자 은행**이 있으며 대표적인 것으로는 인간 유전자 은행, 식물 바이러스 은행, 유용자원식물 유전자 은행, 항생제 내성 균주 은행 등이 있다(www.knrrc.or.kr). 그러나 아직 국립자연사 박물관은 하나도 없다.

9.2 우리나라의 생물자원

현재 우리나라에 존재하는 생물종의 수는 약 10만종 정도로 추정하고 있고, 현재까지 문헌조사로 확인된 종은 동물 21,168종, 식물 4,130종, 균류(버섯 및 곰팡이류)와 지의류 2.078종, 원생동물 4,658종, 원핵생물 1,219종 등 총 33,253종이며 이중 한국 고유종은 2,322종이다.

이 생물 종 수는 비슷한 면적의 다른 국가와 비교하면 적은 수인데, 이는 높은 인구밀도, 산업화, 도시화와 더불어 야생동식물을 보양식으로 생각하는 행태에 따른 밀렵 등과 같은 원인 때문이다.

또 환경부가 지정한 **멸종위기** 야생 동물과 식물 2등급에는 포유류인 삵 등이 지정되어 있다(표 4.2).

〈표 4.2〉 환경부가 지정한 멸종위기 야생 동물과 식물 1등급(일부)

구 분	대 상 종
포유류(12종)	붉은박쥐, 늑대, 여우, 표범, 호랑이, 시라소니, 수달, 바다사자, 반달가슴곰, 사향노루, 대륙사슴, 산양
조류(13종)	노랑부리백로, 황새, 노랑부리저어새, 저어새, 흑고니, 흰꼬리수리, 참수리, 검독수리, 매, 두루미, 넓적부리도요, 청다리도요사촌, 크낙새
양서 · 파충류(1종)	구렁이
어류(6종)	감돌고기, 흰수마자, 얼룩새코미꾸리, 미호종개, 꼬치동자개, 퉁사리
곤충류(5종)	장수하늘소, 두점박이사슴벌레, 수염풍뎅이, 상제나비, 산굴뚝나비
무척추동물(5종)	나팔고둥, 귀이빨대칭이, 두드럭조개, 남방방게, 칼세오리옆새우
식물(8종)	섬개야광나무, 죽백란, 한란, 나도풍란, 풍란, 광릉요강꽃, 암매, 만년콩

그림 4.1 우리나라 특산어종인 황쏘가리(왼쪽 : 천연기념물 제 190호)와 꼬치 동자개(오른쪽 : 천연기념물 제 455호). (자료 : 환경부)

멸종의 예: 도도(Dodo) 새

아프리카 마다카스카르 섬 옆에 있는 모리셔스에는 도도(이태리체, Raphus cucullatus)라는 새가 있었다. 오랜 진화의 산물인 이 새는 키 75 cm, 무게 23~25 kg이었으며 날지 못하였다. 과일을 먹는 이 새는 큰 부리를 가진 것이 특징이었다. 이 새는 이 지역을 오가는 선원들이 마구 잡아 먹고, 이들이 가져온 쥐, 고양이, 개들이 침입하면서 알과 새끼를 잡아 먹으면서 개체수가 급격히 줄어들고 공식적으로 1681년 마지막 도도새가 죽었다. 인근의 인도양의 레위니옹 섬에 살았던 도도새와 유사한 종은 1746년에, 로드리게스 섬에 종은 1790년경에 멸종되었다.

도도새는 고립된 섬 생태계에서 진화하면서 풍부한 과일을 먹이로 하여 땅에서 살도록 진화하였다. 이 섬에는 도도새의 천적이 없어 생존 경쟁을 하지 않아도 되었으므로 경계심이 없어 선원들이 쉽게 이들을 포획할 수 있었다. 또, 쥐와 같은 외부 침입자에 대하여 대처할 능력이 없어 결국은 멸종의 길로 들어서고 말았다.

도도새에서 보듯이 경쟁자가 없는 생태계는 매우 취약한 생태계이다. 먹이연쇄와 먹이경쟁은 건강한 생태계를 유지하는 데에 필수 불가결한 요소이다.

꿀벌이 사라진다면??

우리가 먹는 모든 음식은 식물과 동물이다. 소고기, 닭고기를 생산하는 가축도 식물을 먹어야 살찌우므로 식물은 우리의 삶과 직접, 간접적으로 연관이 되어있다. 식물도 자기 자신의 DNA를 퍼트려야 하고 이 과정에서 꿀벌은 매우 중요한 역할을 한다. 식물은 이 꿀벌을 불러 모으기 위하여 암술과 수술 아래에 꿀을 만들어 두고 있다. 꿀벌은 이 꿀을 따는 과정에서 자연스럽게 꽃가루 받이를 수행하게 된다.

한 때 과도한 농약 투여로 인하여 봄철에 꿀벌이 사라진 적이 있었다. 이 때에 과수원에서는 사람들이 꽃 하나 하나를 붓으로 인공 수정하여 준 적이 있었다. 꿀을 일일이 사람 손으로 딴다면 그 가격은 상상을 넘는 가격이 될 것이다. 마찬가지로 산과 들에 널린 그 수많은 식물의 꽃을 인공수정하려면 엄청난 노동력이 필요하게 된다.

만일 꿀벌이 사라진다면 꿀벌에 의존하여 꽃가루 받이를 하는 식물은 다 사라진다. 그 빈자리에는 바람에 의존하는 식물들이 차지하고 단순한 생태계가 만들어 진다. 대부분의 식물이 사라지면 그 식물에 의존하는 곤충과 동물들도 함께 사라지고 생태계가 우리에게 제공하는 서비스를 받을 수도 없게 된다.

최근 2010년부터 지구온난화, 질병, 농약의 과다 사용 등 인간 활동에 의하여 꿀벌이 사라지고 있다. 이른바 '꿀벌 실종사건'이다. 우리나라를 포함한 전 세계적으로 이 문제가 심각하게 대두되고 있다. 그 원인은 아직 확실하게 밝혀지지 못하고 있다.

제5장

인구 증가

개체군(population)은 한 지역에 서식하는 동일종의 개체들의 집단으로 정의할 수 있다. 개체군 내의 개체들을 구별해낼 수 있는 것처럼, 개체군도 다른 개체군들과는 구별되는 고유한 특성을 가지고 있다. 이러한 특성들에는 **출생률**, **사망률**, **성비**, **연령분포**, **성장률**, **밀도**, **공간 분포** 등이 있다.

1 출생률과 사망률

출생률(natality)은 생식을 통해 개체군에 새로이 추가되는 개체의 수와 관련된 것이다. 박테리아와 같은 작은 생물들은 모체와 동일한 새로운 개체들을 만들기 위해 분열하기도 한다. 식물 개체군들에 있어 생식은 결국 수많은 씨앗들의 생산이다. 그러나 씨앗은 하나의 식물로 성장하기 위해 적절한 토양환경에 도착하여 발아해야 한다. 동물들은 일반적으로 암수 개체 사이의 생식을 통해 많은 수의 새끼를 낳는다. 인구의 경우, 출생률(birth rate)은 보통 1년 동안 인구 1,000명당 태어난 사람의 수'를 나타낸다. 예를 들어 2,000명의 인구가 1년 동안 20명의 아이를 출산하였다면 출생률은 연 10‰(1%)이다. 대부분의 생물종의 출생률은 매우 높은 편이다. 대개의 동물들은 부모의 자리를 대체하기 위해 필요한 것보다 더 많은 후손을 낳는다.

개체군의 성장이 단지 출생률에 의해서만 결정되는 것은 아니며, **사망률**(mortality) 또한 중요한 영향을 끼친다. 대다수 생물의 사망률은 매우 높다. 식물이 생산하는 전체 씨앗 중 극히 일부만이 자손을 생산할 수 있는 식물로 성장한다. 많은 씨앗은 동물의 먹이가 되거나, 적절한 토양 환경을 찾지 못하거나, 발아하게 되더라도 양분과 햇빛을 위해 다른 생물들과 치열하게 경쟁해야 한다. 동물의 경우, 대부분이 생식할 기회를 가지기도 전에 죽는다. 인구의 사망률은 '1년 동안 1,000명당 사망한 사람의 수'로 표현된다. 대부분 생물종의 경우 새끼들의 사망률이 매우 높다는 사실에 비하면, 인간과 같이 수명이 긴 동물의 유아 사망률은 비교적 낮은 편이다. 개체군의 규모가 성장하기 위해서는, 번식에 의해 더해지는 개체의 수가 사망으로 인해 사라지는 개체수보다 더 많아야 한다.

2 성비와 연령분포

생식에 의한 개체군의 성장 가능성은 개체군의 성비와 연령분포에 달려 있다. 성비(sex ratio)는 암컷과 수컷의 수적 비율을 의미한다(지렁이와 대부분의 식물들과 같은 많은 종류의 생물은 한 몸에 암수 모두의 생식 기관을 가지고 있다. 이러한 생물종에게 있어 성비는 무의미한 것이다). 많은 생물종들은 암컷과 수컷이 거의 같은 수로 이루어져 있다.

그러나 모든 생물종에 있어서 새끼의 수는 수컷의 수보다는 암컷의 수와 더욱 밀접하게 관련되어 있기 때문에 성비의 미세한 차이도 중요할 수 있다. 만약 한 개체군의 수컷들이 사냥감이 되어 죽임을 당하고 암컷만 살아남게 되었다면, 이 개체군은 암컷이 수컷보다 수적으로 우세한 불균형적인 성비를 이루게 된다. 사회성을 가진 곤충(벌, 개미, 말벌) 개체군의 경우, 생식 능력이 없긴 하지만 암컷의 수는 항상 수컷의 수를 크게 초과한다. 인간의 경우에는 여자 100명당 약 106명의 남자가 태어난다. 그러나 미국의 경우, 20대 중반 정도가 되면 남성의 사망률이 더 높기 때문에 성비가 균형을 이루게 된다. 남성의 사망률은 계속 높게 지속되어 결국에는 여성이 남성보다 많아지게 된다.

각 연령에 속하는 개체의 수를 나타내는 **연령분포**(age distribution) 또한 각 개체군마다 상이한 모습을 보인다. 개체군은 생식기 이전의 유체, 생식기의 성체, 생식기 이후의 노년기 성체로 구분된다. 많은 종류의 생물들, 특히 수명이 짧은 것들은 1년 동안에도 연령분포에 있어 상당한 변화를 보인다. 한 개체군의 대다수가 생식기의 성체로 구성되어 있다면, 생식기 이전의 유체의 수가 빠르게 증가할 것이다. 대부분의 생물종들은 대체로 1년 중 특정한 시기에 (봄, 비온 뒤, 혹은 식량이 풍부할 때) 많은 수의 새끼를 낳지만 유체의 사망률은 매우 높다. 따라서 유체들이 성장하여 번식할 가능성은 시간이 지나감에 따라 급격히 감소하게 된다. 토끼는 이러한 유형의 좋은 예이다. 봄에는 많은 새끼들이 태어나지만, 대부분은 죽고, 단지 소수만이 성숙기에 이르며 그 중 아주 적은 수만이 늙을 때까지 살게 된다.

수명이 긴 안정적인 **개체군**의 경우에는 이러한 세 가지 범주에 속한 개체수가 비교적 일정하게 유지되는 균형적인 연령분포를 가지는 특징이 있다. 이것은 생식기 이전의 개체수가 번식기의 개체수보다 많으며, 생식기의 개체수가 생식기 이후의 개체수보다 많다는 것을 의미한다. 대다수의 개체들이 생식기 이후의 단계에 속한다면, 개체군의 규모는 작아지게 된다. 이러한 연령 구조는 곤충 개체군의 경우, 알을 낳은 후인 가을에 나타난다.

인구의 변화는 여러 가지 형태를 보여준다(그림 5.1). 콩고민주공화국에서는 생식기 이전의 인구와 생식기의 인구가 많으므로 인구는 계속 증가한다. 미국에서는 생식기의 인구와 생식기 이전의 인구가 약간 증가하므로 인구도 느리게 증가한다. 독일의 경우 생식기의 인구가 감소하고 생식기 이전의 인구가 매우 조금 증가하므로 인구수는 감소한다. 우리나라의 인구증가율은 2005년에 0.21%이고, 2030년에는 −0.25%가 되어 인구가 줄어들 것으로 예상하고 있다.

3 개체군 밀도의 공간적 분포

토양 유형, 서식지의 질, 물의 가용성과 같은 요인들로 인하여 생물들은 일반적으로 균등하게 분포한다. 어떤 개체군은 좁은 공간에 밀집되어 분포하는 반면 다른 종

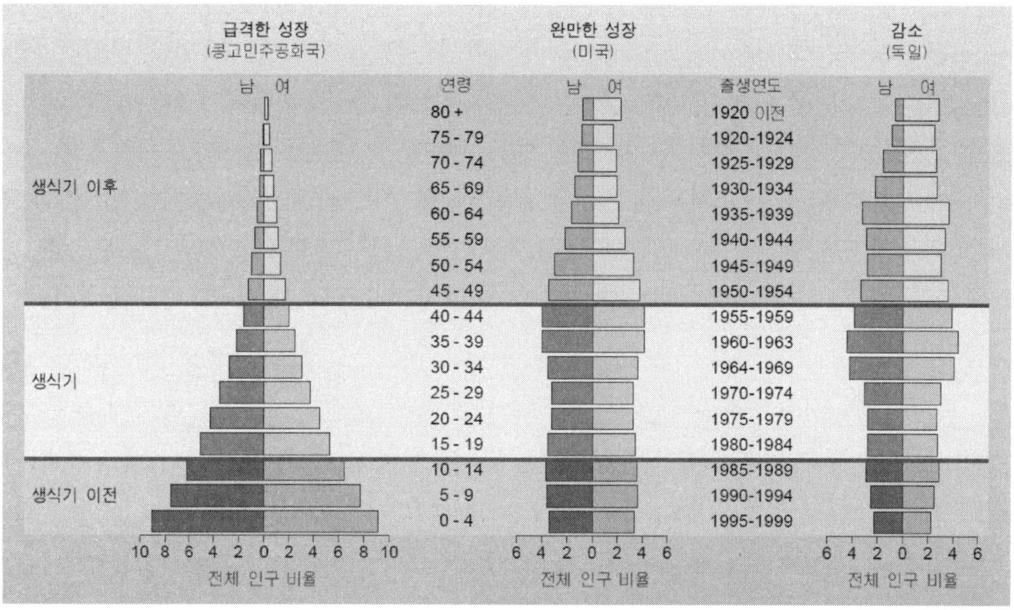

그림 5.1 연령분포도의 예. 생식기 이전, 생식기, 생식기 이후로 분류된 인구로부터 미래의 인구변화를 예측할 수 있다. 콩고민주공화국에서 나이 어린 인구는 미래에 생식기의 성인이 될 것이므로, 인구는 빠르게 증가할 것이다. 미국에서는 생식기의 인구와 생식기 이전의 인구가 약간 증가하므로 인구는 느리게 증가할 것이다. 독일의 경우, 생식기 이전의 인구가 감소하므로 인구는 감소할 것이다.

의 개체군은 넓게 퍼져 분포한다. 개체군 밀도(population density)는 단위 면적당 분포하는 개체의 수이다. **초파리** 개체군은 다른 장소에서는 거의 나타나지 않는 반면, 썩은 과일 주변에는 매우 밀집하여 분포하고 있다. 유사하게, 인간은 도시 지역에 밀집해 있으며, 촌락 지역에서는 낮은 밀도로 분포한다.

개체군 밀도가 지나치게 높으면, 모든 생물은 필요한 자원을 얻기 위해 서로 격렬하게 경쟁하게 된다. 식물은 물, 토양 양분, 혹은 햇빛 등을 얻기 위해 **경쟁**한다. 동물의 경우에, 과밀(overcrowding)은 새로운 지역으로의 탐험과 이주성향을 유발시켜 과밀을 줄이기도 한다. 이러한 생물의 분산(dispersal)은 출생 지역의 과밀한 상황들을 경감시키며, 동시에 새로운 개체군이 형성될 수 있게 한다. 가끔은 생식기 이전의 유체를 방출하여 과밀을 해소하기도 한다. **전출**(emigration)의 압력은 개체군 규모를 급속하게 증가시키는 계절적인 번식의 결과이거나, 혹은 같은 생물종의 구성원들 간의 경쟁이 격렬해지는 환경 변화의 결과로 인해 나타나기도 한다. 예를 들면, 사막 지역에서는 샘이 마르면 물에 대한 경쟁이 증가하고, 개체들은 물을 이용할 수 있는 곳으로 이동한다.

한 개체군을 떠난 생물은 다른 개체군의 구성원이 되기도 한다. 이러한 **전입**(immigration)은 원래 그 개체군 내에 있지 않았던 특성을 도입할 수도 있다. 유럽인들이 북아메리카 지역으로 이주하였을 때, 그들은 기존의 미국 원주민 집단에게 유전적·문화적 충격을 주었다. 특히 유럽인들은 미국 원주민들에게는 낯선 질병을 가져 왔는데, 이로 인해 원주민들의 사망률이 증가하고 출생률은 저하되었다.

가뭄, 전쟁, 정치적 박해도 사람들을 다른 나라로 이주하게 하는 요인이 된다. 1997년, UN의 망명자를 위한 고등판무관은 전 세계적으로 약 1,800만 명의 망명자들이 있다고 발표하였다.

4 개체군 성장률에 영향을 주는 요인들

원래 개체군의 크기는 시간에 따라 증가하려는 속성이 있다. 그러나 많은 요인들이 개체군이 성장할 수 있는 속도에 제한을 준다. 가장 간단한 형태의 증가율 개념은 개체군으로 들어오는 숫자에서 개체군을 떠나가는 개체의 숫자만큼을 뺀 것이다. 개체는 출생하거나 전입함으로써 개체군을 증가시키고 죽거나 전출함으로써 개체군을 감소시킨다. 출생률과 사망률은 개체군에서의 암컷의 숫자와 그들의 연령을 포함한 다양한 요인에 의해 영향을 받는다. 또한 개체군의 밀도는 개체들로 하여금 제한된 자원의 공급에 대한 극심한 경쟁을 불러일으켜 개체군을 떠나게 할 수도 있다.

성비와 **연령분포**는 직접적으로 한 개체군의 번식에 영향을 미친다. 생물종들은 후손을 생산하는 능력인 **번식 능력**, 혹은 **생식 능력**(biotic potential)을 타고난다. 일반적으로 이 생식 능력은 부모들이 죽은 자리를 대체하기 위해 필요한 후손의 수보다 몇 배나 더 많다. 결과적으로, 유체의 대부분은 죽고 단지 일부만이 생식기의 성체가 될 때까지 살아남는다.

이러한 높은 생식 능력은 개체군의 지수적 성장형에서 볼 수 있다. 예를 들어, 2마리의 쥐는 4마리의 새끼를 낳고, 만약 그것들이 계속 살아 있다면, 그 새끼들은 자신들의 부모가 낳았던 것만큼 새끼를 낳을 것이다. 따라서 개체군은 지수함수적(2, 4, 8,

16, 32, …)으로 성장할 것이다.

개체군 성장은 특정한 패턴, 즉 정체 단계, 지수적인 성장 단계, 안정적인 평형 단계를 거치면서 성장하는 경향이 있다. 그림 5.2는 전형적인 개체군 성장곡선을 보여준다. 정체 단계(lag phase)인 성장 곡선의 첫 번째 단계에서 개체군은 생식 과정과 후손의 성장에 시간이 소요되기 때문에 매우 느리게 성장한다. 생물은 성체로 성장해야만 생식할 수 있는 능력을 갖게 된다. 이 기간이 지나면 생물들은 생식하고, 유체들을 양육하는 기간이 나타난다. 유체의 첫 번째 무리가 성숙하면 부모는 함께 두 번째 무리의 후손들을 낳을 것이다. 이때에는 더 많은 생물이 동시에 번식하기 때문에, 개체군은 지수함수적인 비율로 증가하기 시작한다. 이 단계를 **지수적인 성장 단계**(exponential growth phase)라 한다. 이러한 성장은 출생률이 사망률을 초과하는 한 계속될 것이다. 그러나 결국은 사망률과 출생률은 서로 같아지게 되며, 개체군은 성장을 멈추고 비교적 안정적인 개체군 규모에 다다른다. 이 단계를 **안정적인 평형 단계**(stable equilibrium phase)라 한다.

개체군의 규모가 변화하고 있지 않다 할지라도, 개체는 변화하고 있다. 새로운 개체가 출생과 전입에 의해 개체군으로 들어올 때, 다른 개체는 사망과 전입에 의해 개

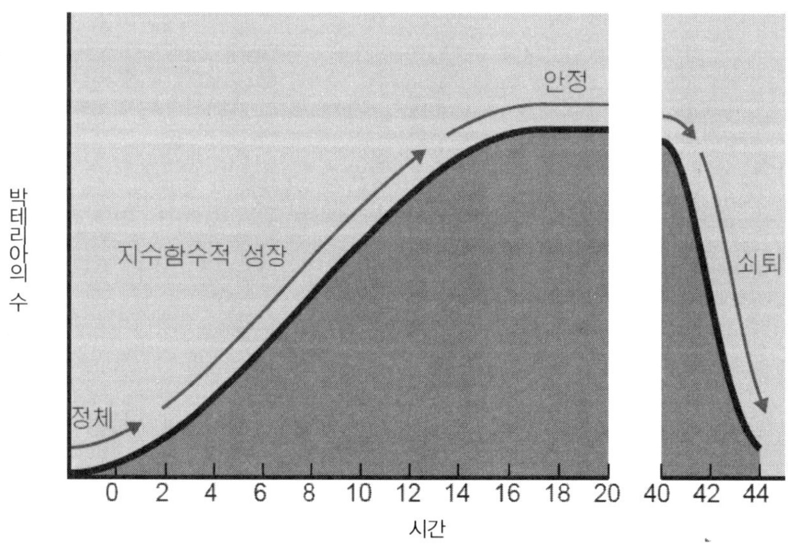

그림 5.2 박테리아의 성장 곡선. 박테리아 개체군 크기의 증가는 노폐물이 치명적인 수준으로 축적될 때까지는 전형적인 지수적 성장형을 따른다. 노폐물의 축적은 수용력을 낮추며, 결국 쇠퇴 단계에까지 다다른다.

체군을 떠난다. 대부분의 생물들의 경우에 있어, 개체군이 안정적인 평형국면으로 진입할 때 나타나는 첫 번째 지표는 사망률의 증가이다. 일반적으로 사망률 증가 현상 이후에 나타나는 출생률의 감소 또한 개체군 규모의 안정화에 기여한다. 개체군이 지속적으로 성장할 수 없는지를 이해하기 위해서는, 수용능력의 개념을 이해하여야 한다.

한 지역의 **수용능력**(carrying capacity)은 그 지역에서 생존할 수 있는 한 생물종의 개체수이다. 대부분의 개체군에 있어, 다음의 네 가지 요인들이 상호작용하면서 수용능력을 조절한다. (1) 사용가능한 자원, (2) 사용가능한 에너지의 양, (3) 폐기물의 축적과 처리의 방법, (4) 생물 간의 상호작용. 개체군 규모를 제한하는 이러한 힘들을 환경저항(environmental resistance)이라고 부른다(그림 5.3).

제한요인(limiting factor)은 개체군의 크기를 제한하는 역할을 한다. 어떤 경우에는 이러한 제한요인들은 구별해내기 쉽지 않은데, 식량 부족, 산소 부족, 다른 종들과의 경쟁 혹은 질병이 그러한 요인에 속한다. 그러나 어떤 경우에는 제한요인이 명확하지 않다. 예를 들면, 초본 식물에서 토양 내의 질소와 마그네슘은 엽록소를 만들어내기 위해 필요한 원료이다. 이러한 무기물질이 충분하지 않다면, 초본류의 개체군은 증가할 수 없다. 무기물질을 함유하고 있는 비료를 공급하면 제한요인은 제거되며, 초본 식물 개체는 성장하고 번식하여 더 큰 개체군을 형성한다. 즉, 제한요인이 제거되었기 때문에 수용능력이 증대되는 것이다. 그러나 이제는 다른 제한요인이 더 강한 영향을 미칠 것이므로, 수용능력이라는 개념이 없어지는 것은 아니다. 아마도 물의 양, 풀을 먹는 곤충의 수, 햇빛에 대한 경쟁이 새로운 제한요인이 될 것이다. 식물은 **광합성**을 위해 **빛 에너지**를 필요로 하기 때문에 빛의 양은 많은 식물에게 제한요인이 될 수 있다. 작은 식물이 큰 나무의 그늘 아래에 있게 되면 작은 식물은 성장에 방해를 받아 개체군 규모가 작아진다.

식물은 **폐기물**을 거의 생산하지 않기 때문에 폐기물의 축적은 보통 식물에게는 제한요인이 되지 않지만, 다른 종류의 생물에게는 제한요인이 될 수 있다. 웅덩이, 연못 혹은 수족관과 같은 작은 생태계에 살고 있는 **박테리아**, **미생물**과 **수중 생물**의 개체군들은 폐기물 축적에 의해 제한된다. 적은 수의 박테리아 종이 **한천**(음식 물질을 구성하는 젤리와 같은 물질)으로 이루어진 배양접시에 있을 때, 개체군 성장은그림 5.2와 같은 곡선을 따른다. 박테리아 개체군은 **정체 단계**에서 시작하여 **지수적인 성장 단계**를 거

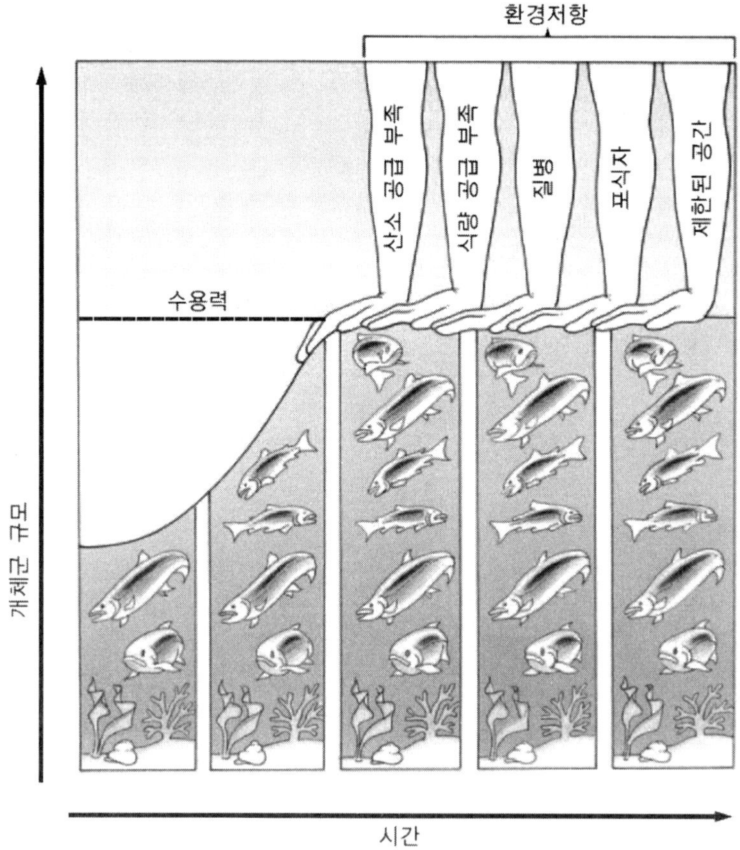

그림 5.3 수용능력의 결정요인. 식량, 산소 공급, 질병, 포식자, 공간 등의 환경요인은 한 서식처에서 생존할 수 있는 생물의 수, 즉 수용능력을 결정한다. 개체군을 제한하는 환경적인 요인들을 통칭하여 환경저항이라고 한다.

치며, 결국에는 **안정적인 평형 단계**로 안정 상태가 된다. 그러나 이 작고 폐쇄된 공간에서는 축적되는 독성 폐기물을 제거할 방법이 없기 때문에, 결국 박테리아가 죽게 된다. 이러한 개체군 규모의 감소를 **쇠퇴 단계**(death phase)라고 한다. 개체군이 빠르게 감소하면 붕괴하기도 한다.

생물들 간의 상호작용도 개체군의 규모를 조절하는 데에 중요한 요인이다. 많은 새들이 풀씨를 먹이로 이용하므로, 새들은 풀의 개체군 규모에 대해 제한적인 영향을 끼친다. 분해자 생물은 독성 폐기물의 축적을 막기 때문에 다른 개체군을 증가하게 할 수 있다. 기생생물과 포식자는 숙주생물과 피식자 개체들이 성숙하기 전에 죽일 수 있기 때문에 상대 개체군의 규모를 제한하는 요인이 된다. 캐나다 스라소니와 변색토끼 간의 관계는 **포식자-피식자 상호작용**의 좋은 사례이다(그림 5.4). 변색토끼는 스라소니가 토끼를 먹이로 함으로써 조절해야 할 정도로 높은 번식 능력을 가지고 있다. 반대로, 변색토끼 개체군의 규모는 스라소니 개체군 규모를 결정하는 데 중요한 영향을 미친다.

개체군 내에서의 개체들 간의 상호작용에 의해 개체군 규모가 조절될 수 있다. 실험실 쥐에 대한 연구에서 과밀은 정상적인 사회적 행동을 파괴하여 출생률을 낮추고 사망률을 증가시킨다.

이렇게 **제한요인**은 **사망률**을 증가시킬 뿐만 아니라 **출생률**을 감소시킬 수도 있다. 지금까지 우리는 개체군 성장에 대해 마치 모든 생물들이 수용력에 도달할 때 안정적인 개체군에 도달하는 것처럼 이야기하였다. 그것은 개체군 변화에 대한 이해의 초기에는 적절하지만, 실제 세계는 훨씬 더 복잡하다. 생물들은 그들의 **번식 전략**에 따라 두 가지의 커다란 범주로 구분될 수 있다.

K-전략종(K-strategists)은 대개 비교적 긴 수명을 가지고 있고, 적은 수의 후손을 생산하며, 후손을 잘 보살피는 몸집이 큰 생물이다. K-전략종 개체군은 대체로 수용능력의 수준에서 안정된다. 그들의 번식 전략은 생식 기회를 가질 수 있는 후손을 적은수로 낳아 에너지를 집중 투자하는 것이다. 사슴, 사자, 그리고 백조는 이러한 종류의

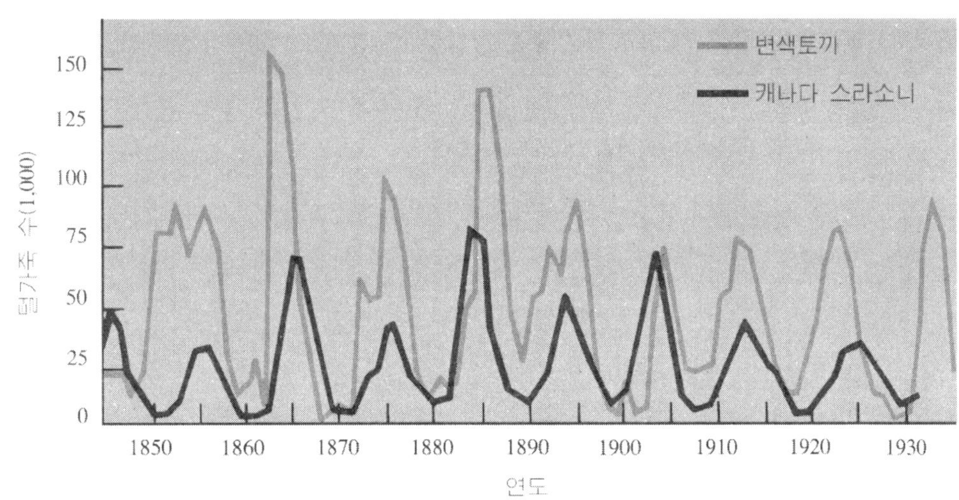

그림 5.4 포식자-피식자 상호작용. 허드슨만회사의 털가죽생산 기록을 토대로 추산한 포식자(스라소니)개체군과 피식자(변색토끼)개체군의 관계를 보여주는 자료이다. 두 종은 포식-피식자의 밀접한 관계 때문에 개체수 증가와 감소도 동일한 패턴을 가지고 있다.

생물들이다. 인간은 일반적으로 자식을 한 명씩 낳으며 아무리 높은 유아사망률을 보이는 나라에서도 어린아이의 80%가 생존한다. 일반적으로 K-전략종의 개체군은 밀도 의존적인 제한요인들에 의해 제한된다. **밀도-의존적인 제한요인**(density-dependent limiting factor) 들은 개체군 규모가 증가함에 따라 경쟁이 더욱 격심해지는 것들이다. 예를 들면, 매의 개체군이 증가함에 따라, 매들은 쥐, 뱀, 작은 새들과 같은 먹이를 놓고 경쟁하기 시작한다. 먹이 공급이 부족할 때에는 둥지에 있는 많은 새끼들이 죽고, 개체군의 성장은 둔화되어 이러한 개체수 조절로 수용능력에 도달한다.

r-전략종(r-strategists)은 대체로 수명이 짧으며, 많은 수의 자손을 생산하고, 수용능력에 도달하지 않는 작은 생물들이다. 메뚜기, 집시나방, 그리고 일부 쥐들이 그 예이다. r-전략종들의 번식 전략은 많은 후손을 생산하는 데 에너지를 소비하지만, 제한된 수준의 보호만을 제공하는 (가끔은 아예 돌보지 않는) 것이다. 따라서 유체들의 사망률은 매우 높다. 예를 들면, 암컷 굴 한 마리는 백만 개의 알을 낳지만 그것들 중 단지 소수만이 자기 자신을 정착시키고 성장할 수 있는 적절한 장소를 찾을 수 있다. 대체로 이러한 개체군은 개체군의 규모와는 아무런 관련성이 없는 **밀도-독립적인 제한요인**(density-independent limiting factor)에 의해 그 규모가 제한된다. 대표적인 밀도-독립적 제한요인은 많은 수의 생물에게 치명적인 기후 환경의 변화, 연못의 고갈, 혹은 식량원의 파괴 등이다. r-전략종의 개체군 규모는 급격하게 변동하는 경향이 있다. r-전략종은 빠르게 번식하고, 어떤 요인이 개체군을 붕괴시킬 때까지 계속 증가하며, 급격하게 쇠퇴하고, 다시 이러한 과정을 반복한다.

인간은 K-전략종이므로 r-전략이 진화론적인 관점에서 지속 가능할 수 있다는 것을 인식하는 것이 어려울 수 있다. 자원에 대한 수용력은 존재하지 않는다. 만약 한 종의 많은 개체들이 자원을 독점하고 다른 종들이 자원에 접근하는 것을 막는다면, 단기간 동안에 자원은 소모되고 만다. 어떤 한 종의 빠른 번식은 그만큼 빠르게 그 숫자를 늘릴 수 없는 다른 종의 자리를 대체할 수 있다. 그러나 몇몇의 후손을 남겨 두거나 자원을 이용할 수 있는 가능성이 있는 한 그 개체군은 완전히 소멸하지는 않는다.

K-전략종들도 다양한 이유로 인해 개체군 변동을 겪는다. 그중 한 가지 이유는 환경 조건이 매년 일정하지 않다는 것이다. **홍수**, **가뭄**, **화재**, 극심한 **추위**와 유사한 사건들은 한 지역의 수용력에 영향을 주어, 개체군 규모의 변동을 일으킨다. **전염병**과 **포식**

의 증가 또한 개체군 규모를 변화시킨다. 그림 5.4는 포식자(스라소니)와 피식자(변색토끼)의 개체군이 연계하여 변동한다는 것을 보여준다. 스라소니 개체군의 크기는 변색토끼 개체군의 크기에 종속되어있는 것으로 나타났는데, 이것은 스라소니가 토끼를 먹이로 살고 있기 때문이다. 그러나 변색토끼 개체군의 변동요인은 불명확하다. 한 가지 가능성은 주기적인 전염병이 토끼와 같은 밀집된 개체군을 붕괴시키며, 그들의 포식자 개체군(즉 시라소니)의 붕괴를 야기시킨다는 것이다.

전세계적인 수준에서 인구는 지난 수백 년 동안 지속적으로 증가해왔다. 인간은 경쟁자들을 제거하고, 식량 생산을 증가시키고, 질병을 제어함으로써 환경저항을 감소시킬 수 있었기 때문이다. **인구성장 곡선**은 오랜 정체 단계 이후, 빠른 속도로 증가하는 폭발적 증가의 단계를 거치고 있다(그림 5.5).

인구성장의 주된 요인은 인간이 사망률을 감소시켜왔다는 것이다. 많은 국가들은 식량 생산량을 늘리거나 질병을 제어함으로써 **환경저항**을 감소시켜왔으며, 전 세계적으로 이러한 기술을 공유하고 있다. 선진국들은 후진국 사람들의 삶의 질을 향상시키기 위하여 전 세계로 의료 요원을 파견한다. 의사들은 영양 관리에 대해 조언하며, 기술자들은 오염수를 처리한다. 예를 들면, 인도와 인도네시아의 위생 시설 개선은 **콜**

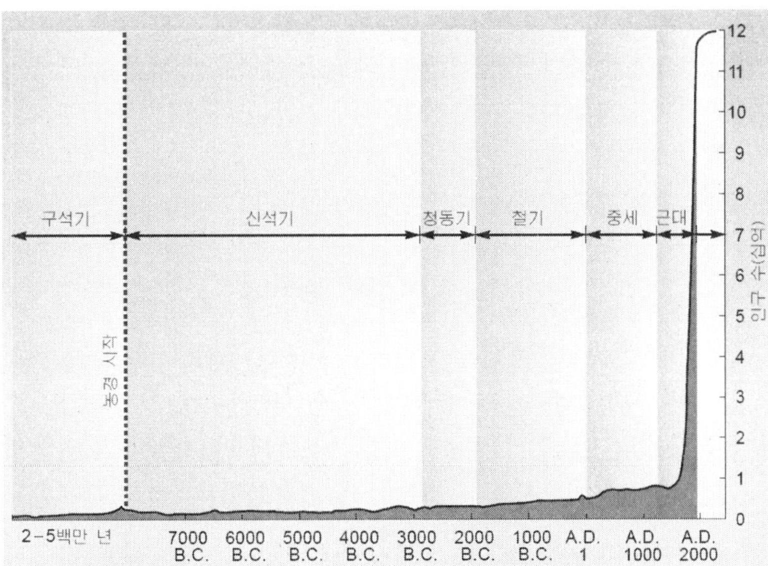

그림 5.5 지구 인구의 역사적 변동. 근대에 들어 폭발적으로 증가하였다. 지수적 성장속도를 훨씬 초과하는 성장으로서 '인구폭발'이라고 부른다.

레라로 의한 **사망률**을 감소시켰다. 이러한 진보는 의학적·기술적 사망률을 저하시키며, **출생률**을 높게 유지해주기 때문에 직접적으로 인간의 수를 증가시키는 경향이 있다.

건강한 생태계의 생물 개체군은 장기간으로 볼 때 거의 일정하다. 그러나 세계인구는 현재 매년 1.4%의 비율로 증가하고 있고, 세계 인구는 약 49년 만에 두 배가 된다. 인구는 천연자원과 에너지를 획득하고 안전하게 폐기물을 처리할 수 있는 능력 이상으로 증가할 수는 없다. 또한 다른 종들과 인간과의 상호작용도 우리의 수용능력을 결정하는 데 영향을 미친다.

이러한 네 가지 요인을 자세히 분석하면 다음과 같다. 천연자원은 인구 부양에 필요한 식량의 양 뿐만 아니라, 관개수, **유전학** 연구와 **항생물질**(antibiotics)과 같은 종류의 자원을 포함한다. 식량은 일부 지역에서는 **제한요인**으로 작용하고 있다. 식량이 모자라 나타나는 **영양실조**는 여러 지역에서 심각한 문제가 되고 있다.

두 번째 요인인 사용 가능한 에너지는 천연자원과 관련된 문제들을 수반한다. 본질적으로 모든 지구상의 생물종들은 궁극적으로는 에너지를 **태양광**에 의존하고 있다. 증가하는 인구를 부양하기 위해 이러한 에너지를 동력화하는 새로운 방법이 개발되어야 한다. 현재 세계 인구는 식량을 생산하고, 환경을 개선하고, 장소 이동에 필요한 에너지를 **화석연료**에 의존하고 있다. 에너지 가격이 상승하게 되면, 세계 인구의 많은 부분은 식량과 필수품 비용의 추가분을 지불할 만큼 수입이 풍족하지 않기 때문에 위기에 처하게 된다.

폐기물 처리는 인간에 대한 수용능력을 결정하는 세 번째 요인이다. 사실 대부분의 오염은 인간활동의 결과물이다. 일부 과학자들은 환경오염이 가장 중요한 제한요인이 될 것이라고 확신하고 있다. 어떤 경우에도, 오염을 통제하고 환경을 정화하기 위하여 노력하는 것은 매우 중요한 일이다.

네 번째 요인은 다른 생물들과의 **상호작용**이다. 토지를 변화시킬 때, 다른 종들은 그들의 **서식지**에서 쫓겨난다. 이렇게 쫓겨난 생물의 많은 수가 우리와 경쟁할 수 없으며 따라서 다른 지역으로 이주해야 하거나 혹은 멸종하게 된다. 불행하게도, 인간이 자신의 영역을 확장할수록 이렇게 쫓겨난 생물들에게 이용 가능한 영역은 점점 더 줄어든다.

공원과 야생지역들은 과거에 영유하였던 동식물들에게 있어 작은 은신처가 될 수 있다. 이러한 은신처가 개발되면 많은 생물들은 멸종된다. 오늘날 중요하지 않은 것처럼 보이는 생물들, 우리가 그것 없이도 지낼 수 있을 것 같은 생물들은 언젠가 바로 우리의 생존과 중대한 연관고리를 가진 것으로 나타날 수도 있다(제4장 생물다양성 참조).

5 인간은 사회적 동물이다

인간의 생존은 다른 인간들과의 상호작용과 협동에 의해 좌우된다. 현재의 기술과 의학적 지식은 인구집단의 성장을 통제하고 세계 인구의 건강을 향상시킬 수 있다. 그럼에도 불구하고 인구는 계속적으로 증가하고 있고, 빈곤은 더욱 악화되고 있다. 인간은 선택의 자유를 가지고 있는 사회적인 동물이며, 종종 생물학적인 관점에서 최선으로 여겨지는 방식으로 행동하지 않는다. 사람은 역사적 · 사회적 상황, 윤리적 그리고 종교적인 이유들과 개인적인 욕망에 따라 의사결정을 한다. 인구 규모를 조절하는데 가장 큰 장애물이 되는 것은 생물학적인 것이 아니라, 철학적 · 종교적 · 정치적 · 사회적인 문제들이다. 사람들이 인구문제에 성공적으로 대처하고자 한다면, 이러한 모든 분야에서 인구문제의 원인을 이해하고 해결할 필요가 있다.

6 성장의 한계

인구는 무제한으로 증가할 수 없다. 분명히 인구는 궁극적으로 **수용능력**의 한계에 도달할 것이며 이 후 오랫동안 안정화 된 상태가 된다. UN은 지구가 2050년까지 100억 명의 인구를 수용할 수 있을 것이며 이후 계속적으로 인구를 증가할 것이라고 추정한다. 그러나 인구가 성장함에 따라, 제한요인의 영향은 더욱 더 강력해진다. 즉, **식량 부족**, **물 부족**과 **폐기물 증가**가 궁극적으로 인구 규모를 통제할 것으로 예측된다.

세계 인구의 연령 구조를 고려하며 대부분의 지역에서 생식기 사람들과 생식기 이전의 사람들이 인구의 대다수를 차지한다. 대부분의 개인들은 현재 생식하고 있거나 가까운 미래에 생식할 것이기 때문에, 우리가 우리의 **번식률**을 줄인다 할지라도, 앞으로 몇 년 동안 세계의 인구수는 가파르게 증가할 것으로 예측된다.

개체군이 수용능력을 초과하는 피해 – 코끼리 과잉번식의 해법은?

상아와 식량을 얻기 위한 코끼리 사냥 때문에 1980년대에 아프리카 코끼리(*Loxodonta africana*) 개체군이 130만 마리에서 65만 마리로 감소되었다. 많은 보호 단체들은 코끼리 수의 급속한 감소를 막고자 상아 수출 금지정책을 제안하였다. 1989년 '멸종 위기에 처한 야생 동식물의 국제 거래에 관한 협약(CITES, Convention on International Trade in Endangered Species of Wild Fauna and Flora)'은 코끼리 상품에 대한 모든 국제 무역을 금지하였고, 금지령이 시행되어 상아 가격은 폭락하였고 밀렵은 더 이상 수지가 맞는 사업이 아니었다.

그러나 수렵이 금지된 후, 포식자(사자)의 감소로 인하여 자연적인 조절기능이 없어진 코끼리는 지나치게 증가하여 코끼리가 이용할 수 있는 서식지를 파괴하였고, 이로 인해 농부들과 코끼리 간의 갈등이 발생하였다. 아프리카 코끼리는 커다란 몸집을 유지하기 위해 막대한 양의 식량(150～250 kg/하루) 을 먹어야 한다. 코끼리는 나무껍질을 벗겨내고, 나무를 뿌리째 뽑아 먹으며, 막대한 양의 풀을 먹어 댄다. 인간과 코끼리가 함께 사는 곳에서는, 코끼리가 작물에 커다란 손해를 입혔다. 코끼리는 국립공원과 자연금렵(禁獵) 지구 내에 가두어졌기 때문에 개체군 증가는 서식지에 돌이킬 수 없는 환경 파괴를 가져왔다.

개체군 과밀의 압박을 해소하기 위한 일반적인 두 가지의 해결책(이주할 것인가, 굶어 죽을 것인가)을 선택할 수 밖에 없었다. 공원을 떠나는 것은 농업 피해를 증가시켜 농부들에게 손해를 줄 수 있는 위험을 가져온다. 만약 코끼리들이 굶어 죽도록 내버려둔다면 야생동물보호 단체들로부터 강력한 압력이 있을 것이며, 공원관리자는 비판을 받게 될 것이다. 코끼리 개체군이 건강하게 유지되려면, 코끼리 서식처를 파괴하지 않아야 하고, 농업 공동체를 침해하지 않으려면, 개체군의 규모가 통제되어야 한다. 즉, 코끼리의 사망률을 증가시키거나(인공도태 culling) 출생률을 감소시키는 방법(단종(불임)수술 sterilization), 단 두 가지 방법밖에 없다.

수용능력을 초과한 잉여의 코끼리에 대한 지속가능한 포획은 이 지역의 단백질원으로서 필요할 뿐 아니라, 코끼리 포획으로부터 얻는 수입은 주민들과 공원관리를 위한 부가적인 기금을 제공하도록 사용될 수 있다.

미국의 '휴먼 소사이어티'라는 단체는 출생률을 감소시키는 출산 통제를 통해 코끼리 개체군의 문제를 해결하는 방법을 제시하였다. 여러 가지의 방법이 실험되고 이용되었다. 그러나 이러한 접근방법에 대해 비판적인 사람들은 장기간 동안 임신하지 못하도록 처치된 암컷 코끼리는 무리의 정상적인 사회 구조를 붕괴시킬 것이라고 주장하였다. 임신한 암컷 코끼리는 2년 동안은 발정기를 거치지 않는다. 만일 암컷들이 임신하지 않는다면 그들은 대략 15주마다 발정기를 맞게 되며, 1년 동안에 정상보다 더 많은 암컷들이 발정기에 있게 된다. 코끼리의 교미행동은 일상적인 행동 패턴을 파괴하기 때문에, 동물 무리의 정상적인 사회 구조가 파괴될 것이라는 점이 염려되고 있다. 더 나아가 코끼리 무리는 어린 새끼들을 데리고 다닌다. 어린 개체들은 나이가 더 많은 형제자매 혹은 사촌들로부터 가르침을 받는다. 출산통제 방법은 적절한 임신의 간격을 파괴하고 어린 코끼리를 "교육하는" 정상적인 과정을 방해한다.

이 문제에 대해서는 상반된 견해가 있을 수 있다. 포획함으로써 사망을 증가시키는 것을 옹호하는 입장과 번식을 조작함으로써 번식을 감소시키는 것을 옹호하는 입장 어떤 것도 "자연적"이지는 않다. 그러나 어떤 것이든지 행해져야만 한다. 그렇지 않으면 코끼리의 생존은 또다시 위협받을 수 있기 때문이다.

7 우리나라의 인구

우리나라의 인구수는 2016년 현재 약 5,100만여 명이다. 남녀의 비율은 1:1 이다. 문제는 유아, 소년기의 인구가 급감하고 있다는 것이다(그림 5.6).

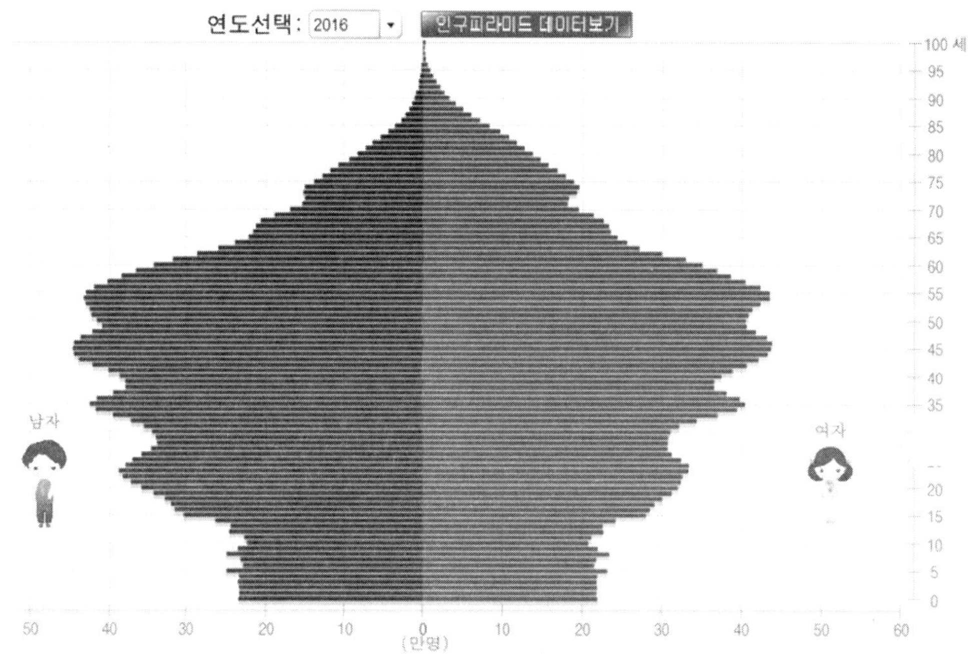

그림 5.6 우리나라의 인구 분포(2016년).

이러한 인구감소는 20년 후에 또 반복이 될 것으로 예상되며, 이러한 추세로 계속되면 대한민국의 인구수는 0명이 된다는 암울한 지적도 있다. 인구 문제는 정치, 경제, 사회적 문제이며, 이를 해결하려는 정부의 노력도 매우 크다.

제6장

수자원

1 물의 특성

물 분자는 산소의 전기음성도가 수소에 비하여 강하기 때문에 극성을 띠는 구조적 특성을 가진다. 물 분자 사이에는 정전기적 인력이 작용하는 수소결합이 형성되어 여러 개의 물 분자가 결합되어 있는 성질을 나타내며 이로 인하여 여러 가지 물의 고유한 물리화학적 특성이 나타난다. 물 분자는 여러 개의 분자가 결합된 상태로 존재하므로 분자량이 작음에도 불구하고 상온에서 액체로 존재할 수 있으므로 상온에서 생명을 유지할 수 있게 한다. 수소결합으로 인하여 물 분자 사이의 결합에너지가 크므로 비열과 용해열, 기화열이 크고, 온도가 높아지면 수분을 증발시켜 온도를 낮출 수 있다. 이것이 수체의 온도변화를 줄이고 생태계의 온도를 안정시키는 요인이 된다.

물 분자는 극성을 가지고 있어 이온성 물질을 많이 용해시킬 수 있으므로 어떤 액체보다 많은 종류의 용질을 용해시킬 수 있는 특성을 가진다. 그러므로 생명현상에 필요한 많은 물질을 용해시킬 수 있어 생명현상을 유지하는 데에 필수적인 조건이다. 물은 여러 가지 물질을 잘 용해시키므로 물질을 이동시키는 매개체의 역할을 할 수 있다.

2 수자원의 종류와 분포

수자원은 생물이나 인간의 생활에 이용되는 지구상의 모든 물로, 대양 97.2%, 빙하 2.15%, 지하수 0.625% 그리고 지표수 중 호수는 0.0006%, 하천 0.0001%로 구성되어 있고, 실제로 인간이나 생물이 이용할 수 있는 대부분의 담수는 지표수로 전체 수자원의 0.0007%에 지나지 않는다.

(1) 대양(Ocean)

지구의 물 중 대부분을 차지하고 있으며 영양염류가 다량 존재하는 저장소이다. 또한, 오염에 대한 완충작용도 하여 오염물질을 희석하기도 한다. 지구상의 물 중 차지하는 비율이 큰 만큼 대양생태계로 분리하여 연구되고 있으며, 세분하여 대륙붕, 해저 그리고 연안생태계 등으로 분류할 수 있다. 환경에서 대양이 중요한 부분을 차지하고 있는 것은 대기와 접촉하는 부분이 많아 대기와 육상과 대양사이에서 물질을 순환시킨다는 점이다. 대양에서 증발된 수분은 강우 등의 형태로 육지에 뿌려져 토양에 수분을 공급하고 대기를 세척하기도 하는 등 물질이동의 근원을 이루고 있다. 또한, 대

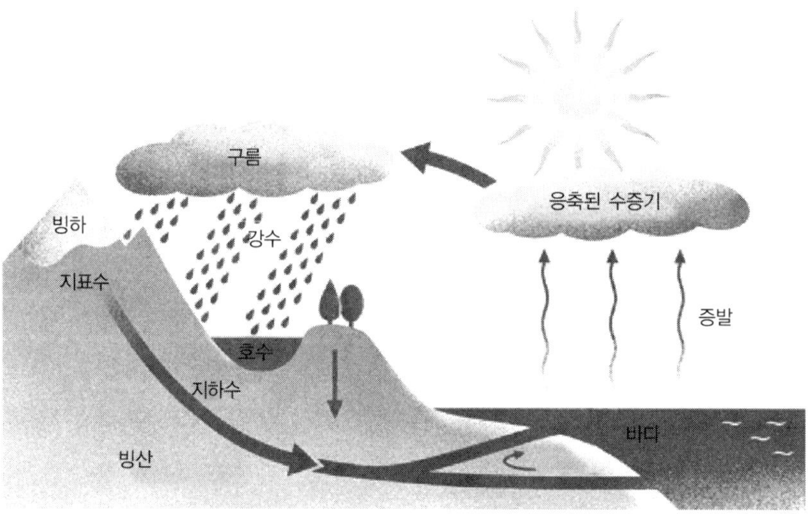

그림 6.1 물 순환 과정의 모식도. 바다에서 증발한 물은 하늘에서 구름이 되어 이동하여 눈과 비가 되어 땅으로 떨어진다. 일부는 빙산과 빙하가 된다. 강과 호수 그리고 지하수를 통하여 다시 바다로 흘러간다. 이 과정에서 여러 가지 물질을 바다로 수송함으로서 바닷물은 염분이 높아진다.

기중의 이산화탄소를 흡수하여 CO_2의 농도가 균형을 이루게 한다.

바닷물의 주요 구성성분은 Cl^-, Na+, SO_4^{2-}, Mg^2+ 등이며 평균 염분은 35,000 ppm (35‰)이다. 지표수와 연결되는 하구는 염분 차에 의한 층이 형성되기도 한다. 대양은 그 규모가 크지만 항구가 생기고 선박의 기름이 유출되어 연안지역의 환경이 변화하고 있으며 그 피해도 상당히 크다.

(2) 빙하(Ice, Glacier)

지표면의 면적비로 약 10%를 차지하고 있으며, 담수로 이용할 가치가 충분한 물이다. 하지만, 극지방의 빙하를 운반하기에는 거리가 멀기 때문에 이용하지 못하고 있다. 미래에는 **대기오염**으로 인한 **기온상승**과 더불어 빙하가 녹음으로써 해수면이 상승하는 등 환경변화에 따른 피해가 클 것으로 보인다. 이 얼음이 전량 녹으면 해수면은 약 60 m 정도 상승하여 전 지구적 피해를 유발할 수 있다고 보고되고 있다. 히말라야, 안데스 산맥 등 고산지대에서는 빙하가 중요한 수자원이며, 유명한 생수가 생산된다. 최근 기후변화로 이 빙하가 사라져 고통을 받고 있다(제 9장 기후변화 참조).

(3) 지하수(Ground Water)

지하수는 **먹는샘물**로 이용되어 경제적 가치가 높은 자원이다. 강우가 지표면에 흡수되어 형성된 것으로 지상으로부터 30 m ~ 수백 m까지 지하수가 존재한다. 천층지하수는 지표수와 교환이 활발하기 때문에 재충전(recharge)이 쉬운 반면에 오염되기도 쉽다. 지하수의 오염은 지표수에 비하여 자정이 느리며 정화에 많은 비용이 소요된다.

심층지하수는 재충전이 느리므로 실질적으로 재생가능하지 않은 자원으로 간주한다. 지하에 두꺼운 투수층이 존재하고 그 아래 깊은 곳에 불투수층이 존재하는 경우에 불투수층이 저수지의 역할을 하여 많은 양의 지하수가 투수층에 저장된다. 이를 대수층(aquifer)라고 한다. 지하수는 재충전속도보다 이용속도가 크면 고갈된다. 미국의 중부에서는 대수층의 지하수를 이용하여 농사를 지어 왔으며 그 결과 지하수가 감소하여 지하수면이 수 십 미터 낮아지는 고갈 현상을 보이고 있다. 지하수의 과잉이용은 많은 지역에서 지하수 고갈, 하천유량의 감소, 지하수면의 하강, 그에 따른 지반침하, 등의 피해를 가져오고 있다. 이탈리아의 베니스는 과도한 지하수 사용으로 지반이 침하되어 지금은 수중 도시가 되었다.

그림 6.2 이탈리아 베니스. 지하수의 과도한 사용으로 일어난 지반 침하로 지금은 건물의 아래 부분이 바다에 잠긴 수중 도시가 되었다(출처:www.wikipedia.org).

(4) 호수(Lake or Reservoir)

호수는 물이 고여 자연적으로 형성된 **자연호**와 **댐** 및 **저수지**의 축조로 형성된 인공호로 구분되며, 생태적으로 격리되어 있어 오염물질 및 **영양염**이 축적되는 곳이며 하천에 비하여 안정된 생태계를 이루고 있다. 호수는 온도와 빛 투과에 의한 환경변화가 뚜렷하여 성층(stratification) 및 혼합(turnover)현상으로 생물상의 계절 변화가 다양하다. 호수는 저수량이 크기 때문에 많은 나라에서 수자원으로 활용되고 있다.

호수는 물이 정체되어 햇빛을 충분히 받을 수 있다는 점에서 하천과는 다른 생태학적 특성을 가진다. 호수물의 **인**의 농도가 높으면 햇빛을 받아 **식물 플랑크톤**이 많이 번성하는 **부영양화**가 발생하기 때문에 수질관리가 어려워진다. 호수에서는 **성층현상**으로 인하여 수심에 따른 수질의 수직변이가 나타난다.

자연호에서는 인공호에 비해 수위변동이 작으므로 수변에 **수생식물대**가 발달하여 생태계의 다양성이 높다. 반면에 인공호에서는 수위변동의 크기에 따라 생태계의 건강성이 결정된다. 수위변동이 큰 호수에서는 수생식물, 저서동물, 어류 등의 생물상이 빈약하다. 그러나 우리나라에서는 자연호가 거의 없거나 규모가 작아서 자연호가 수자원으로서의 가치를 갖지 못한다. 우리나라에는 많은 인공호를 건설하였고 그 수는 크고 작은 것을 모두 합하여 약 18,000개로 추산된다. 자연호 및 인공호는 음용수, 공업용수, 발전, 관개, 위락, 운송 등에 이용되고 있으며 이로 인해 **부영양화**(富營養化) 문제가 발생하고 있다.

(5) 하천(Stream or River)

하천을 형성하는 주요 요인은 강우이며 물질이동의 중요한 경로로써 상류의 유기 및 무기질을 하류로 이동시킨다. 음용수, 공업용수, 운송, 관개, 발전 등에 유용하게 이용되고 있지만 우리나라에서는 강우량의 계절변동이 크기 때문에 안정적인 수자원이 되지 못한다. 많은 하천에서 부수화, 부영양화, 유로 변경, 수심의 감소등의 오염현상이 일어나고 있다. 하천은 유속이 빨라 부유성 플랑크톤이 자라지 못하고 부착조류가 서식한다.

(6) 우리나라의 수자원량

우리나라의 연강수량은 약 1,410억 톤이며, 토양과 식물에 의한 증발산으로 478억 톤이 손실되고 나머지 662억 톤만이 지표의 하천으로 유출되어 이용가능한 수자원이 된다. 게다가 연강수량의 약 1/3인 405톤은 홍수기에 바다로 유출되어 이용하지 못한다. 최종적으로 이용가능한 수자원 양은 약 257억 톤으로 추정하고 있다. 우리나라의 면적당 강수량은 세계평균 이지만 1인당 수자원량을 계산하면 세계 평균의 1/10인 1인당 1,000톤으로 우리나라는 물부족국가의 경계에 있다.

3 수중생물상

수중에는 대형식물과 척추동물에서 미생물에 이르기까지 많은 종류의 생물이 서식하고 있다. 특히 수변의 **수생식물대**에는 어느 생태계보다도 많은 종류의 생물이 서식하고 있으며, 생산량도 높다. 수생 생물은 분류학적 구분, 서식지에 따른 구분, 서식형태에 따른 구분, 생리적 기능에 따른 구분, 먹이그물에서의 위치에 따른 분류 등, 다양한 방법으로 구분하고 있다. 여기에서는 서식형태에 따라 분류하였다.

3.1 부유생물(浮遊生物, plankton)

유영능력이 없어 물의 흐름을 거스르지 못하고 물에 떠다니는 생물을 부유생물 또는 플랑크톤이라고 부른다. 플랑크톤에는 박테리아와 같이 작은 생물 뿐 아니라, 해파

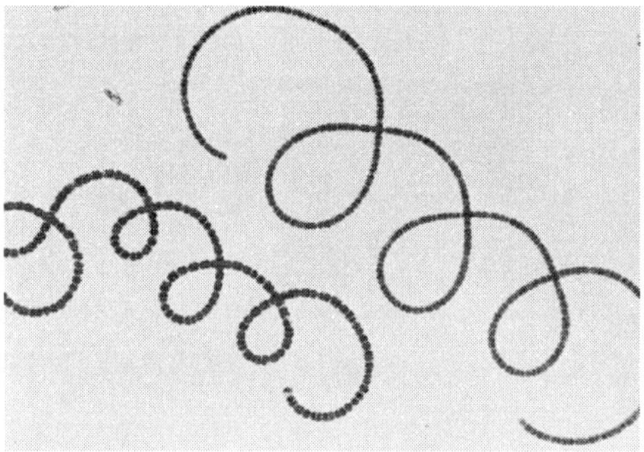

남세균

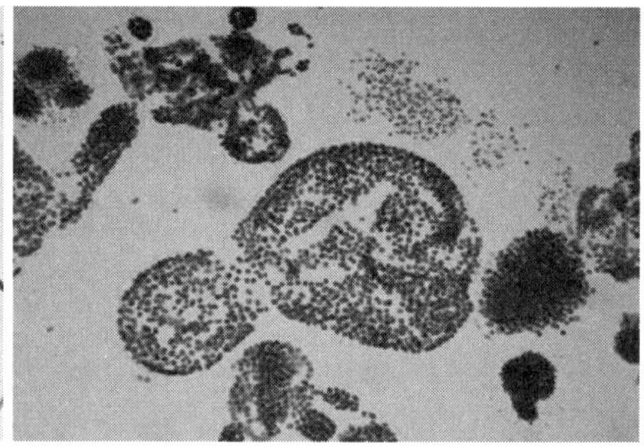

남세균

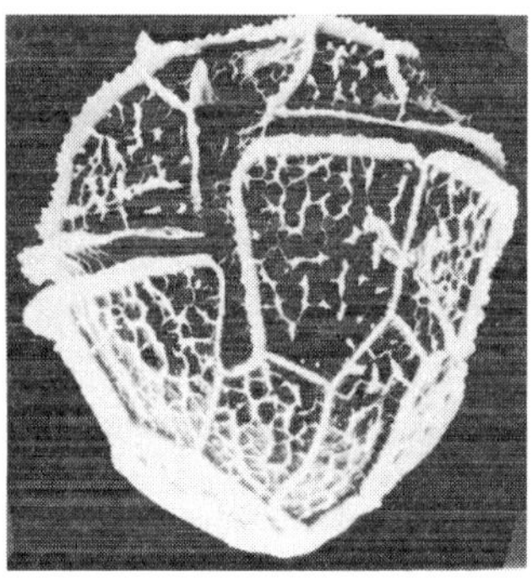

와편모조류

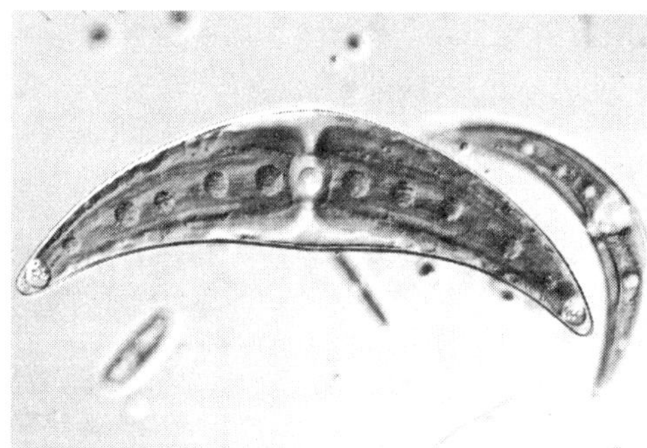

녹조류

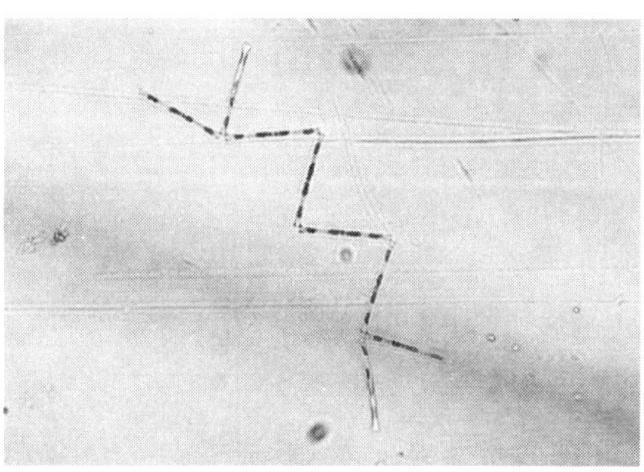

규조류

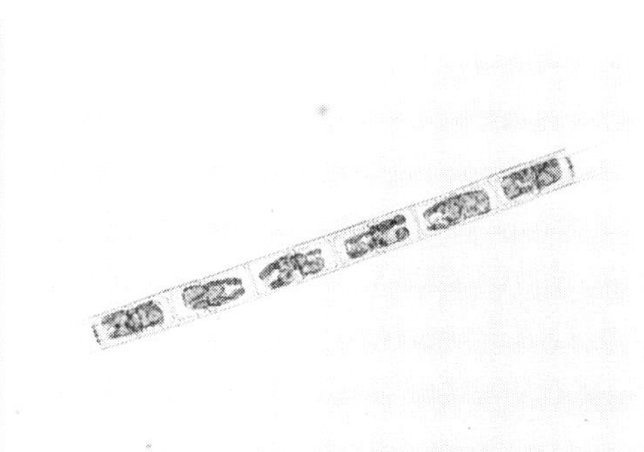

규조류

그림 6.2 다양한 종류의 식물 플랑크톤

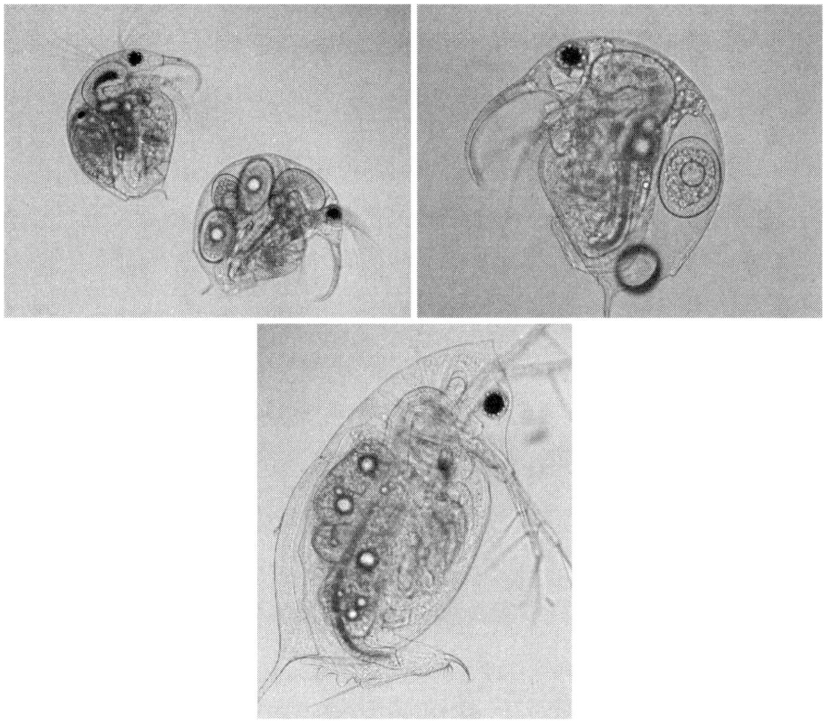

그림 6.3 호수에 서식하는 대표적인 동물플랑크톤(물벼룩, 지각류 *Bosmina* sp.(상)과 *Daphnia* sp.(하)

리와 물벼룩처럼 육안으로 볼 수 있는 큰 생물도 포함된다. 약간의 유영능력을 가지고 있는 경우도 있으나 강의 흐름, 해류와 같은 물의 흐름에 따라 떠내려가는 생물이다.

부유생물은 **광합성**능력의 유무에 따라 분류하기도 하고 단순히 생물의 크기에 따라 분류하기도 한다. 광합성능력이 있는 플랑크톤은 **식물 플랑크톤**(phytoplankton), 광합성을 하지 않는 플랑크톤을 **동물 플랑크톤**(zooplankton)이라고 한다. 여기에 원핵생물을 하나의 분류로 추가하여 **박테리아 플랑크톤**(bacterioplankton)이라고 부르기도 한다.

3.2 유영생물(遊泳生物, nekton)

어류와 같이 물의 흐름을 거슬러 헤엄칠 수 있는 생물을 **유영생물**이라 한다. 어류의 치어는 유영능력이 약하여 흐름에 따라 떠내려가므로 **부유생물**의 범주로 분류되기도 한다.

3.3 저생생물(低生生物, benthos)

호소의 저질근처에 서식하는 생물을 **저서생물** 또는 **저생생물**(低生生物)이라고 한다. 조개와 같이 저질에 구멍을 뚫고 사는 종류도 있고, 저질의 표면에 사는 종류도 있다. 부착조류, 해초류와 같이 **광합성**을 하는 것을 저생식물(또는 저서식물, phytobenthos), 광합성을 하지 않는 동물을 저생동물 또는 저서동물(zoobenthos)라고 구분하여 부르기도 하지만, 저서생물이란 용어는 흔히 저서동물을 지칭하는 데에 사용한다. 연체동물, 곤충의 유생, 갑각류, 환형동물 등이 주를 이룬다.

3.4 수표생물(水表生物, neuston)

호소나 해양의 표면에는 기름이 뜨는 것처럼 지용성물질이 많이 함유된 유기물막이 형성된다. 비가 내리는 날이나 잔물결이 이는 날 수면에 얼룩이 나타나는 것을 볼 수 있다. 이것은 수중에서 주로 식물플랑크톤에 의해 만들어진 유기물분자들이 수면에 모여 만들어진 것으로 두께는 10~100 ㎛이며 깊은 곳에 비해 유기물의 농도가 월등히 높은 층이다. 유기물이 많으므로 박테리아 등의 미생물의 밀도도 높고 이를 먹고사는 포식자 생물도 서식한다. 수표면에 서식하는 이러한 생물을 통칭하여 수표생물이라 한다. 절지동물과 연체동물 중에는 수면에 붙어 거꾸로 헤엄치며 수표생물을 먹는 종류도 있다.

3.5 부착생물(periphyton)

호수나 하천의 얕은 곳에는 돌, 수초잎, 동물의 껍질 등의 표면에 부착하여 서식하는 생물군이 있다. **규조류** 등의 **광합성조류**를 포함하여 박테리아, 곰팡이, 원생동물 등의 복합체가 형성되어 있고 이를 **부착생물**이라고 한다. 특히 조류를 지칭할 때는 **부착조류** (attached algae)라고도 한다.

얕고 물이 맑은 하천에서는 하천 바닥까지 빛이 도달하므로 광합성이 활발한 부착생물군집이 발달하여 돌표면이 미끈미끈해진다. 하천의 부착조류는 수서곤충의 먹이로서 하천생태계의 중요한 **일차생산자**가 된다. 호수의 수초대에서는 수초 잎 표면에 부착한 periphyton이 많아 오히려 수초보다도 일차생산량이 더 크기도 한다.

부착생물의 양과 종류는 수중의 유기물의 농도, 무기영양염류의 농도, 유속 등에 의해 좌우된다. 유기물이 많은 곳에서는 곰팡이가 주를 이루며 유기물이 적고 무기염류가 많은 곳에서는 조류가 많아지며 조류의 종류도 환경에 따라 다르므로 수질의 지표가 되기도 한다.

3.6 수생식물(수초)의 분류

(1) 정수식물(挺水植物, emergent macrophytes)

잎이 물밖으로 나와 있어 대기로부터 이산화탄소를 흡수하는 식물. 물가의 가장 얕은 곳에 서식한다. 갈대가 가장 우점하며, 줄, 부들, 애기부들 등이 있다.

(2) 침수식물(沈水植物, submerged macrophytes)

잎이 물속에 잠겨있는 수초. 빛이 투과하는 깊이까지만 서식할 수 있으므로 얕은 곳이나 맑은 호수에서 서식할 수 있으며 부영양화가 심하여 플랑크톤이 많으면 소멸한다.

(3) 부수식물(浮水植物, free-floating macrophytes)

잎과 뿌리가 수면에 떠 다니는 식물. 개구리밥, 부레옥잠과 같이 뿌리가 저질에 내리지 않는 식물도 있고, 마름과 같이 처음에는 저질에 뿌리를 내리는 부엽식물이지만 성장한 후에는 뿌리가 끊어져 부수식물이 되는 예도 있다.

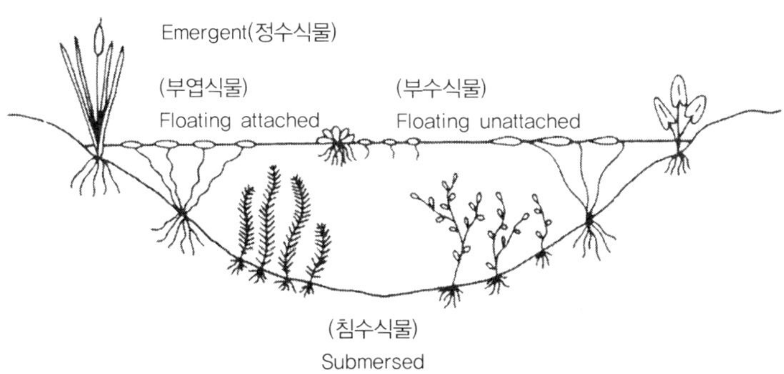

그림 6.4 호수에서 수생식물의 분포

(4) 부엽식물(浮葉植物, floating-leaved macrophytes)

뿌리는 저질에 내렸으며 잎만 수면에 떠서 빛을 받고 서식하는 식물. 연, 수련. 혼탁하고 얕은 호수에서 번성한다.

4 물 소비

물은 인간의 생활에 필수적이므로 거의 모든 부분에서 사용되고 있다. 물의 특징인 개인주택, 아파트 등의 가정용(domestic uses) · 상업 및 산업용(commercial and industrial uses) · 공원, 학교, 병원 등의 공공시설(public uses) 등에 주로 사용되고 있다. 하지만, 이러한 물 사용에도 불구하고 사용한 후의 **폐수**, 관의 노후화로 인한 누수로 손실이 발생하기도 한다. 부족한 수량을 보충하기 위해 **저수지**와 **댐** 6,600여 개를 축조하였지만, 토사 유입 등으로 저수량이 매년 감소하는 있는 실정이다.

물 이용에 영향을 주는 요인으로는 기후, 경제적 수준, 환경에 대한 인식정도, 산업과 상업의 형태 및 규모, 도시의 크기 등이 있고, 이에 따라 물을 사용하는 양 및 형태가 다르게 나타나고 있다.

5 수질오염의 종류

(1) 유기물 오염

유기물이란 환원된 탄소를 골격으로 가지는 분자로서 생물에 의해 생성되는 물질들이다. 유기물은 식물의 광합성이 궁극적인 근원인데 생성될 때는 산소를 발생시킨다. 광합성을 하지 않는 타가영양 생물들은 유기물을 에너지원으로 이용하며 분해 시 산소를 소비한다. 따라서 수중에 유기물이 많으면 산소가 감소하며, 심하면 산소가 고갈되어 수중동물이 살 수 없게 되는 오염현상이 발생한다.

DO(Dissolved Oxygen)는 **용존산소**로 물 속에 녹아있는 산소의 농도(mg/L, ppm)를

말한다. 용존산소는 대기 중의 산소가 물에 녹아 수중에 공급되고, 극히 일부이기는 하지만 수중식물의 광합성으로 인해 공급되기도 한다. 하천의 유속이 빠를수록 많은 양이 용해되며 오염되지 않은 물일수록 DO는 높다. 어류가 생존하기 위해서는 약 2mg/l 이상의 용존산소가 필요하며 산란부화를 위해서는 4-5 mg/l 의 용존산소가 필요하다.

유기물이 하천에 유입되면 일부는 자연적으로 세균에 의해 분해되므로, DO는 소비되고 감소하여 **산소결핍** 상태가 되어 수중생태계를 파괴하는 원인이 되기도 한다. 하지만, 더 이상의 유기물의 유입이 없으면, 하류를 타고 내려가면서 유기물은 분해되어 **생물화학적산소요구량**(BOD)은 감소되고, 결핍되었던 DO는 공기 중에서부터 용해되어 공급되므로 원래의 수준으로 회복된다. 이를 DO Sag Curve라고 한다(그림 6.5).

수중의 유기물은 배설물, 음식물 찌꺼기 등에 기인하며 하수를 통하여 수중에 배출되기도 하며, **식물 플랑크톤**, **부착조류**, **수생식물** 등의 **광합성**에 의해 수체내에서 생성되기도 한다. 유기물이 산소를 소비하는 속도는 BOD(Biochemical Oxygen Demand)로 측정한다. 유기물 오염은 가장 흔히 나타나는 수질오염의 형태이며, **하수처리장**은 유기물을 분해하여 하천에서 BOD를 낮추기 위한 공정이다. 수중의 **유기물 함량**은 **BOD** 또는 **COD**(Chemical Oxygen Demand)로 측정하는데 대개 COD가 BOD 보다 큰 값을 보인다.

유기물질의 양을 나타내는 값으로는 BOD, COD, TOC(Total Organic Carbon)이 있다.

(2) 부영양화(富營養化, Eutrophication)

광합성생물이 성장하기 위해서는 CO_2 이외에도 N, P, Si, 등 각종 무기영양염류가 필요하다. 이 가운데 생물에 필수적으로 필요하지만 존재량이 적어서 생물성장이 그 양에 따라 결정되는 원소를 **제한영양소**(limiting nutrient)라 부른다. 담수에서는 제한영양소가 인(P)이다. 인은 핵산, 세포막 등을 만드는 필수원소인데 담수에서 용해도가 낮아 쉽게 침전되므로 수중의 농도가 낮고 결핍되기가 쉽다.

하천과 호수에서 인의 유입이 증가하여 광합성 생물의 양이 증가하는 현상을 부영양화라고 한다. **부영양화** 현상은 하천에서 발생하는 경우에는 하상의 부착조류가 증가하는 현상으로 나타나며, 호수, 연안 등의 정체된 수역에서는 **식물 플랑크톤**(phytoplank-

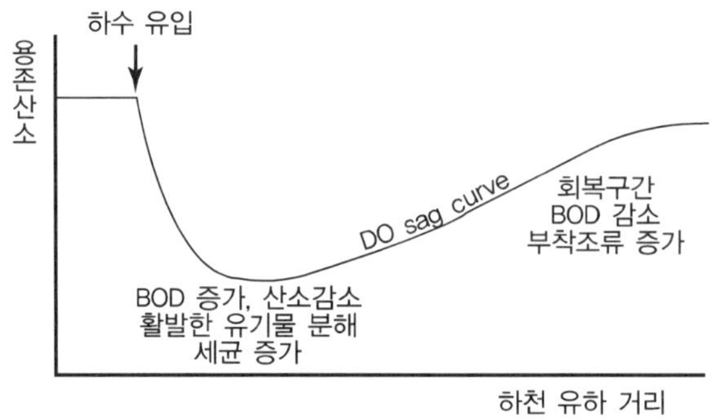

그림 6.5 하천에서 하수가 유입할 때 나타나는 용존산소의 종방향 분포

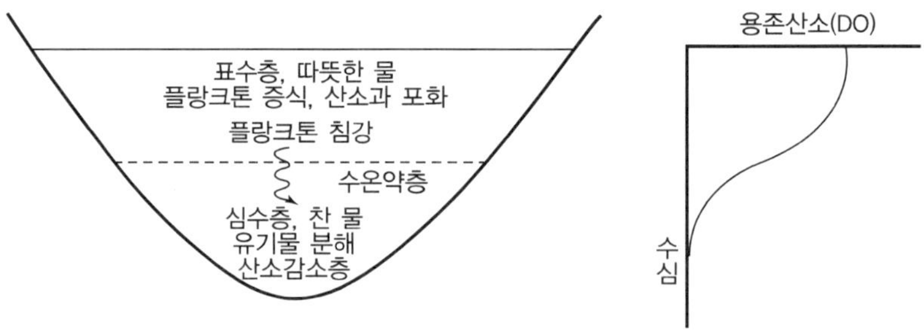

그림 6.6 부영양호에서 성층기에 나타나는 용존산소의 수직 분포

ton)의 증가로 나타난다. 식물플랑크톤이 번성하면 물의 색이 변하므로 이를 water bloom이라 부르며 일본에서는 수화현상(水華現狀)이라고 번역하였고, 우리나라에서는 물꽃현상이라 부르며, 갈색으로 변하는 경우에는 담수적조라 부르고, 녹색으로 변하는 경우 **녹조**(綠潮)현상이라 부른다.

식물 플랑크톤이 과잉 증식하면 광합성작용으로 유기물이 증가하고, 표수층에는 용존산소가 과포화되며 심수층에는 용존산소의 고갈현상이 나타난다. 산소가 고갈되면 환원상태가 되어 유기물의 분해가 불완전하게 일어나고 메탄(CH_4), 암모니아(NH_3), 황화수소(H_2S) 등의 환원가스가 발생하여 악취를 유발한다. 암모니아와 황화수소는 특히 어류에 독성이 있어 수중동물상의 다양성을 저하시킨다.

담수에 서식하는 식물 플랑크톤은 **남세균**(**남조류** cyanobacteria), 녹조류, 규조류 등이 있으며, 부영양호에서는 여름에 남세균이 주로 번성하는데 이때 물색이 초록색으로 변하며 독소발생, 냄새발생 등의 피해를 유발한다. 부영양화는 담수에서 수질과 수생태계의 건강성을 훼손시키는 주요 원인이며 다음과 같은 피해를 준다.

① 남세균은 독소를 생성하기도 하여 물을 마신 동물이나 사람이 죽는 사고가 발생한다. 수돗물에 잔류하면 간암을 유발한다.

② 남세균과 규조류 등의 조류와 방선균 등의 미생물은 냄새를 발생하므로 상수원으로 사용할 때에 장애를 준다. 수돗물의 냄새제거를 위해 활성탄을 사용하여야 하므로 정수비용이 많이 든다.

③ 부영양화된 호수를 상수원으로 이용하는 경우, 수돗물 생산용 모래여과상이 막히게 되어 모래교체로 인한 수돗물의 생산비 증가가 발생한다.

④ 물이 혼탁하고 냄새가 발생하여 관광자원으로서의 가치가 하락한다.

⑤ 수초가 과잉 번성하는 경우에는 선박운행, 낚시, 수상레져 등의 활동을 할 수 없다.

독성 남세균은 인간과 가축의 간과 신경에 치명적인 독소를 분비하여 수돗물을 통하여 사람에게 전달 될 수 있다. 이에 정부는 수돗물의 안전성을 확보하기 위하여 조류경보제를 운영하고 있다(표 6.1). 이 제도는 국립환경과학원(www. nier.go.kr)에 자세히 설명되어 있다.

이 조류경보는 엽록소 a 농도와 남 세포수 기준으로 조류주의보, 조류경보, 조류대발생으로 구분하여 각 단계 마다 취수장, 정수장 등에 발령전달 및 대응체계가 구축되어 있다.

부영양화가 바다에서 일어나면 황갈색의 플랑크톤이나 붉은색의 플랑크톤이 증식하게 되는데 특히 붉은 색의 플랑크톤이 번성하면 이를 적조(赤潮, red tide) 라고 한다. 적조는 해마다 7~9월에 우리나라 남해안에서 시작되어 서해와 동해로 확산되며 붉은 색 또는 황갈색 대발생현상이다. 해마다 장마철 이후에 코틀로디움 등 식물 플랑크톤의 대량증식이 일어나고 있다. **적조**현상의 주요원인은 식물 플랑크톤의 성장을

〈표 6.1〉 우리나라 조류경보제 발령기준

구 분	조류주의보	조류경보	조류대발생
엽록소a 농도(mg/m^3)	15 이상	25 이상	100 이상
남조류 세포수(세포/ml)	500 이상	5000 이상	1.000.000 이상

※ **주** 남조류는 남세균과 같은 의미이다. 국가에서는 남조류로 표기하고 있다.

그림 6.7 호수의 남조류 물꽃현상

제한하는 영양염류의 농도가 높아지는 부영양화 현상 때문이다. 바다의 적조현상은 해마다 장마가 지난 간 후 또는 장마 기간동안에 발생하며 육지에서 유입되는 질소가 주된 원인이다. 또 각종 어류를 양식하면서 투여한 사료와 어류 배설물에 포함된 영양염류도 또 다른 원인이다. 여기에 바닷물의 온도가 식물 플랑크톤 증식에 적절한 상태가 되면 이들이 폭발적으로 증식하게 된다. 식물 플랑크톤을 잡아먹는 여과섭식자(filter feeder)인 조개류들이 연안의 개발 등으로 개체수가 줄어든 것도 원인이다. 우리나라에서는 국립수산과학원(www.nfrdi.re.kr)에서 적조예보를 발령하고 있다. 이 예보는 적조 주의보/경보/해제로 구성되어있고, 편조류, 규조류의 밀도에 따라 그 위험성을 공표하고 있다. 적조는 물고기의 아가미에 붙어 산소흡입을 방해함으로서 물고기가 폐사하는 등 피해를 주어 '유해조류의 대번식(Harmful Algal Blooms)라고도 한다.

식물 플랑크톤은 광합성을 하면서 유기물질량을 늘려간다. **식물 플랑크톤**이 사멸하면서 미생물에 의하여 분해되면 저질토와 심층에서 산소가 부족하거나 없는 상태가 된다. 이 과정에서 정상적으로 활동하는 어패류가 사멸하고 생태계에 악영향을 미치고 있다.

이들의 피해를 막고자 황토를 살포하고 있으나 그 효과와 2차오염에 대한 우려가 있다. 현재 화학약품에 의한 처리, 응집 등 물리적방법, 천적이용등 생물학적 방법들에 대하여 연구하고 있는 수준이다.

(3) 병원성 미생물

수중에는 병원성 미생물이 존재하여 전염의 매개체가 되기도 한다. 물을 통하여 전염되는 병을 **수인성전염병**(water-borne disease)이라 하며, 콜레라, 장티푸스, 이질, 간염 등을 들 수 있다. 병원성미생물은 사람이나 동물의 배설물을 통하여 체외로 배출되고 물을 통하여 전파된다. 병원성미생물의 존재는 밀도가 낮아 확인하기가 어려우므로 일반적으로 **대장균**(*Escherichia coli*)을 간접적인 오염의 지표로 사용한다.

대장균은 사람이나 포유동물의 대장에 정상적으로 서식하는 세균이며 대개 무해하다. 대장균은 체외에서는 성장하지 못하므로 자연수에서 대장균이 검출된다는 것은 동물의 배설물에 의해 오염되었다는 것을 의미하며 병원성미생물도 존재할 우려가 있다는 뜻이다. 따라서 대장균이 검출되지 않는다는 것은 동물의 배설물에 의해 오염되지 않았음을 의미한다. 대장균의 밀도가 높을수록 배설물에 기인하는 병원균의 존재가능성이 높아지기 때문에 대장균수를 수질의 지표로 사용하고 있다. 우리나라의 생활환경기준 에서는 **총대장균군**과 **분원성대장균군**을 병원성 미생물의 지표로 사용하고 있다.

(4) 중금속 오염

중금속 가운데에는 인체에 유해한 종류들이 있으며 이들이 수중에 존재하면 수질오염으로 간주한다. 흔히 수질오염으로 나타나는 유해중금속은 수은, 카드뮴, 납, 비소, 주석, 셀레늄 등을 들 수 있다.

수은은 금속수은, 무기수은, 유기수은의 형태로 나눌 수 있다. 이 중 유기수은이 생체내에 잘 침투하여 독성을 나타내는 형태이며, **메틸수은**이 대표적인 유해물질이다. 메틸수은은 어패류에 농축되어 일본의 미나마타병을 유발하였다(제 1장 산업환경 재해 참조). 수은은 할로겐원소(F, Cl, Br, I), 유황원소(S-, SH-)와 잘 결합하여 수체 내에 존재하며, 화석연료인 석유 및 석탄에도 수은이 다량 함유되어 있는 것으로 알려져 있다. 대부분의 수은은 수환경에서 이온화된 형태(Hg^{2+})로 존재하며, 수소이온농도(pH)가 낮을수록 독성이 강한 메틸수은의 형태로 존재된다.

총 수은의 농도가 300 ppm 이상이면 두통, 오한, 시각장애, 언어장애, 마비증상(중추신경질환) 등의 증상이 나타나며, 일본의 미나마타 사건은 대표적인 피해지역이다. 일본 미나마따현 신일본질소주식회사에서 배출한 폐수 중에 수은이 함유되어 이것이

만내의 해수에 유입되었다. 이 당시 무기수은은 독성이 없는 것으로 알고 있었으나 수은은 해저에서 메틸수은으로 전환되면서 부유생물에 흡수되고 이 부유생물을 먹은 어패류의 체내에 고농도로 농축되는 **생물농축현상**이 나타나 사람에게 전달되어 중독사고가 발생하였다.

카드뮴은 화학적으로 안정한 산화막을 형성하여 금속부품의 도금, 합금, 안료, 폴리염화비닐(PVC)의 안정제, 건전지 등에 많이 이용되어 왔다. 카드뮴에 의한 공해병은 1910년경부터 일본 도야마현 진쓰천 유역에서 발생한 것이 최초로 보고되었다. 그중 독증상으로 허리, 팔, 늑골(갈비뼈), 골반 대퇴골 등에 골절현상이 일어나 통증을 유발하므로 **이타이이타이병**으로 명명되었다.

(5) 미량유해물질

인간은 많은 종류의 화학물질을 합성하여 사용하고 있는데 이 가운데에는 유해성이 큰 물질들도 있다. 특히 유기탄소에 염소가 결합된 **염소화탄화수소**(chlorinated hydrocarbon)류의 물질들은 발암성과 독성 이 강한 것이 많이 있다. PCBs, 다이옥신, DDT 등이 그 예인데 먹이연쇄의 상위로 갈수록 농축되어 더 큰 피해를 주는 특성을 가지고 있는 종류들이 많다. 즉, 수중의 농도는 낮고 하등생물의 체내함량은 낮으나 육식어류나 새들에게는 큰 피해를 주기도 한다.

(6) 유류 오염

선박의 **기름유출**은 **해양오염**의 형태로 대표적이다. 기름유출로 인해 해수면에 피막을 형성함으로써 식물플랑크톤의 일차생산력을 저해하여 해양생물의 먹이원이 사라지며, 또한 해저로 침전하여 미생물을 사멸시켜 해양생태계를 파괴하기도 한다. 이러한 유류 오염은 그 범위가 넓고 이동성이 있어 그 피해가 널리 확산되기도 한다. 따라서 유류 오염에 의한 피해를 최소화시키기 위해서는 사고방지가 우선적으로 논의되어야 하며, 사고발생 후에 물리, 화학, 생물학적처리 등으로 신속히 제거하여 피해를 최소화하여야 한다. 1989년 11백만 갤런(42백만 리터)의 기름이 미국 Exxon Valdez호로부터 알래스카 지방의 Prince William Sound에 유출되어 최소 30만의 새들이 떼죽음을 당하는 사건이 발생하였다. 또한, 우리나라에서도 유류 오염으로 인해 많은 피해가 발생한 사건들이 알려져 있다.

(7) 방사성물질 (radioactive material)

핵발전소 등에서 방출되는 방사성물질이 해역에 유출되어 확산되면 수중생물의 먹이연쇄를 통하여 농축되어 수산자원을 오염시킬 수 있다. 근래 일본의 핵발전소 유출사고로 인하여 많은 양의 방사성물질이 해양에 유출됨으로써 위해성이 크게 부각되었다.

(8) 열오염 (thermal pollution)

화력 및 원자력 발전소에서 방류되는 **냉각수**에 의해 수온이 상승하여 생태계를 변화시키는 현상이 자주 발생하고 있다. 발전소에서 배출된 냉각수에 의해 수온이 상승하면 생물의 호흡률이 증가(산소요구량이 증가)하여 용존산소가 결핍되기도 한다. 해양에서는 수온의 변화가 어류의 회유로를 교란하여 어류의 성장과 어획에 지장을 준다. 연어 등의 냉수어종이 사는 하천에서 수온이 상승하면 어류의 생존과 번식에 장애를 준다.

(9) 부유물질 (suspended solids, SS)

부유물질이란 수중에 떠 있는 물질 가운데 크기가 약 1 ㎛ 이상으로서 여과지에 걸러지는 입자상 물질을 통칭한다. 원인물질은 **식물 플랑크톤**, 낙엽의 잔재, 박테리아, 곰팡이, 하수의 입자상 유기물, 토양침식에 기인하는 광물 등이다.

수중생태계에 미치는 영향을 평가하는 기준으로서 미국에서는 **탁도**(turbidity)를 사용하고 있다. 탁도는 빛의 투과를 방해하는 정도로서 측정하므로 1 ㎛ 이하의 colloid 크기의 작은 입자의 기여도가 커지는데, colloid 입자는 SS 측정방법에서 여과지를 통과하므로 측정되지 않는다. 부유물질은 무게로 측정하는데, 큰 입자는 질량이 많은 대신 호수에서 곧바로 침강하므로 하류에 까지 이동하지 않는 반면에, 콜로이드 입자는 작은 입자는 빛투과는 입자의 수에 따라 영향을 크게 받으므로 작은 입자들은 무게에 비하여 생태계에 미치는 영향이 크다.

부유물질이 많은 **탁수**는 수질이 나쁘고 수중생물의 서식에 큰 장애를 준다. 하수나 낙엽잔재, 농작물 잔재 등의 경우에는 부유물질 가운데 유기물질이 많으므로 BOD가 높고 산소고갈을 유발한다. 토목공사현장이나 경사가 큰 농경지에서는 토양침식이 많이 발생하여 무기부유물질이 많아진다. 무기부유물질은 수중의 빛을 차단하여 호수에서 수생식물의 성장을 억제하며, 수생식물의 감소는 이곳에 사는 저서동물과 어류의 감소를 수반함으로써 전반적인 수중동물의 감소를 초래한다. 하천에서는 부유물질이 어류의 아가미에 손상을 주어 성장을 저해하며, 자갈표면의 **부착조류**에 덮여 성장을 저해하거나 동물 먹이로서의 질을 나쁘게 한다. 또한 모래가 자갈사이를 메워 수서곤충의 서식을 방해하며, 자갈사이에 산란한 어류의 알이 부화되지 못하고 죽게 하므로 광범위하게 동물의 생장을 크게 감소시킨다.

6 수질오염원의 형태

(1) 점오염원(點汚染源 point source pollution)

오염물이 좁은 지역에서 배출되는 오염현상을 점원오염이라 하며 이러한 오염원을 점오염원이라 한다. 산업폐수, 생활하수, 축산폐수 등이 이에 해당한다. 일정량 이상이 배출되는 점오염원은 배출수의 농도규제에 의해 오염을 통제하고 있으며, **농도규제**를 하더라도 하천의 수질이 기준을 충족시키지 못할 때에는 **총량규제**를 실시하여 규제한다. 점오염원은 수질오염관리의 주요 대상이다.

(2) 비점오염원(非點汚染源 nonpoint source pollution 또는 diffuse pollution)

오염물이 넓은 지역에서 배출되거나 작은 오염원이 산재하여 있는 현상을 비점원오염이라고 부르며 이러한 오염원을 비점오염원 또는 면오염원이라 부른다. 도시 지표유출수, 도로면 유출수, 농경 배수, 토양침식 등을 예로 들 수 있다. 도시나 도로, 산업단지의 **지표유출수**(surface runoff)에는 중금속, 유해화학물질, 유기물, 부유물질 등의 다양한 오염물이 포함되어 있으며, 특히 강우 초기에 유출되는 물(first flush)의 오염도는 생활하수보다도 높다. 농경지의 배수에는 퇴비와 비료에 기인하는 인의 함량이 높고, 퇴비와 농작물 잔재에서 생성되는 부식질의 농도가 높으며, 경사지에서는 **토양침식**이 많이 일어나 무기부유물질의 함량이 높다. 근래 우리나라의 농업은 많은 에너지와 화학물질이 투입되는 집약적 농업이며, 퇴비, 농약, 비료 등의 유출로 인하여 농촌지역에서 **수질오염**의 주요 원인이 되고 있다.

최근에는 오염도가 높은 **강우 초기 유출수**를 저류하고 처리하는 시설들을 만들어 처리하고 있으나 비점오염원은 강우 시에 대량 배출되는 특성으로 인하여 처리가 어렵다. 우리나라에서는 아직 비점오염원의 유출에 대해서는 규제하지 않고 있다.

7 우리나라의 수질오염 관리 체계

(1) 수질 환경 등급

공공 수역의 환경을 보전하기 위한 환경기준의 필요에 따라 우리나라의 수질등급 평가에는 음용수, 공업용수, 농업용수, 수산용수, 위락용수 등 이용목적에 따라 생태계 보호를 위하여 pH, BOD, COD, TOC, 엽록소-a 농도, DO, 대장균수, 부유물질 등이 규정되어 있다. 그 외에 사람의 건강보호를 위하여 카드뮴, 시안, 유기인, 납, 6가 크롬, 비소, 수은, PCB, ABS의 9개 항목을 기준으로 하천과 호수는 5개의 등급으로 나

〈표 6.2〉 우리나라 하천과 호수의 수질등급평가 기준 (하천의 생활환경기준)

등급		상태(캐릭터)	기준							
			수소이온 농도 (pH)	생물화학적 산소요구량 (BOD) (mg/L)	총유기탄소량 (TOC) (mg/L)	부유물질량 (SS) (mg/L)	용존산소량 (DO) (mg/L)	총인 (T-P) (mg/L)	대장균군(군수/100mL) 총 대장균군	분원성 대장균군
매우 좋음	Ia	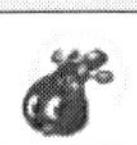	6.5~8.5	1이하	2이하	25이하	7.5이상	0.02이하	50이하	10이하
좋음	Ib	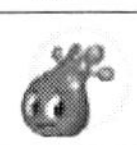	6.5~8.5	2이하	3이하	25이하	5.0이상	0.04이하	500이하	100이하
약간 좋음	II	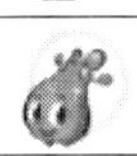	6.5~8.5	3이하	4이하	25이하	5.0이상	0.1이하	1,000이하	200이하
보통	III	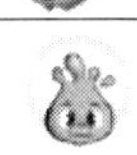	6.5~8.5	5이하	5이하	25이하	5.0이상	0.2이하	5,000이하	1,000이하
약간 나쁨	IV	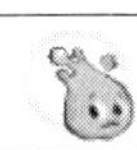	6.0~8.5	8이하	6이하	100이하	2.0이상	0.3이하	–	–
나쁨	V		6.0~8.5	10이하	8이하	쓰레기 등이 떠있지 아니할 것	2.0이상	0.5이하	–	–
매우 나쁨	VI	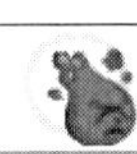	–	10초과	8초과	–	2.0미만	0.5초과	–	–

(호소의 생활환경기준)

등급		상태 (캐릭터)	기 준								
			수소이온 농도 (pH)	총유기탄 소량 (TOC) (mg/L)	부유 물질량 (SS) (mg/L)	용존 산소량 (DO) (mg/L)	총인 (T-P) (mg/L)	총질소 (T-N) (mg/L)	클로로필 -a (Chl-a) (mg/m^3)	대장균군(군수/100mL) 총대장 균군	분원성 대장균군
매우 좋음	Ia		6.5~8.5	2이하	1이하	7.5이상	0.01이하	0.2이하	5이하	50이하	10이하
좋음	Ib		6.5~8.5	3이하	5이하	5.0이상	0.02이하	0.3이하	9이하	500이하	100이하
약간 좋음	II	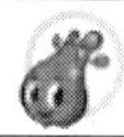	6.5~8.5	4이하	5이하	5.0이상	0.03이하	0.4이하	14이하	1,000 이하	200이하
보통	III		6.5~8.5	5이하	15이하	5.0이상	0.05이하	0.6이하	20이하	5,000 이하	1,000 이하
약간 나쁨	IV	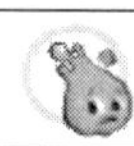	6.0~8.5	6이하	15이하	2.0이상	0.10이하	1.0이하	35이하	–	–
나쁨	V		6.0~8.5	8이하	쓰레기 등이 떠있지 아니할 것	2.0이상	0.15이하	1.5이하	70이하	–	–
매우 나쁨	VI	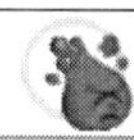	–	8초과	–	2.0미만	0.15초과	1.5초과	70초과	–	–

누고 있으며, 해역은 3개의 등급으로 구분하여 기준을 정하고 있다. 우리나라 하천과 호소의 수질환경등급기준을 표 6.2에 나타냈다.

(2) 배출규제 기준

폐수를 배출하는 사업장은 하천에 폐수를 방류할 때 **배출규제기준**에 따라 처리하여 배출하여야 한다. 또한, 사업장이 밀집되어 있는 지역은 오염물질의 총 배출량으로 규제하고 있다. 따라서 폐수배출량이 $3{,}000m^3$/day를 기준으로 BOD, COD, SS의 3개 항목을 대상으로 4개 지역으로 구분하고 있다(표 6.3).

(3) 수질오염총량관리제

소규모 수질오염의 누적에 의한 수질오염의 악화를 막기 위하여 각 하천의 수질기준을 정하고 이를 초과하지 않도록 유역의 오염원 발생량을 줄이도록 의무화하는 수질오염총량제를 실시하고 있다. 우리나라 전국을 유역구분으로 나누고 각 유역의 말단 유출지점에 수질기준을 설정하였다. 이 기준을 초과하는 경우에는 유역의 개발이

〈표 6.3〉 오염물질 배출 허용기준(mg/L, ppm)

폐수배출량	3,000m3/day 이상			3,000m3/day 미만		
항목 / 지역	BOD	COD	SS	BOD	COD	SS
청 정	30	40	30	40	50	40
가	60	70	60	80	90	80
나	80	90	80	120	130	120
특 례	30	40	30	30	40	30

비고 : 1. 제 40조의 규정에 의한 방류수 수질기준을 적용받는 령 제 20조의 규정에 의한 종말 처리시설 또는 하수종말처리장으로 폐수를 유입시켜 처리하는 폐수배출시설 에 대하여는 동 처리장 설치사업 시행자의 요청에 의하여 폐수 또는 하수종말처 리장 설계기준 등에 따라 환경부장관이 별도로 정하여 고시한다.

2. 폐수배출량의 산정은 시설용량을 기준으로 하되, 희석수 사용의 경우에는 희석수 량 폐수 재이용의 경우에는 재이용수량을 포함하여 산정한다.

허가되지 않는 등의 규제가 적용되고 있다. 현재 BOD와 총인(TP)을 대상으로 시행하고 있다.

8 상수 처리

(1) 물리적 처리

물리적 처리에는 침전 및 여과법이 주로 이용되고 있다. 수산화알루미늄[Al(OH)3]을 첨가하여 용존 및 부유물질 등을 흡착·침전시켜 모래에 의해 여과시키는 방법이 대표적이다. 유속에 따라 급속 **여과**(rapid filtration; 100～150 m/day)와 완속 여과(slow filtration; 3～5 m/day)로 구분되며, 완속 여과의 경우 원수의 탁도가 높으면 여과재(모래) 폐쇄 등의 문제가 야기되지만 급속 여과보다 수질은 양호하다. 이외에 냄새나는 물질인 암모니아, 황화수소 등을 제거하기 위해 **포기**(aeration) 처리 방법을 이용하기도 한다.

(2) 화학적 처리

보통 물리적 처리단계를 거친 폐수에 화학물질을 첨가하여 처리하는 기술로서, 소독(disinfection)처리가 대표적이다. 또한, 고도처리로 질소와 인을 제거하기 위해 화학약품을 첨가하기도 한다. 일반적으로 **소독처리**에는 염소(Cl_2)가 가장 널리 쓰이며 이는 잔류염소가 오래 지속되어 병원성 미생물에 의한 재오염을 방지하기 위한 것이다. 그러나, 염소 처리에 의해 클로로포름과 같은 **소독부산물**(disinfection by-products, DBPs)이 생성되어 건강에 해로운 효과를 유발하므로 문제가 되고 있다. 염소보다 소독력이 강한 오존을 사용하기도 하지만 잔류성은 염소보다 떨어지기 때문에 상수도에는 주로 염소를 사용한다.

9 하 · 폐수 처리

생활폐수, 분뇨, 공장폐수 등을 처리하기 위해 적용된다. 주로 하 · 폐수에는 당류, 전분, 셀룰로스, 지방산, 유기산, 단백질, 저분자 질소화합물, 아미노산, 암모니아, Cl^-, NO^{2-}, NO^{3-}, PO_4^{3-}, S^{2-}, SO_4^{2-}, 세균, 원생동물 등이 포함되어 있다. 따라서 처리단계에 따라 1차, 2차 및 3차 처리로 분류된다.

(1) 1차 처리(간이처리)

여과 및 침전을 이용한 물리 · 화학적 처리기술을 적용하여 고형물을 제거하기 위한 처리단계이다. 화학물질을 첨가하여 응집 및 침전시켜 여과하는 방법이 주로 쓰인다.

(2) 2차 처리(중급처리)

생물학적 처리라고도 하며, BOD 등의 유기물을 제거하기 위해 호기성 및 혐기성 미생물(세균, 곰팡이류, 원생동물)을 이용하여 처리하는 단계이다. 주로 폭기조를 설치하여 폭기 및 교반을 통해 미생물의 성장에 필요한 산소를 공급하여 유기물을 분해시키는 활성슬러지법, 비표면적이 큰 돌조각에 미생물을 배양하고 폐수를 살포 · 여과하면서 유기물을 분해시키는 생물막법(살수여상법)이 이용되고 있으며, 이외에 회전원

판접촉법, 산화지법 등이 있다.

생물학적 하수처리의 배출수에는 1-2 mg/l 의 인이 함유되어 있는데 이는 호수 부영양화 기준인 0.02 mg/l를 수십 배 초과하는 농도이므로 하수처리장 방류수는 많은 지역에서 부영양화의 주요 원인이 되고 있다.

(3) 3차 처리

고도처리(advanced treatment)라고도 부르는 과정으로서 주로 인과 질소, 색도 등을 제거하기 위한 단계이다. 생물학적 처리방법과 화학적 처리방법이 이용되는데, 인의 제거에는 황산알루미늄(백반)을 가하여 침전시키는 화학적처리 방법이 이용되고 있다. 호수나 하천의 부영양화가 문제가 되는 지역에서는 하수의 인 제거가 필수적이다. 예로써 일본 비와호 유역의 하수처리장에서는 화학적 처리를 추가하여 방류수의 인농도를 0.05 mg/l 이하로 처리하여 방류하고 있다. 우리나라에서도 화학적 인 제거 시설이 설치되기 시작하는 단계이다. 질소는 pH를 높여 암모니아(NH_3) 가스로 휘발(air stripping)시키거나 NO_2^- 또는 NO_3^-의 형태로 산화시킨 후 N_2로 환원시키는 생물학적 탈질(denitrification)법을 사용한다.

제7장

대기오염

런던 스모그(London Smog)

지금으로부터 불과 60여 년 전인 1952년 12월 4일 영국 런던에 짙은 안개가 끼었다. 영국의 짙은 안개는 끌로드 모네, 찰스 디킨스를 포함한 많은 예술가 및 작가들의 찬미의 대상이었다. 그러나 이 날은 기온까지 내려가 영국해협을 건너온 찬 공기가 템스 강 계곡에 이르자 꼼짝도 하지 않았다. 낮에도 기온은 영하에 머물렀다. 바람 한 점 없는데다 지면 근처의 대기 온도가 상층보다 낮은 기온역전 현상이 일어나면서 굴뚝에서 뿜어져 나온 연기는 지면 부근에 그대로 머물렀다. 매연(smoke)과 안개(fog)가 합쳐진 스모그(smog)가 한 치 앞을 내다보기 힘들 정도로 시내를 두껍게 뒤덮었다. 증기선이 다른 배를 들이받고 기차와 자동차가 충돌사고를 일으켰다. 그러나 런던시민들은 짙은 안개에 익숙해 있었다. 그러는 사이 장의사의 관, 꽃집의 장례용 화환이 품절됐다. 병실은 환자로 가득 찼으며 가축들은 쓰러졌다.

이후 6일이 지난 후 바람이 불어 스모그를 몰아낼 때까지 런던에서는 호흡기 장애로 무려 4,000여 명이 사망했으며, 그 뒤 만성 폐질환으로 8,000여 명의 사망자가 추가로 발생했다. 영국 정부는 "독감 때문"이라는 엉뚱한 진단을 내리고 이 최대의 환경재난에 기민하게 대처하지 못하여 더 큰 화를 불러왔던 것이다.

런던 스모그 참사가 예고 없이 들이닥치진 않았다. 이전에도 안개와 석탄으로 인한 대기오염 피해 사례가 많았다. 하지만 대책이 필요하다는 경고음은 '경제가 먼저'라는 목소리에 묻혔다. 대기오염으로 인해 4,000명 이상이 5일 내에 사망할 것이라고 누가 상상이나 했겠는가?

런던스모그 사건에서 볼 수 있듯이 대기오염은 우리가 생각하는 것보다 훨씬 더 극단적이고 광범위하게 우리의 건강을 해칠 수 있다. 지구정책연구소는 전 세계에서 대기오염으로 인한 사망자가 교통사고 사망자보다 3배나 많으며 매년 300만 명이 대기오염 때문에 호흡기질환과 심장병 등으로 사망한다고 2001년에 발표하였다. 대기오염은 천천히 진행되어 우리가 모르는 사이에 생명을 갉아 먹을 수도 있고 극단적으로 빠르게 진행될 수도 있다. 또한 대기오염에 의한 영향도 가벼운 증상부터 사망까지 매우 광범위하나, 겉으로 확연히 드러나지 않고 눈으로 보이지 않기 때문에 대부분의 사람들이 심각성을 크게 느끼지 못하고 있다. 모든 환경문제가 그렇듯이 대기오염도 경제가 우선이라는 논리에 묻혀 방치해둔다면 되돌리기에 너무 늦는 경우가 많다. 또한 더 이상 대기 오염을 비롯한 환경문제의 해결이 경제 발전과 대척점에 있는 것이 아니며 충분히 같이 공존할 수 있다.

1 대기의 구성

대기권은 **대류권**(troposphere), **성층권**(stratosphere), **중간권**(mesosphere), 그리고 **열권**(thermosphere)으로 구성되어 있다(그림 7.1). 대류권(~12 km)은 고도에 따라 온도가 감소하여 **대류현상**이 일어나기 쉽다. 또한 대기 중의 90% 이상의 공기가 대류권에 존재하고 대부분의 수분도 대류권에 존재하므로 각종 기후 현상은 대류권에 국한되어 나타난다. 대류권의 하부 1~2 km를 대기 경계층(atmospheric boundary layer) 또는 행성 경계층(planetary boundary layer)이라고 하는데, 이 경계층은 지표면의 영향을 직접 받아 기상요소의 일변화가 나타나며 대기오염 물질의 확산도 대체로 이 층 내에 국한된다. 반면, 성층권(12~50 km)은 고도가 증가함에 따라 온도가 증가함으로 대기가 안정하여, 성층권에 오염물질이 유입되면 수년간 체류하기도 한다. 성층권에

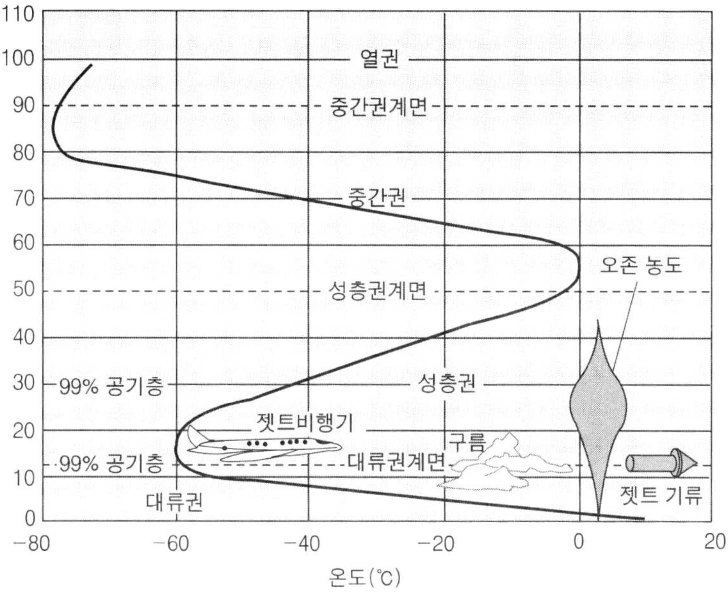

그림 7.1 대기의 고도에 따른 온도 변화. 대류권은 지표면과 접하고 비교적 밀도가 높은 가스층이며, 성층권은 지표면에서 조금 떨어져 있으면서 성분의 밀도가 낮은 가스층이다. 대류권에서 날씨가 변하며, 중요한 오존층은 성층권에 있다.

는 **오존층**(ozonosphere)이 존재하여 태양광선 중 **자외선**을 흡수한다. 이러한 성층권 오존은 대기 오염물질 중 하나인 대류권 오존과 구별하여 "좋은 오존(good ozone)"이라고 불리기도 한다. 성층권에는 대류권에 적게 존재하는 자외선이 풍부하므로 대류권에서 분해되지 않은 물질이 성층권에 유입되면 분해되기도 한다. 대표적인 물질이 오존층 파괴물질인 **염화불화탄소**(CFCs)이다. 열권은 전리층 또는 이온층이 존재하여 자외선을 흡수하므로 온도가 매우 높게 된다. 우리가 대기 오염으로 인한 관심을 갖게 되는 권은 대류권과 성층권이다.

대기는 공기라는 혼합기체로 구성되어 있다. 공기의 성분과 조성은 수증기가 시공간적으로 변화하기 때문에 건조공기를 기준으로 하는데, 질소(78%), 산소(21%), 기타 미량 원소(1%)로 구성되어 있다. 대기의 대부분은 중력 작용에 의해 지구 가까이에 위치하고 있으며, 지구에서 멀어지면 밀도는 점점 낮아진다. 중력이 지구 가까이에 대기를 붙잡아놓고 있지만 대기는 유동적이다. 대기가 지구 복사열을 흡수하게 되면 팽창하여 상승하게 된다. 대기가 갖고 있는 열이 우주에 복사될 때, 대기는 냉각되고 밀

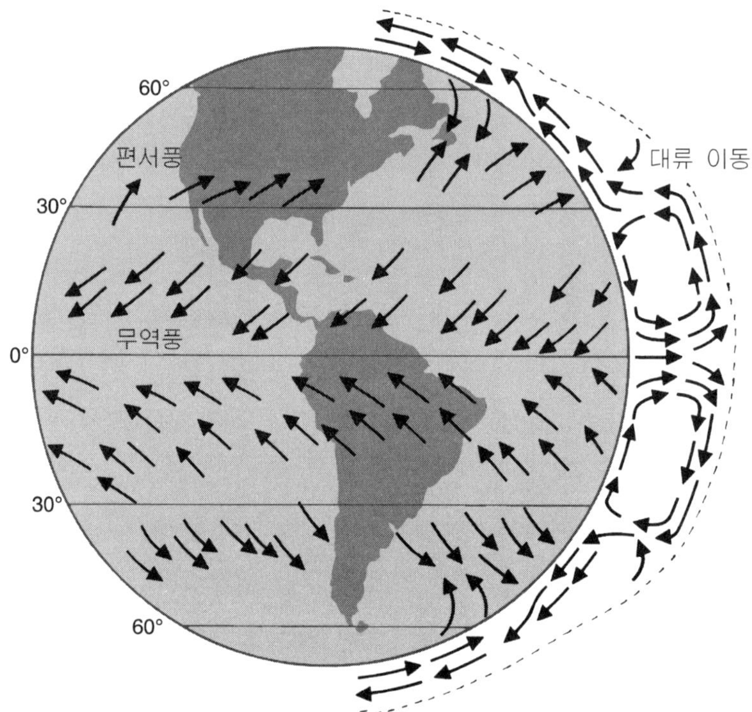

그림 7.2 지구의 대기 순환. 지구 자전과 온도 차이에 기인하는 대기의 이동이 바람이다.

도가 커지면서 지표면으로 하강하게 된다. 이러한 가열 및 냉각 현상 때문에 대기는 순환하게 되며, 기체는 지구 자전 현상으로 인하여 지표면과 수평으로 움직인다. 이러한 모든 대기 순환의 결과로 세계적으로 지역에 따라 다른 바람 형태가 나타나게 된다(그림 7.2). 기압의 배치와 지면의 열에 의해 발생되는 바람은 난류와 지형에 의해 그 방향이 바뀌는 수평 이동과 대류현상으로 대표되는 수직운동으로 분류되며, 대류현상으로 구름생성에 영향을 미친다. 따라서 이러한 운동성은 대기 오염물질을 수송 및 확산시키는 중요한 역할을 한다.

대기는 육상생물의 호흡에 직접적인 영향을 미치고 있을 뿐만 아니라, 물속의 산소 공급에도 관련되어 수중생물에게 중요하다. 또한 운동성을 지니고 있어 대규모로 먼 거리까지 이동하기도 하는데, 요즘에는 대기오염으로 인한 국제 문제가 발생되는 빈도가 잦다.

2 대기오염

세계보건기구(WHO)에 따르면, **대기오염**이란 "대기 중에 인위적으로 배출된 오염물질이 한 가지 또는 그 이상이 존재하여, 오염물질의 양, 농도 및 지속시간이 어떤 지역의 불특정 다수인에게 불쾌감을 일으키거나 해당 지역에 공중보건상 위해를 끼치고, 인간이나 동물, 식물의 활동에 해를 주어 생활과 재산을 향유할 정당한 권리를 방해받는 상태"라고 정의하고 있다. 우리나라는 **대기환경보전법**(제1장 제1조)을 제정하여 그 목적을 다음과 같이 밝혔다. "이 법은 대기오염으로 인한 국민건강 및 환경상의 위해를 예방하고 대기환경을 적정하게 관리, 보전함으로써 모든 국민이 건강하고 쾌적한 환경에서 생활할 수 있게 함을 목적으로 한다."

대기로 배출되는 기체 또는 작은 분진은 섞이거나 희석되지만, 중력 때문에 지구 가까이에 머물게 된다. 우리가 어떤 물질을 대기 중으로 배출하였을 때 완전히 제거하는 것은 거의 불가능하지만, 희석시키거나 해당지역 밖으로 이동시킬 수는 있다. 사람들이 작은 집단으로 살고 있었을 때에는 피워놓은 불에서 나오는 연기는 희석되었다. 그래서 인근 지역에 영향을 미치지 않을 만큼 농도가 낮았다. 그러나 산업화된 도시 지역에서 오염물질은 다른 도시에 영향을 미치기 전에 항상 희석될 수 있는 것은 아니다. 인천 산업단지의 오염된 공기는 편서풍을 타고 이동하면서 때때로 서울에서 더욱 오염되고, 서울에서 오염물질이 추가되어 강원도 영서지역으로 이동하면서 일부 오염물질의 농도는 더 높아지는 경우가 종종 있다(box 기사 참조).

대기오염과 기상은 떼려야 뗄 수 없는 관계이다. 같은 양의 오염물질이 배출되더라도 기상 상태에 따라 오염이 심화되거나 또는 오염이 덜 할 수도 있다. 예를 들어 바람이 강하게 불면(저기압의 폭풍 발생이나 고기압의 맑은 날씨) 대기 중 오염물질을 희석시켜 농도를 낮출 수 있고, 비나 눈이 내리면 대기 중 오염물질을 씻어내려 역시 농도가 낮아진다. 하지만 정체 고기압은 오염물질을 희석시키기에는 너무 약한 풍속을 지니기 때문에 오염물질이 분산되지 못하고 대기 중에 축적된다.

대기오염을 가장 심각하게 가중시키는 기상 조건은 **기온 역전**(temperature inversion)이다. 일반적 기상상태하에서는 태양빛이 지구 표면을 덥혀 대기 온도가 지표면 근처에서 제일 높고 고도에 따라 감소한다. 이러한 정상적인 조건 하에서, 지표면 근처의

정상상태

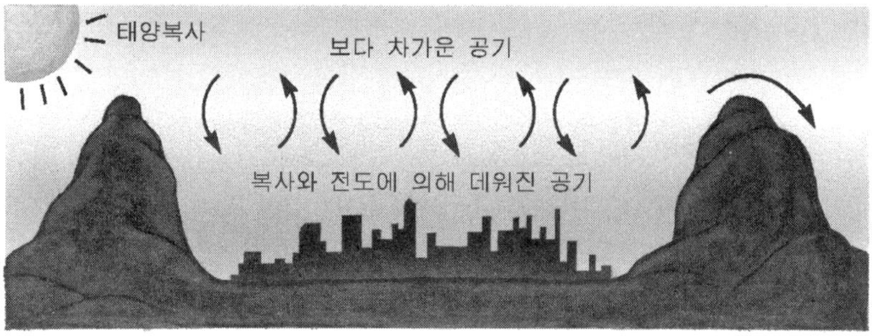

기온 역전

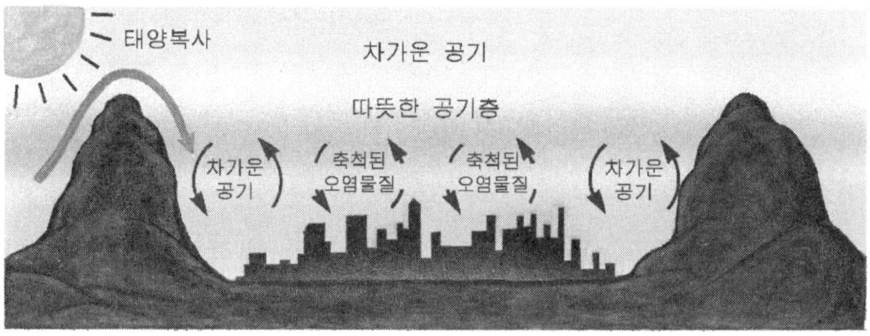

그림 7.3 기온역전. 정상상태에서 지표면의 대기는 태양에 의해 가열되고 상승하여 이것보다 상층의 차가운 공기와 혼합된다. 기온역전이 일어나면, 더운 공기층이 차가운 공기층 위에 형성되어, 대기는 혼합되지 않고 정체된다.

따뜻한 공기는 오염물질을 상층으로 이동시켜 확산시킨다. 그러나 역전 상태에서는 따뜻한 공기가 차가운 공기층 위에 형성되어, 차가운 공기가 따뜻한 공기와 혼합될 수 없어 정체하게 된다(그림 7.3). 따라서 대기의 수직적 혼합이 일어날 수 없기 때문에 같은 양의 오염물질이 배출되어도 대기 중 농도는 급격히 증가하게 된다. 앞서 언급한 **런던스모그**의 경우에도 기온 역전이 5일간 지속되면서 발생한 사건이다.

대기오염물질의 이동

대표적 대기오염물질 중의 하나인 오존은 질소산화물과 탄화수소에 의해 2차적으로 생성되는 광화학 물질이며, 주로 대도시에서 높은 농도가 나타난다. 우리나라는 수도권에 대하여 1995년에 오존 경보제와 오존 예보제가 도입되었는데, 최근 고농도 오존의 발생빈도는 대도시뿐만 아니라 중소 규모의 도시에서도 증가하고 있다. 지난

10년간(1999~2001년) 서울, 인천, 강원도 춘천 및 원주 지역의 대기오염자동 측정망에서 측정된 시간별 자료를 분석해보면, 서울 지역에 비하여 오히려 춘천과 원주 지역의 최고 오존농도가 높게 나타났다. 또한 춘천과 원주 지역에서 고농도가 나타난 날짜의 수도권 평균 오존 농도는 오후 3시에 최고치를 나타냈는데, 강원도 원주 및 춘천에서는 이보다 늦은 시간인 오후 6시에 일 최고 오존 농도가 나타났다. 이는 강원도 영서 지역이 수도권의 동쪽에 위치해 있기 때문에, 수도권의 서풍계열의 바람이 부는 경우 풍하 측에 해당되어 수도권 지역에서 수송된 오존에 의한 영향이 있는 것으로 판단된다. 따라서 강원도 지역에 거주한다고 늘 깨끗한 공기를 마시고 있다고 생각하지 말자! 대기오염은 수질이나 토양오염과 달리 이동성이 매우 크다!

〈인용 참고문헌, 이종범, 송은영(2006)〉

역전 현상은 지표면 가까이에 발생하여 지표면 부근에 오염물질이 축적될 수도 있고, 상층부에 발생하여 특정 고도에서 오염물질이 축적될 수도 있다. 이러한 역전층은 주로 밤시간에 짧게 지속되고 아침이 되어 해가 뜨면 오염물질은 다시 확산되는 것이 일반적이다(따라서 밤시간이나 이른 새벽에는 조깅을 하지 말자. 고농도의 오염물질을 흡입할 가능성이 높다!). 그러나 태양빛이 강하지 않은 흐린 날씨에는 역전층이 깨지지 않고 오래 지속될 수 있으며, 이러한 기상 조건 하에서는 심각한 대기오염이 발생할 수 있다.

지형(topography)도 기상과 더불어 대기오염을 가중시킬 수 있는데, 공기의 흐름이 주위의 산이나 상대적으로 차가운 바다 공기의 영향을 받을 수 있다. 특히 주위에 큰 산이 있으면, 그림 7.3에서 보이는 것처럼 공기층이 산 때문에 그 지역을 벗어나지도 못한다. 큰 날씨 변화가 일어나 더운 공기 덮개를 밀어 올려 산 위로 넘겨버리기 전까지는 유해한 화학 물질의 농도는 계속 증가한다.

로스엔젤레스(LA)는 이러한 기상 및 지형의 악조건을 모두 갖추고 있기 때문에, 대기오염에 매우 취약한 지역이다. 더구나 LA는 늘 햇빛이 강하기 때문에 광화학반응으로 인한 2차 오염물질이 생성되기 좋은 조건이다. 대기오염 측면에서 보자면, LA가 영화에서 나오는 것처럼 반드시 살기 좋은 곳 만은 아니다.

대기오염이 확산되는 과정에서 다음의 두 가지 역전층이 중요하다.

침강역전(Subsidence inversion)

고기압 중심 부근에서의 대기 하층에서는 공기가 발산하여 넓은 지역에 걸쳐서 상층의 공기가 서서히 하강하게 된다. 이때 기층은 낮은 고도로 하강함에 따라 단열(adiabatic)압축에 의하여 가열되어, 온도가 낮은 하층 공기와의 경계에 역전층을 형성하게 된다(그림 1). 이 역전층은 매우 안정하므로 그 아래의 대기에 대하여 큰 뚜껑과 같은 역할을 하여 대기오염물질의 연직확산을 억제한다. 이러한 역전층을 침강역전층이라고 하며, 미국의 로스엔젤레스 지역은 침강역전이 빈번하게 발생한다.

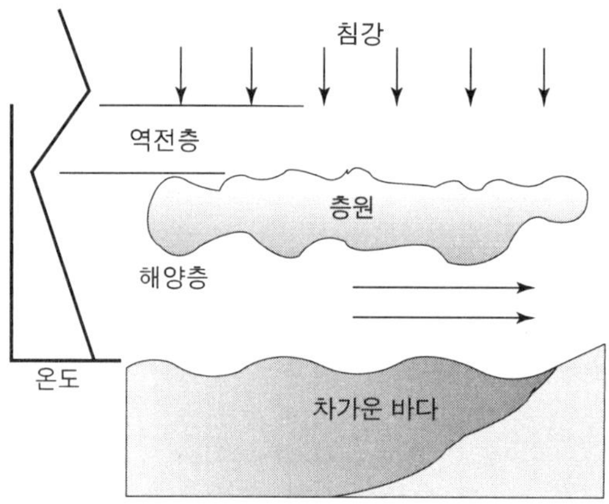

그림 1 침강역전

복사역전(Radiative Inversion)

구름이 없고 일사가 강한 낮의 경우, 태양복사에 의하여 지표층의 연직기온분포는 일출 후부터 기온이 상승하여 일몰 전까지 불안정층으로 남아 있게 된다. 일몰 후 지표면의 복사냉각이 시작되면 지표면은 열을 복사하고 빨리 냉각된다. 그러므로 지표면 근처의 온도는 높은 고도의 온도보다 낮게 되어 역전층을 형성한다(그림 2). 이러한 형태의 역전은 일출 직전에 하늘이 맑고 바람이 적을 때 가장 강하게 형성되며 지표에서 수 100 m 고도까지 발달된다. 복사역전이 대기오염 문제에 있어 중요한 이유는 오염물질의 확산을 억제하는 강안정층으로써 오염물질을 배출하는 대기층 내에서 발생하기 때문이다.

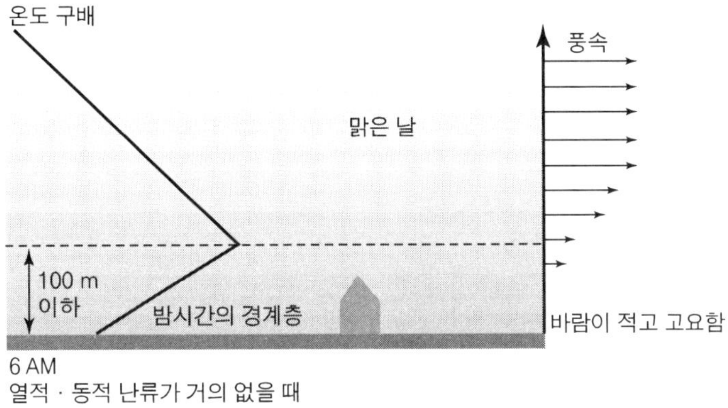

그림 2 복사역전

침강역전과 복사역전이 동시에 발생될 수도 있는데, 이 경우 두 층 사이에서 배출된 오염물질은 이 층 내에서 갇혀 있게(trapping) 된다.

3 대기 오염물질

대기오염물질은 **먼지**(dust), **훈연**(fume), **미스트**(mist) 등의 입자상 오염물질과 CO_2, CO, HC, 오존 등의 가스상 오염물질로 분류하며, 또한 생성 과정에 따라서 **1차 오염물질**(primary pollutants)과 **2차 오염물질**(secondary pollutants)로 구분한다. 1차 대기오염물질은 공장의 굴뚝이나 자동차의 배기관 등 배출원에서 대기로 직접 배출된 물질을 말하며, 2차 오염물질은 1차 오염물질이 대기 중으로 배출된 후 대기 중에서 물리, 화학적 변화를 거쳐 생성된 물질을 말한다. 대기오염 물질을 물리적 성상에 따라 햇빛을 받아 입자상 오염물질과 가스상 오염물질로 나눌 수 있다.

3.1 입자상 오염물질(분진, Particulate Matters; PM)

입자상 오염물질은 **에어로졸**(aerosol)이라고 불리기도 하며 입자의 물리적 구성과 생성 방법에 따라서 분류될 수 있다. 다양한 **입자상 물질**에 대한 정의는 표 7.1과 같다.

〈표 7.1〉 다양한 입자상 물질

에어로졸 (aerosol)	공기 중 고체 또는 액체 입자의 부유 물질. 에어로졸은 종류에 따라 대기 중에 수초에서 수년까지 머무를 수 있다. 에어로졸이라는 용어는 입자(particles)와 입자가 부유하는 가스(흔히 공기)를 모두 포함하는 개념이다. 입자의 직경은 약 0.002 μm~100 μm의 범위를 가진다.
바이오에어로졸 (bioaerosol)	생물학적 기원의 에어로졸. 바이오에어로졸은 바이러스, 박테리아, 곰팡이, 곰팡이 포자 및 꽃가루 등을 포함한다.
분진(dust)	물질의 기계적 파쇄 작용에 의해 생성된 고체 입자 에어로졸. 모양이 주로 불규칙적이다.
훈연(fume)	연소에 의해 생성된 증기 또는 가스상 물질이 응축하여 생성된 고체 입자의 에어로졸이며, 입자의 크기는 1 μm 이하.
안개 (Mist and Fog)	액체가 증발 응축한 것 또는 분무에 의해 생성된 액체 입자의 에어로졸. 입자의 크기는 1 μm~200 μm의 범위.
스모그(Smog)	1. 특정 지역에서의 가시적 대기 오염에 대한 일반적 용어로 smoke와 fog의 합성어이다. 2. 광화학스모그(photochemical smog)는 탄화수소 및 질소산화물에 대한 햇빛의 작용으로 인해 대기 중에 생성된 에어로졸을 일컫는 것으로 더 명확한 의미를 갖는다. 입자는 일반적으로 1 μm 또는 2 μm보다 작다.
연기(smoke)	불완전 연소에 의해 생성된 에어로졸. 고체 또는 액체이며 직경이 1 μm보다 작고, 훈연 입자와 같이 응집될 수 있다.
스프레이 (spray)	액체의 기계적 파괴에 의해 생성된 액적(droplet aerosol). 수 μm 이상의 크기를 갖는다.
구름(cloud)	분명한 경계면을 갖는 눈에 보이는 에어로졸

입자도 1차 입자(primary aerosol)와 2차 입자(secondary aerosol)로 구분될 수 있다. 1차 입자는 배출원에서 대기로 직접 배출되는 입자를 말하며 2차 입자는 대기 중에서 가스상 물질의 화학 반응에 의해 새롭게 생성되는 입자(가스-입자 전환)를 의미한다. 균질 에어로졸(homogeneous aerosol)은 모든 입자가 화학적으로 동일한 에어로졸을 말하며, 단분산 에어로졸(monodisperse aerosol)은 모든 입자들이 같은 크기인 입자를 말하며 실험을 위해 만들어질 수 있다. 그러나 일반 대기 중의 대부분의 입자는 다분산 에어로졸(polydisperse aerosol)이며, 다양한 입자 크기를 지닌다.

입자 크기는 에어로졸의 대기 중 특성을 규정하는 가장 중요한 변수이다. 에어로졸의 거의 모든 성질은 입자의 크기에 따라 달라진다. 예를 들어 큰 입자는 크기가 작은 입자에 비해 입자에 작용하는 중력이 크기 때문에 쉽게 지표면으로 침강한다. 그

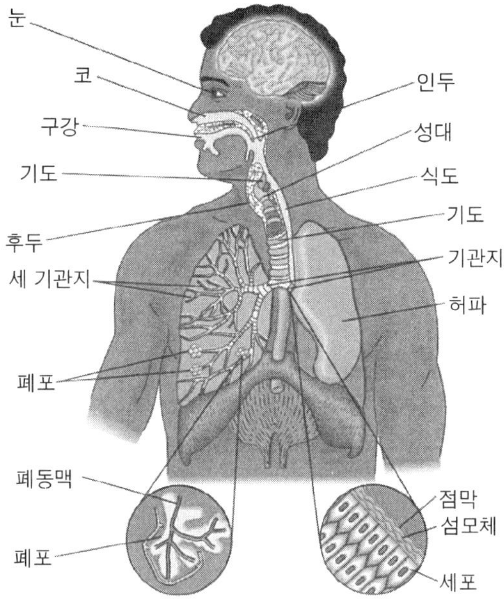

그림 7.4 대기오염물질에 의해 손상받을 수 있는 인체의 각 부분(뇌, 심혈관계, 호흡계). 일반적 노출에 의한 가장 심각한 건강 위해는 입자상 물질에 기인한다.

러나 **미세입자**는 대기 중에서 제거되기가 쉽지 않고 인간이 호흡을 할 때 폐 깊숙이 침투하여 폐질환 및 심장질환을 일으킬 수 있다(그림 7.4).

또한 입자상 물질은 **가시도**에 악영향을 미치고 건축물에도 피해를 주게 되는데 오염물질이 응결핵으로 작용하여 생성된 물방울 내에서 화학반응을 일으켜 산성비를 생성하기도 한다. 이러한 이유로 우리나라에서는 10 μm 이하의 입자(PM10; particulate matter less than 10 μm)를 **미세먼지**로 규정하고 대기 환경기준에 포함시켜 규제하고 있다. PM10 중에서도 $PM_{2.5}$(< 2.5 μm)의 인체 및 생태 위해성이 가장 크기 때문에 미국에서는 미세먼지를 $PM_{2.5}$로 규정하였고, 우리나라도 2015년부터 $PM_{2.5}$의 환경기준이 시행되었다. 우리나라의 미세먼지 기준과 다르게 적용시키고 있다. 대략 20 μm 이상의 입자는 중력침강에 의해 대기 중에서 상대적으로 쉽게 제거되며, 또한 직경이 매우 작은 **초미세먼지**(100 nm 이하)는 분자에 충돌함으로써 무작위적인 브라운 확산운동을 하여 제거될 수 있다. 가장 제거하기 어려운 입자는 0.1 ~ 2 μm 사이의 입자로 관성력, 중력, 브라운 운동이 모두가 약하게 작용하기 때문이다. 초미세먼지(ultrafine particles)는 최근 집중적으로 연구되고 있는 대상이며, 100 nm 이하의 입자를 **나노입자**(nanoparticles)라고 부른다. 나노입자는 크기가 매우 작기 때문에 질량 농도(특정 공기 부피 내 포함된 입자의 질량; $\mu g/m^3$) 대신에 개수 농도(특정 공기 부피 내 포함된 입자의 개수; 개/m^3)를 사용한다(직경이 1/2이면 질량은 1/8임을 기억하라). 나노입자의 인체 위해성은 현재 지속적으로 연구되고 있고, 나노입자가 $PM_{2.5}$에 비해 인체 위해성이 큰지 적은지에 대해서는 아직 명확한 결론을 내리기 어렵다.

> **● 여기서 잠깐! 단위를 알아보자!**
>
> **길이:** $1 m = 10^3 mm = 10^6 \mu m = 10^9 nm = 10^{10} Å$
>
> **질량:** $1 kg = 10^3 g = 10^6 mg = 10^9 \mu g = 10^{12} ng = 10^{15} pg$
>
> **입자상 물질의 일반적 농도 단위** = $\mu g/m^3$, 개/m^3
>
> **가스상 물질의 농도 단위** = 부피 기준의 ppm(parts per million), 즉 백만분의 1이다. 예를 들어 이산화질소의 농도가 1 ppm이라면 이는 공기 $10^6 m^3$의 부피에 이산화질소가 $1 m^3$ 들어있다는 의미이다. 가스상 물질의 농도를 나타낼 때 입자상 물질처럼 mg/m^3의 질량농도로도 나타낼 수 있는데, 전환하는 식은 이상기체방정식을 사용한다.

미세 입자를 구성하는 성분은 다양하다. 대표적인 성분으로는 황산염(SO_4^{2-}), 질산염(NO_3^-), 암모늄(NH_4^+), 유기탄소(organic carbon), 원소상 탄소(elemental carbon), 납 등의 중금속이 있다. 반면 거대입자의 경우는 주로 기계적인 물질의 처리 과정과 지각, 해양기원 성분 등으로 구성되며, 꽃가루, 포자 등의 자연적인 배출원에서도 기원한다.

납은 입자상 물질에 포함되는 중금속 중 하나로 환경기준으로 규제되고 있는 물질이다. 납은 명백하게 다양한 생물학적인 영향을 미치는데, 고농도에서는 **신경조직**에 영향을 미치고 **생식기능**을 저해할 수 있으며 면역기능에 손상을 준다. 과다 노출시에는 신경계와 **면역기능**에 문제를 일으켜 납중독, 영구적인 **정신지체** 장애를 일으키고 심지어는 사망에 이르게 한다. 납은 체내에 효과적으로 축적되기 때문에 더 심각한데, 가임 여성은 특히 조심해야 한다. 예전에는 휘발유의 **노킹현상**을 완화시키기 위해 포

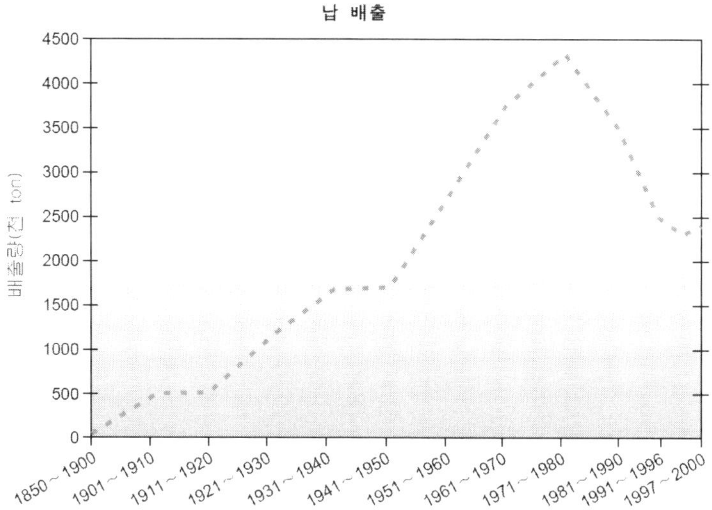

그림 7.5 납 배출량. 유럽 대부분 지역과 남아메리카에서는 휘발유에서 납 성분을 제거하여 1980년대 초 이후 대기로 배출된 납의 양이 현저히 감소하였다.

함된 납(유연 휘발유)이 대기 중 납의 주요 배출원이었으나(그림 7.5), 최근에는 우리나라를 비롯한 대부분의 나라에서 납이 없는 무연 휘발유를 사용하고 있다. 휘발유뿐만 아니라 납은 페인트 작업, 납땜 작업, 납축전지 등에 사용되어 왔기 때문에, 현재까지는 예전의 도색 표면과 납땜된 파이프 등이 납 배출원이 되고 있다.

허버트 니들먼(Herbert Needleman)의 싸움

피츠버그 메디칼 센터의 소아과 의사인 허버트 니들먼은 대기 중 납의 농도를 감축시키는 데 절대적인 공헌을 한 사람이다. 허버트 니들먼은 1970년대에 납이 매우 낮은 농도에서도 어린이들의 지능(IQ)에 악영향을 미칠 수 있다는 명백한 증거를 처음으로 제시하였다. 아이들이 영구치가 생기면서 빠진 젖니들을 오랫동안 모아 납 잔량을 조사한 결과 납의 양이 '많은' 메사추세츠의 초등학생 58명이 납이 '적은' 어린이 100명에 비해 다양한 지능 검사와 행동 검사에서 일관되게 뒤떨어지는 성적을 보였다고 보고한 것이다. 태어나면서부터 많은 양의 납에 노출된 10세 어린이의 경우 지능지수가 평균보다 4점이 낮았다. 이는 이제까지 공기 중에 떠돌아다니는 납 화합물의 양이 건강에 영향을 미칠 만한 수준이라는 사실이 입증되지 않았다는 주장과

정면으로 배치되는 것이었다. 니들먼의 주장 중 가장 치명적인 것은 납으로 인한 피해가 휘발유와 직접적으로 연결되어 있다는 것이다. 이에 대해 납을 생산하는 회사들(에틸사/업계 내부 단체인 '국제 납・아연연구기구)은 수십 명의 과학자와 대리인들에게 의뢰하여 니들먼의 연구를 깎아내리고 니들먼을 과학적 사기 및 남용(scientific fraud and misconduct)으로 고소하였다. 니들먼은 이들에 대항하여 싸워 자신의 무죄를 입증하였다. 결국 진실이 승리하였지만 니들먼은 자신의 연구 결과의 고의적인 왜곡에 대응하고 합법적인 중상모략을 방어하는데 10년 이상의 시간과 많은 돈을 썼고 대의를 위한 그의 개인적인 희생은 엄청난 것이었다.

3.2 가스상 물질(Gaseous Pollutants)

가스상 오염물질은 아주 적은 양으로 존재하지만 독성이 강하고 전 지구적인 문제(지구온난화 등)를 야기하고 있으며, 또한 광화학반응을 통해 **2차 오염물질**(광화학스모그)을 생성하기도 한다. 가스상 물질도 역시 1차 물질과 2차 물질로 분류될 수 있다. 대표적인 가스상 오염물질로는 이산화탄소(CO_2), 일산화탄소(CO), 탄화수소(HC), 질소산화물(NOx), 황산화물(SOx), 휘발성 유기화합물(VOCs), 오존(O_3) 등이 있는데, 2차 오염물질로는 휘발성 유기화합물과 질소산화물에 태양광선이 작용하여 광화학 반응에 의해 생성되는 **오존**, PAN(peroxyacetylnitrate) 등을 함유한 광화학 산화물질 등이 있다. **광화학반응**에 의해 대류권에서 생성되는 오존을 "나쁜 오존(bad ozone)", 성층권에서 **자외선**을 차단해 주는 오존을 "좋은 오존(good ozone)"이라고 불리기도 하는데, 두 가지 다 화학적으로는 같은 오존이다.

(1) 이산화탄소(CO_2)

대기성분의 하나로 완전히 산화한 가스로 독성이 없으나 최근 지구온난화가 심각해지면서 온실효과 유발 물질로 주된 관심 대상으로 부각되었다. 현재 지구 중 CO_2 농도는 2013년에 400 ppm으로 난방, 발전 등에 화석연료(석유, 천연가스)를 사용함으로써 연간 0.7 ppm씩 그 농도가 증가하고 있다. 대기 중에 이산화탄소의 농도가 높아지면 지구 복사의 적외선이 대기층을 뚫지 못하고 머물게 되어, 온도가 상승하게 된다. 이에 대한 자세한 설명은 기후변화(제 9장)에서 다룬다.

석탄 : $C + O_2 \longrightarrow CO_2 \longrightarrow$ 지구온난화
천연가스: $CH_4 + 2O_2 \longrightarrow CO_2 + 2H_2O \longrightarrow$ 지구온난화

(2) 일산화탄소(CO)

연료의 불완전 연소로 생성되는 것으로 무색, 무취, 무자극성이며 매우 안정하고 대기 중에서 2개월에서 4개월간의 수명을 지닌다. 독성이 매우 크며, 일반적으로 연탄가스에 의한 실내오염은 혈액에서의 산소운반을 저해하여 인간에게 치명적인 피해를 준다. 일산화탄소는 산소에 비해 혈액 속의 헤모글로빈과의 결합 능력이 240배나 강하여, **카르복시헤모글로빈**(COHb)을 형성한다. 높은 일산화탄소 농도는 생리적 및 병리학적인 변화를 일으키고 극단적으로 죽음에 이르게 할 수 있으며, 흡연, 자동차 배기가스 등의 저농도(20～50 ppm)에 의한 만성노출로 인해 건강에 피해를 주기도 한다. 혈액 내 COHb의 농도가 5% 이상이면 시각, 청각, 근육활동, 불면증, 기타 신경・정신적 행동의 측정에 영향을 주는 것으로 알려져 있는데, 하루에 담배 한 갑을 피는 사람은 6.3%의 COHb 농도를, 두 갑을 피는 사람은 7.7%의 COHb 농도를 나타낸다. 일반적으로 COHb 수준은 짧은 시간 간격에 대한 상황을 참작해야 하는 특수한 경우를 제외하면 2% 미만이어야 한다. 따라서 담배는 매우 위험한 독극물이다.

(3) 탄화수소(Hydrocarbons)

탄화수소는 대부분이 발암물질로서, 자극적이며 냄새를 유발한다. 질소산화물과 탄화수소는 햇빛에 노출되면 서로 반응하여 오존과 같은 광화학 산화제를 형성한다. 탄화수소의 영역에는 헤아릴 수 없는 많은 화합물이 포함되어 있고, 특정 부류의 탄화수소에 대한 발암성 연구에 따르면 검댕과 타르에서 나오는 **방향족 탄화수소**에 노출될 경우 암에 걸릴 수 있다고 한다. 또한 다환방향족 탄화수소류(PAHs; polynuclear aromatic hydrocarbons)도 발암성 물질에 포함되어 있다. 현재 우리나라에서는 일반적인 오염물질의 분류로 탄화수소가 기준치로 포함되어 있지 않다.

탄화수소는 수소와 탄소로 구성되어 있는 유기화합물이다. 많은 탄화수소가 반응성이 매우 높아 대기 중에서 2차 오염물질인 오존이나 알데히드 등을 생성하는 광화학 반응을 일으킨다. **메탄**(CH_4)은 탄화수소의 일종이기는 하나 반응성이 약하고 안정하

여 ‘비메탄계 탄화수소’와 성질이 구분된다. 메탄은 토양미생물에 의해 자연적으로 발생하는 것으로 **지구온난화** 문제를 유발하는 물질이기 때문에 최근 큰 관심을 받고 있다.

(4) 황화합물(sulfur compounds)

황화합물은 부식성이 있어 생물조직을 파괴하고 H_2S, 머캡탄(mercaptans), 설파이드류(sulfides) 등과 같은 악취물질을 구성하고 있다. 주로 아황산 가스(SO_2), H_2S(황화수소) 등이 있다. 이러한 황 함유 가스는 난방, 발전소, 공장 등에서의 화석연료의 연소에 의해 발생되는데, 화석 연료 자체에 황이 함유되어 있기 때문이다. 대기 중의 SO_2는 광화학 반응에 의해 SO_3로 산화된 후 수증기와 반응하여 H_2SO_4를 형성하기도 하는데, H_2SO_4는 HNO_3와 함께 **산성비**를 야기하는 대표적인 오염물질이다. 따라서 SO_2는 산성비를 유발하는 **전구물질**(precursor)라고 볼 수 있다. 또한 다량의 SO_2는 $(NH_4)_2SO_4$와 같은 미세한 **2차 에어로졸**을 형성하기도 하므로 대기 중 미세입자의 농도를 높이고 시정거리를 감소시키는 데 중요한 기여를 한다. 대표적인 황화합물의 피해사례로는 **런던스모그** 사건을 들 수 있다. 런던스모그는 밤에 발생한 안개에 석탄의 연소로부터 배출된 아황산가스와 같은 황 화합물이 섞여 호흡기에 피해를 주었을 뿐만 아니라 건물의 부식을 일으킨 사건이다.

(5) 질소산화물

대기에 존재하는 질소산화물로는 NO, NO_2, N_2O, NO_3, N_2O_3, N_2O_4, N_2O_5의 7종류가 있다. 여기서 NO와 NO_2는 광화학 스모그 반응에서 서로간의 상호전환성 때문에 NOx로 나타내며, NOy는 반응성이 있는 모든 질소산화물과 대기에서 NOx에 의해 생성되는 화합물들을 나타낸다(즉, $NOy = NO + NO_2 + NOz$). NOy에는 HNO_3, HNO_2, NO_3, N_2O_5 및 PAN이 포함되고, NOx의 반응 생성물이 아닌 N_2O와 NH_3는 제외된다. 질소산화물은 자동차 및 발전소 등에서 고온에서 연소 시 발생한다.

$$N_2 + O_2 \longrightarrow 2NO$$

$$2NO + O_2 \longrightarrow 2NO_2$$

주로 **호흡기 질환**(기관지, 폐렴)을 일으키고 NO와 NO_2는 **탄화수소**와 함께 **광화학반**

응을 통해 2차 오염물질인 **오존**(O_3)을 생성하는 데 관여한다. 광화학스모그와 관련있는 NO_2는 자극성의 가스로 갈색(노란색)을 띠며 만성적인 호흡기질환을 일으키고 감기 등 바이러스성 전염병에 대한 저항력을 감소시킨다. 또한 대기 중에서 HNO_3를 형성하여 산성비를 발생시키고, 가시도를 감소시키며 식물의 생장을 억제시킨다. 뿐만 아니라 해염입자(sea salt particles)나 암모니아와 반응하여 **2차 에어로졸**인 질산염($NaNO_3$ 또는 NH_4NO_3)을 형성하기도 한다. 이산화질소는 매우 독성이 강하여, 20 ppm에서 잠시 노출되어도 치명적이고 자각 증상이 늦게 나타나서 회복이 어렵다. 담배연기에는 1,500 ppm에 달하는 질소산화물이 포함되어 있어 **섬유성 폐색성 기관지초염, 폐암** 등을 유발한다. **LA 스모그**의 주된 원인은 바로 자동차에서 석유의 연소로 인한 질소산화물과 탄화수소류가 배출되었기 때문이다.

(6) 오존(Ozone)

대류권 오존은 광화학스모그로 생성된 산화물의 대표적 물질이며, 강력한 산화제로 독성이 강하다. 또한 온실가스로도 작용한다. 광화학 반응으로 생성되는 2차 오염물질이기 때문에, 여름철 낮 시간에 최대 농도를 나타낸다. 오존은 인간에게 피부암, 백내장 등의 질병을 유발하는 **자외선**을 차단할 뿐만 아니라 살균력을 지니고 있다. 하지만 대기 중의 농도가 높으면 점액 과다 분비, 섬모운동 약화 등으로 호흡곤란과 폐질환의 호흡기 장애를 유발한다. 오존은 천연고무와 합성 중합체를 상하게 하고, 타이어 등의 수명을 단축시킨다. 코와 목에도 자극을 일으키고 식물의 엽록체 조직을 파괴하여 식물 생장에 영향을 준다. 우리나라는 자동차 대수의 증가로 인해 도심지역에서 점점 더 오존의 농도가 증가하고 있는 추세이다. 여름에 산에서 서울 시내를 내려보면 서울 시내가 갈색으로 뿌옇게 덮여 있는 것을 종종 볼 수 있는데, 이는 오존이 갈색을 띠고 있기 때문이다.

환경부에서는 1995년부터 **오존 경보제**를 실시하고 있다. 오존농도가 1시간동안 0.12 ppm 이상 이면 '주의보', 0.3 ppm 이상이면 '경보', 0.5 ppm 이상이면 '중대경보' 등 오존농도에 따라 3단계로 발령된다.

4 스모그

스모그(smog)는 1905년에 처음으로 사용된 용어로서 smoke와 fog의 합성어이다. 스모그는 두 종류가 있는데, 하나는 **광화학적 스모그**(photochemical smog)이고 또 다른 하나는 **산업형 스모그**(industrial smog 또는 sulfurous smog)이다. 광화학 스모그는 로스앤젤레스형 스모그, 산업형 스모그는 런던형 스모그라고 하기도 한다.

대부분의 도심에서 가장 중요한 대기오염 현상은 광화학 스모그(photochemical smog)이다. 질소산화물과 탄화수소는 햇빛에 의해 오존, 과산화아세틸질산염(PANs, peroxyacetylnitrates)을 비롯한 광화학적 산화물을 생성한다. 우리나라에서 질소산화물과 탄화수소의 가장 큰 배출원은 수송 부문이다. 자동차에서 배출되는 질소산화물은 다음과 같은 반응을 통하여 광화학적 산화물인 오존을 생성한다.

$$NO_2 + h\nu \longrightarrow NO + O \quad \text{(a)}$$

$$O + O_2 + M \longrightarrow O_3 + M \quad \text{(b)}$$

$$O_3 + NO \longrightarrow NO_2 + O_2 \quad \text{(c)}$$

위의 반응에서 $h\nu$는 태양에너지를 뜻하며 위의 반응을 가능하게 하는 빛의 파장은 0.43 μm 이하여야 한다. 이렇듯 **질소산화물**이 **오존**을 생성하지만 (c)반응에 의해 오존이 다시 분해되기 때문에, 대기 중 오존의 농도는 낮게 유지된다. 그러나 실제로 도시 대기 중 오존 농도를 측정해보면 위의 세 반응에 의해 계산되는 이론적 오존 농도치보다 훨씬 높다. 그 이유는 바로 **탄화수소** 때문이다. 탄화수소는 수산기 라디칼(OH)과의 반응을 통해 NO_2를 생성하여, (a) 및 (b) 반응을 통해 오존을 생성해 낼 수 있고, 탄화수소의 반응으로 생성된 과산화라디칼이 NO와 반응하여 또 다시 NO_2를 생성해 낸다. 또한 과산화라디칼과 NO의 반응은 (c)반응에 비해 그 속도가 훨씬 빠르기 때문에 (c)에 의한 오존 농도의 감소는 거의 일어나지 못한다. 바로 이러한 이유로 질소산화물과 탄화수소가 동시에 존재해야만, 대기 중 오존의 농도가 급속히 증가할 수 있다(그림 7.6, 그림 7.7).

탄화수소의 반응성은 종류마다 크게 다르므로 모든 탄화수소가 광화학 스모그를 만들지는 못한다. 탄화수소는 포화와 불포화 탄화수소로 나뉜다. 포화 탄화수소는 각

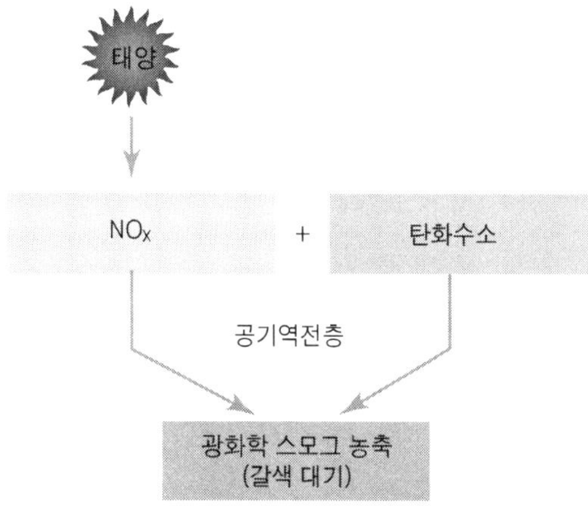

그림 7.6 스모그 형성과정. 탄화수소와 역전층이 있을 때 갈색을 띠는 광화학 스모그가 발생한다.

탄소원자가 네 개의 다른 원자와 결합한 것이다. 불포화 탄화수소는 이중결합 또는 삼중결합을 갖고 있는데, 이 불포화 탄화수소(예를 들어 포름알데히드; HCHO)가 반응성이 매우 높다. 알데히드처럼 산소와 결합한 탄화수소 화합물 중 휘발성이 큰 화합물을 흔히 "**휘발성 유기 화합물**(VOCs; volatile organic compounds)"이라고 하며 주로 반응성이 크다.

산업형 스모그(industrial smog)는 대규모 화력 발전소에서 일차적으로 생성된다. 이산화황과 입자상 물질이 특정 기상 조건하(정체되고 안정된 대기, 높은 상대습도, 구름이 낀 날씨, 역전층의 형성, 안개발생 등)에서 결합되어 농축된 스모그를 발생시킨다. 산업형 스모그는 광화학 스모그와 색깔로도 구별할 수 있는데, 광화학 스모그가 갈색을 띠는 반면 산업형 스모그는 회색을 띤다.

우리나라는 연료의 **탈황시설** 설치와 저유황유 사용 정책을 꾸준히 추진하여 아황산가스의 배출량을 크게 낮춰 산업형 스모그의 발생 빈도는 낮아졌다. 그러나 광화학스모그를 발생시키는 질소산화물의 경우 지난 10년간 거의 줄지 않았으며 오존은 꾸준히 증가추세를 보이고 있다. 산업형 스모그와 로스엔젤레스형 스모그는 발생 원인 및 오염 물질이 다르지만, 두 스모그 모두 **기온 역전**이 매우 중요한 기여자임은 분명하다.

그림 7.7 광화학 스모그. 캘리포니아 주 로스앤젤레스에서 촬영한 이 사진에서 스모그의 시각적인 영향을 볼 수 있다. 아래쪽 사진이 스모그가 발생한 도심 전경이며, 위쪽 사진과 비교하여 뚜렷하게 시정거리가 짧다.

대기오염에 관한 여러 가지 연구결과

1. 세계보건기구(WHO)는 전세계에서 한해 120만명이 폐암으로 사망하며 이 가운데 6만 2000명은 대기오염에 의한 것으로 추정하고 있다.
2. 미국 브리검영대학과 뉴욕대학의 연구진은 공기 m^3당 미세먼지가 10 μg 증가하면 폐암 사망자 수가 8% 늘어난다고 발표하였다.
3. 임산부가 높은 농도의 아황산가스나 먼지에 노출되면 조산하거나 저체중아를 출산할 가능성이 커진다.

4. 서울대 김호 교수팀의 연구에 의하면 95~99년 서울의 대기오염 측정자료와 사망률을 분석한 결과, 대기 중 오존 농도가 하루 21.5 ppb 증가하면 연간 사망률이 3.4% 높아진다고 보고하였다.
5. 하버드대 공중보건학과 연구팀은 미국 내 86개 대도시를 조사한 결과 미세먼지 오염이 증가하면 유아 사망률이 최고 40%까지 증가하는 사실을 확인했다. 또한 전체 유아 사망의 11%가 미세먼지가 원인이라고 추정하였다.

5 그 외 주요 대기오염 현상

5.1 실내오염

주로 가정, 호텔 등 건축물 내부에서 환기미비에 따른 문제가 발생하고 있다. 실내에 존재하는 가스・분진 및 카펫, 도료, 접착제, 스프레이 등에서 나오는 유해물질들은 작은 공간에서 희석되지 않고 축적되어 고농도로 존재함으로 인해 피해를 주게 된다. 특히 실내에서 흡연자가 있는 가정에서 실내 분진의 60~70%는 담배 연기가 기여하고 있는 것으로 알려져 있다. 또한 가구 등에서 나오는 포름알데히드, 난방 목적으로 석유와 석탄 등을 연소할 때 배출되는 휘발성 물질들, 천연적으로 토양에 존재하는 방사성 물질인 **라돈**이 실내로 침투하여 인체에 해를 주기도 한다. 그 이외에도 카펫은 미생물이 성장할 수 있는 좋은 여건을 제공하여 병원균의 서식지 역할을 하기도 하며, 페인트 중에 존재하는 납은 오랜 시간이 경과하면서 작은 조각으로 벗겨져 떨어짐으로 인해 유아들이 손에서부터 입으로 납이 전달되어 특히 중추신경계에 영향을 주는 것으로 밝혀졌다. 또한, 미국의 필라델피아에서는 1976년 5월에 **폐렴**의 원인균인 **레지오넬라균**이 냉각수에서 대량 번식하여 환기장치를 통해 호텔내부에 퍼져 폐렴이 전파되는 사건도 발생했다.

5.2 열섬현상

주로 도시 지역에서 나타나는 현상으로 도시의 인공축조물에서 배출되는 열이 대기오염물질에 의해 대기의 상층으로 이동하는 것을 차단하게 됨에 따라 지표 근처의 온도가 상승하는 현상이다. **열섬현상**은 여름보다는 기온의 차이가 심한 봄과 가을, 그리고 낮보다는 밤에 주로 발생한다.

5.3 중금속 오염

중금속 오염은 집중 산업단지에서만 일어나는 것으로 생각하지만, 중금속의 큰 배출원 중의 하나는 도로와 자동차이다. 아연, 구리 및 납은 도로에서 발생하는 가장 흔한 중금속이다. 브레이크는 구리를 배출하고 타이어 마모는 아연과 납, 카드뮴을 배출한다. 휘발유나 경우에서 니켈이 배출되고 차체 부식으로 알루미늄이 배출되기도 한다. 대기로 배출된 중금속이 수중 생태계나 토양 생태계로 침적된 후에 미치는 2차 영향도 매우 크다.

수은은 매우 독성이 강한 중금속인데 다른 중금속과는 달리 가스상으로도 존재한다. 수은은 주로 화력발전소, 소각장, 제련소 등에서 다량이 대기로 배출된다. 대기로 배출된 수은은 주로 무기수은으로 고농도가 아니면 인간에게 유독한 피해를 주지는 못한다. 문제는 이 무기수은이 비나 눈에 의해서 수생태계로 떨어지면 매우 유독한 메틸수은으로 바뀌게 된다는 것이다. **메틸수은**은 매우 효과적으로 생물에 농축되어 물고기 내에 높은 농도로 존재하게 되고, 우리는 물고기를 섭취함으로써 수은에 의한 피해를 입게 된다. 따라서 우리가 수은에 의한 피해를 입지 않기 위해서는 결국 대기로 배출되는 수은을 감소시켜야만 한다(그림 7.8). 이러한 사례처럼 대기오염은 대기오염으로 끝나는 것이 아니라 다른 환경 매체와도 깊은 관계가 있다.

납(Pb)도 과거에는 자동차 연료에서 많이 사용하여 중요한 오염물질이었으나, 이제는 무연휘발유 사용으로 대기 중 납의 농도는 많이 낮아졌다.

그림 7.8 배출원에서 수용원까지 환경에서의 수은의 순환(인용: U.S.EPA, 1999, Mercury Research Strategy). 가스상으로도 존재할 수 있는 수은은 배출원에서 대기로 배출된 후 호수나 바다로 이동하여 독성이 강한 메틸수은으로 변환하여 최고 천만배까지 생물농축이 이루어져 인간과 생태계에 큰 위해를 가한다.

6 우리나라의 대기환경기준

우리나라의 **대기환경기준**은 그 의미가 행정 목표로 사람의 건강을 보호하고 쾌적한 생활환경을 유지하기 위한 환경행정의 목표로서 행정상 규제대상이 되거나 법적 구속력을 가지고 있지는 않다. 그러나 환경개선을 위한 행정목표이기 때문에 오염정도를 판단하거나 예측하고 대책을 강구하는 척도로서 환경기준이 갖는 파급효과는 매우 크다. 우리나라는 현재 7개 물질에 대해 대기환경기준을 갖고 있으며, 2007년 미세먼지 및 이산화질소에 대한 환경기준을 강화하였다. 또한 발암성 물질인 **벤젠**에 대한 사회적 관심이 증가하면서 2010년부터 벤젠에 대한 기준을 5 $\mu g/m^3$으로 새롭게 추가하여 시행하고 있다. 그러나 여전히 대기환경기준을 초과하는 경우가 자주 나타난다.

〈표 7.2〉 우리나라의 대기환경기준

항목		기준	측정방법
아황산가스 (SO_2)		· 연간 평균치 0.02 ppm 이하 · 24시간 평균치 0.05 ppm 이하 · 1시간 평균치 0.15 ppm 이하	자외선 형광법 (Pulse U.V. Fluorescence Method)
일산화탄소 (CO)		· 8시간 평균치 9 ppm 이하 · 1시간 평균치 25 ppm 이하	비분산적외선 분석법 (Non-Dispersive Infrared Method)
이산화질소 (NO_2)		· 연간 평균치 0.03 ppm 이하 · 24시간 평균치 0.06 ppm 이하 · 1시간 평균치 0.1 ppm 이하	화학 발광법 (Chemiluminescence Method)
미세먼지	PM_{10}	· 연간 평균치 50 $\mu g/m^3$ 이하 · 24시간 평균치 100 $\mu g/m^3$ 이하	베타선 광도법 (β-Ray Absorption Method)
	$PM_{2.5}$	· 연간 평균치 25 $\mu g/m^3$ 이하 · 24시간 평균치 50 $\mu g/m^3$ 이하	중량농도법 또는 이에 준하는 자동 측정법
오존 (O_3)		· 8시간 평균치 0.06 ppm 이하 · 1시간 평균치 0.1 ppm 이하	자외선 광도법 (U.V. Fluorescence Method)
납 (Pb)		· 연간 평균치 0.5 $\mu g/m^3$ 이하	원자흡광 광도법 (Atomic Absorption Spectrophotometry)
벤젠 (C_6H_6)		· 연간 평균치 5 $\mu g/m^3$ 이하	가스크로마토그래피 (Gas Chromalography)

주 : 1. 1시간 평균치는 전체 측정수를 1000개로 환산하여 그 999번째의 수의 값이 그 기준을 초과하여서는 아니 되고, 8시간 및 24시간 평균치는 전체 측정수를 100개로 환산하여 그 99번째의 수의 값이 그 기준을 초과하여서는 아니 된다.

2. PM_{10} 미세먼지는 입자의 크기가 10 μm 이하인 먼지를 말한다.

3. $PM_{2.5}$ 미세먼지는 입자의 크기가 2.5 μm 이하인 먼지를 말한다.

수도권 대기질 환경기준 초과

〈내일신문 2010년 4월 5일자〉

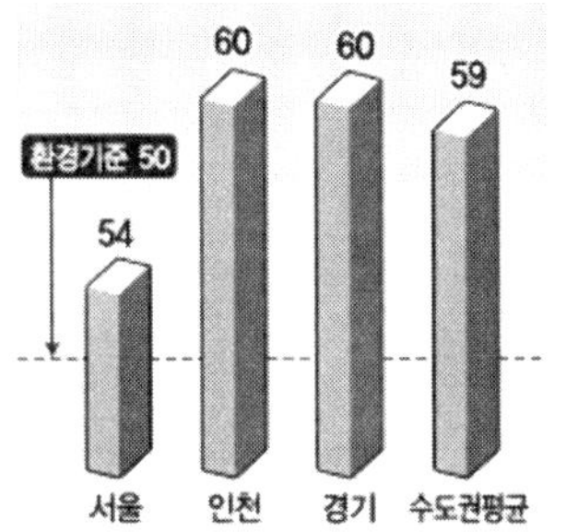

(단위: kg/m³/년) 자료: 환경부 수도권대기환경청

서울 · 인천 · 경기 등 수도권 대기질이 여전히 환경기준을 초과한 것으로 나타났다. 환경부 산하 수도권대기환경청이 지난 3년간(2007～2009년) 수도권지역 대기질 변화를 조사한 결과 미세먼지(PM_{10})는 서울 · 인천 · 경기 세 지역 모두 환경기준인 50 $\mu g/m^3$를 초과했고, 이산화질소(NO_2)는 서울이 기준농도인 0.03 ppm를 초과한 0.035 ppm을 기록했다. 특히 수도권 미세먼지 평균치는 2008년 57 $\mu g/m^3$에서 2009년 59 $\mu g/m^3$로 더 높아졌다. 수도권 지역의 미세먼지 수치는 선진국의 주요도시와 비교해도 최하위권에 머물고 있다. 세계 주요 25개국 환경청 및 환경부 웹사이트에 따르면 2007년 기준 서울의 미세먼지 농도는 61 $\mu g/m^3$로 24위권인 미국 뉴저지의 49 $\mu g/m^3$보다 12 $\mu g/m^3$ 더 높다. 황사의 영향을 제외한 2009년 수도권 미세먼지 농도 평균치도 56 $\mu g/m^3$로 여전히 환경 기준치를 넘었다. 이산화질소 농도도 여전히 개선되지 않고 있다. 환경부에 따르면 수도권의 이산화질소 농도는 2007～2008년 0.033 ppm, 2009년에는 0.031 ppm을 기록했다. 3년 연속 환경기준인 0.03 ppm를 초과했다. 특히 이 수치는 1997년 0.03, 1998년 0.27, 1999년 0.03에 비해 더 악화된 것으로, 10여년 전보다 이산화질소 농도는 오히려 더 증가한 것으로 나타났다. 환경부는 "이산화질소는 자동차와 인구, 연료 사용량의 지속적인 증가로 개선이 지연되고 있다"고 말했다.

7 대기오염의 역사적 사건

7.1 영국 런던스모그(London Smog)

인간의 역사를 통해 기술의 발전은 에너지 공급원을 변화시키면서 다양한 것들을 가능하게 하였다. 초기 엔진의 주된 연료는 목재였다가 에너지 수요가 늘어나면서 1800년대 말에는 석탄이 주된 연료가 되기 시작하였다. 석탄의 사용은 산업혁명에 불을 붙였고 대다수 사람들의 삶의 질을 크게 향상시켰으나, 동시에 갖가지 대기오염물질을 배출해 온 것이 사실이다. 산업혁명 초기의 대기 환경은 현재 우리가 당면한 어떤 도시의 대기 환경보다도 훨씬 더 심각한 상황이었고, 결국 산업혁명의 중심부인 런던에서 대형 참사가 발생하였다. 1952년에 발생한 런던스모그는 석탄 연소에 의한 대표적인 스모그로써, 12월 5일부터 9일 사이에 영국 전역에서는 기온 역전이 일어나서 아황산가스(SO_2)나 먼지 농도가 평상시보다 수배에서 최고 9배까지 증가하였다. 오염 발생원은 주로 가정 난방용 석탄의 연소, 화력 발전소 등의 굴뚝에서 배출된 매연, 아황산가스 그리고 아황산가스가 안개에 녹아들어가 형성된 황산미스트가 큰 피해를 준 것으로 밝혀졌다. 이러한 스모그를 **산업형 스모그**(industrial smog)라고 하며, 자극적이고 회색 빛깔을 띠며 검댕(soot), 황화합물, 그리고 수증기로 구성되어 있다. 산업형 스모그는 산업이 밀집되어 있고 주요 에너지 공급원으로 석탄이 사용되는 곳에서 흔히 발생하며, 여전히 중국을 비롯한 개발도상국가에서 종종 발생하고 있다. 다음에 언급되는 도노라 사건와 뮤즈 계곡 사건도 산업형 스모그의 대표적인 사례이다.

7.2 미국 도노라(Donora) 사건

미국 펜실베니아 주의 도노라 시에서 1944년 10월에 일어난 사건이다. 이날 이 도시에는 아침부터 짙은 안개가 끼었다. 도노라 시는 모논가헬라(Monongahela) 강을 낀 계곡에 아연 제련소, 제철소 및 황산 공장이 있었으며, 구릉 쪽에 위치한 주택가에서는 주로 석탄으로 난방을 하였다. 이 날도 처음에는 평소와 다름없는 안개였으나, 흔히 정오가 되면 걷혔던 안개는 5일 동안이나 걷히지 않았다. 수요일과 목요일부터는 공기에서 이상한 자극적인 냄새- 아황산가스의 냄새-가 나기 시작하였으며, 금요일 오전부터 환자가 속출하였다. 초기에는 천식을 가진 사람들과 노인들이 병원을 찾았지만 오후가 되면서부터 젊은이들도 두통, 어지러움, 호흡곤란, 눈 및 목의 자극을 호소하기 시작하였다. 이런 상황에서도 제철소는 계속 작업하였으며, 일요일 아침에 비로소 작업을 중지할 때에도 제철소 사장은 제철소가 이런 문제와 관련이 없다고 확신하였다. 다행스럽게 일요일에 비가 내렸고 공기는 맑아졌으나, 이미 6,000여 명의 환자가 발생하였고 20명이 사망한 후였다. 도노라 사건은 하부 공기층에 역전층이 생성되어 공기가 정체된 상태에서 다량의 오염물질들이 배출되어 발생하였다.

7.3 벨기에 뮤즈 계곡(Meuse valley) 사건

벨기에의 동쪽에 리즈(Liege) 시가 있고 그 옆을 흐르는 뮤즈 강 유역에는 100 m 깊이의 계곡으로 24 km에 걸쳐 코크스로, 용광로, 화력 발전소, 유리공장, 제련소, 화학 공장 등이 위치해 있었다. 1930년 12월 1일부터 5일까지 뮤즈강 유역은 지상 약 80 m 전후의 역전층이 형성되면서 공장 및 가정에서 배출된 석탄 연기가 정체되어 각종 유해가스와 매연 입자에 흡착된 황산미스트를 지역 주민들이 흡입함으로써 호흡기 환자가 수없이 발생하고, 이 중 63명이 사망하였다. 사망자의 폐포에는 미세한 매연입자가 흡입되어 있었으며, 아황산가스가 안개입자 중에서 산화되어 생긴 황산미스트가 매연입자에 부착되어 영향을 준 것으로 추정되었다.

7.4 일본 요코하마(Yokohama) 사건

일본은 1900년대에 급격하게 산업이 발전하였다. 세계 2차대전 후에 동경만을 따라 제철공업 등이 발달한 항구도시인 요코하마에 주둔하고 있던 미군 병사와 그 가족들 중에 심한 기침과 천식증상의 환자가 발생하여 이러한 증상을 요꼬하마 천식 또는 요츠카이츠 천식이라고 부르게 되었다. 대기오염이 심할 때에 이러한 환자가 증가하기 때문에 대기오염에 의한 천식 증상으로 추정하나 그 원인물질은 밝혀지지 않았다. 요코하마 시는 산화티타늄 공장, 인산비료 제조공장 등이 있으며 1960년경부터 1969년까지 638명의 인정된 공해병 환자가 발생하였다. 인후두염, 기관지염, 기관지천식 등의 호흡기 환자들은 발생된 지역을 떠나면 완전히 회복되었는데, 발병 원인은 황산미스트에 의해 손상된 기관지 표면에 인광석 분말이 부착하여 알레르기성 기관지천식으로 추정되었다.

7.5 인도 보팔(Bhopal) 사건

인도 보팔시에서는 1984년 12월 3일 **살충제** 제조 공장에서 유독 액체가 새어나갔다. 유독 액체는 증발되어 인도 보팔의 64 km^2에 걸쳐 죽음의 가스 구름을 형성하였다. 가스가 새어나간 시간은 한 시간이 채 안되었음에도 불구하고, 2,800명 이상의 사람이 사망하였으며 15,000명 이상의 사람들이 다쳤다. 공장에서 새어나간 무색의 기체는 **메틸이소시아내이트**(methyl isocyanate; MIC)로 극심한 자극을 유발하는 가스이다. 겨우 수 ppm 농도 수준의 MIC를 흡입해도 극심한 기침, 폐의 팽창, 출혈, 그리고 사망까지 초래하게 된다. 더 낮은 농도에 노출되면 시력 상실과 같은 다양한 문제를 야기한다.

〈표 7.3〉 세계 각국의 대기오염사건

대기오염사건	환경 조건	원인 물질
뮤즈계곡(벨기에) 1930년 12월	계곡, 무풍지대, 기온역전, 안개발생, 공장지대(철공, 금속, 초자, 아연)	아황산가스, 황산, 불소화합물, 일산화탄소, 미세입자 등
도노라(미국) 1948년 10월	계곡, 무풍상태, 기온역전, 안개발생, 공장지대(철공, 전선, 아연, 황산)	아황산가스 및 황산과 미세 에어로졸과의 혼합
런던(영국) 1952년 12월	하천평지, 무풍상태, 기온역전, 안개발생, 습도 90%, 인구조밀, 차가운 스모그	석탄연소에 의한 아황산가스, 미립에어로졸, 분진 등
LA(미국) 1954년 이후	해안분지, 연중 해양성, 기온역전, 백색연무, 급격한 인구증가, 차량급증, 연료	석유계 연료, 산·염소화탄화수소, 포름알데히드, 오존
포자리카(멕시코) 1950년 11월	가스공장의 조작사고, 기온역전	황화수소(H_2S)
보팔(인도) 1984년 12월	한밤중, 무풍상태, 쌀쌀한 날씨, 진한 안개, 2500명 사망	MIC(methylisocyanate)
체르노빌((구소련) 1986년	핵발전소 폭발	방사능 누출

제8장

범지구적 환경오염

1 산성비

산성비(acid rain)란 평소보다 많은 산성 물질(질산 및 황산)을 함유하고 있는 비(또는 눈, 안개, 건성침적)를 일컫는데, 산성비의 정의는 pH가 5.6 이하인 비를 일컫는다. 대기 중에는 이산화탄소(CO_2)가 많이 존재하는데 이 이산화탄소가 빗물에 녹아 약산인 탄산이 형성되기 때문에 정상적인 비의 pH는 5.6이다. 그런데 만일 비의 pH가 5.6보다 더 낮은 경우에 우리는 그 비를 산성비라고 한다. 산성비를 일으키는 원인물질은 여러 오염원으로부터 배출되는데, 여기에는 인위적인 오염원(발전소 등)뿐만 아니라 자연적인 오염원(화산 폭발, 부패)도 포함된다. 이러한 오염원에서 배출되는 가스상 물질(이산화황, 질소산화물)들은 대기 중에서 물, 산소, 그리고 여러 다른 화학물질들과 반응하여 다양한 산성 물질을 만들고, 질산과 황산이 약간씩 혼합된 용액이 형성된다(그림 8.1). 산성비를 형성하는 원인물질인 이산화황과 질소산화물은 오염원에서 대기로 배출된 후 장거리 이동을 할 수 있기 때문에, 중국에서 배출된 이산화황이 바람에 실려서 우리나라까지 유입되곤 한다. 따라서 배출원에서 수백 킬러미터가 떨어진 지역도 산성비가 내릴 수 있기 때문에, 산성비는 국제적인 문제이다. 캐나다, 영국, 독일, 프랑스, 스칸디나비아, 그리고 미국에서 강산성비에 관한 피해가 보고되었다.

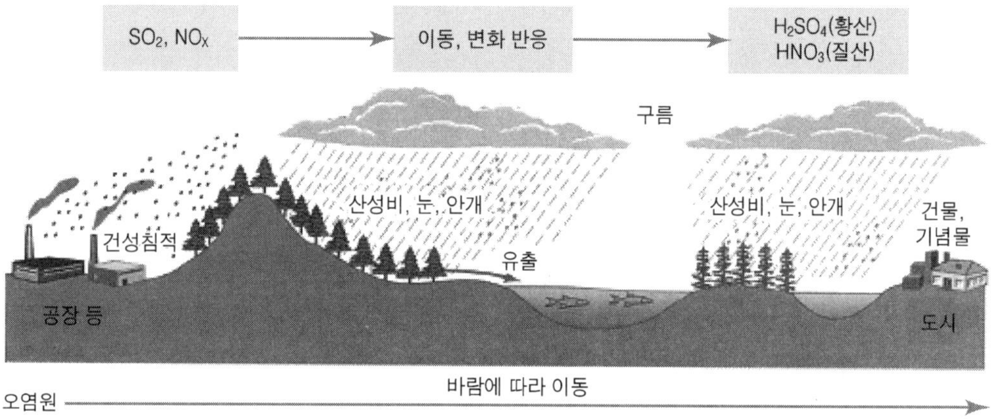

그림 8.1 산성비가 형성되는 과정과 이동. 산성비는 오염원으로부터 멀리 떨어진 곳에도 영향을 준다.

뉴햄프셔에서 1969년에 pH 2.1의 비가, 1974년에는 스코틀랜드에서 pH 2.4의 비가 내린 적이 있다. 미국 북동부와 인접한 온타리오 주의 일부 지역은 pH 4.0～4.5를 기록한 바 있다. 근대에는 눈(Snow), 안개(Forg)등 습도가 높은 기상현상에서도 산성을 띠고 있음이 확인 되었다. 안개가 많은 춘천지역에서는 **산성 안개**가 발생하고 있다.

1.1 호수에 미치는 영향

산성비가 수생태계에 미치는 영향을 매우 뚜렷하다. 산성비는 호수(하천, 강 등 모두 포함)에 직접 내리기도 하지만, 호수 주변에 있는 토양이나 산림, 건물 등에 떨어진 후 호수로 뒤늦게 유입되기도 한다. 호수가 산성비의 영향을 받으면 호수의 산성도가 높아지고(즉 pH가 낮아지고), 산성화된 호수를 토양이 중화시키지 못하는 경우에는 토양으로부터 알루미늄을 용출시켜 호수 내로 유입되게 하는데 이 알루미늄은 수생태계에 생존하는 많은 생물종들에게 매우 독성이 강한 물질로 작용한다.

호수가 산성비에 크게 영향을 받느냐 안 받느냐는 호수의 특성에 따라 다르다. 예를 들어 크기가 작은 호수들은 큰 호수들에 비해 산성비의 영향을 크게 받는다. 또한 산성도를 중화시키는 능력을 흔히 **완충능력**(buffering capacity)이라고 하는데, 이러한 완충능력도 호수의 밑바닥을 이루는 토양마다 각각 다르다. 때때로 순간적으로 산성도가 크게 높아지는 경우가 있는데(봄에 눈이 녹아서 호수로 일시에 유입될 때나 큰 폭우가 몰아칠 때), 이러한 경우에는 다량의 물고기가 죽기도 하고 심지어는 그 호수

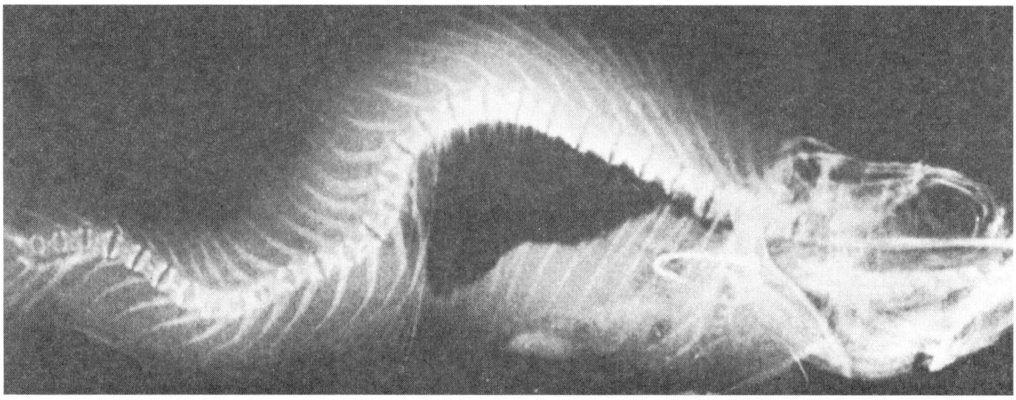

그림 8.2 산성 침적이 생물체에 미치는 영향. 수중의 낮은 pH로 인해 물고기의 골격이 정상적으로 발달하지 못하며, 결국은 사망하게 된다.

에서 특정 종이 멸종되기도 해서 **종 다양성**이 낮아진다는 사실이 보고되어 있다.

호수가 산성화되면 pH가 떨어지고 이는 물속의 **알루미늄** 농도를 증가시키는데, 낮은 pH와 증가된 알루미늄 농도는 둘 다 물고기에게 직접적인 위해를 가해서 계속 스트레스에 시달리게 한다. 만성적 스트레스에 시달린 물고기는 인간과 마찬가지로 체중이 줄어들고 제대로 자라지 못해서 적자생존 경쟁에서 제대로 경쟁할 수 없게 된다(그림 8.2). 같은 **산성호수**에서 생존하는 물고기들도 종에 따라 받는 피해가 다르다. 그러나 일반적으로 pH가 5이하로 떨어지면 대부분의 물고기 알은 부화하지 못하고, 더 낮은 pH에서는 일부 성체가 죽기도 한다. 그 결과 산성화가 심한 호수에서는 물고기를 한 마리도 찾아볼 수 없을 정도이다. 우리나라는 다행히 한강과 낙동강의 상류 지역은 **석회암**지대로 완충능력이 크다.

1.2 토양과 삼림에 미치는 영향

산성비가 산림에 내리면 나무들의 성장이 느려진다. 잎과 줄기를 갈색으로 변화시키고, 토양으로부터 영양분(칼슘 등)을 제대로 공급받을 수 없게 만들며 토양층으로부터 독성 물질을 배출시킴으로써 나무를 약하게 만든다. 산성비로부터 입는 피해는 호수와 마찬가지로 산림 토양의 **완충능력**에 따라 달라지는데, 이는 토양층의 두께와 구성성분에 따라 달라진다. 산성비에 가장 큰 피해를 입는 산림은 고지대에 위치해 있는 산림이다(그림 8.3). 이는 고지대일수록 산성 구름과 **산성 안개**에 둘러싸이는 경우

그림 8.3 산성비가 산림에 미치는 영향. 남아메리카 북동부에 있는 고산지대에서는 많은 산림이 현저하게 감소하고 있고, 고사한 수목을 쉽게 볼 수 있다.

가 많기 때문인데, **산성 구름**(acidic clouds)과 **산성 안개**(acidic fog)는 일반적으로 산성비(acidic rainfall)보다 더 높은 산성을 띤다. 산성안개에 자주 싸이게 되면 잎으로부터 필수 영양분이 유출되게 되고, 이는 나무가 다른 환경적 요인(예를 들어 추운 날씨라던가 대기 오염물질)에 더 민감하게 반응하여 더 큰 피해를 입게 만든다. 또한 장기간에 걸친 산성비는 식물의 생장에 필요한 토양의 칼슘을 감소시킨다. 토양의 pH가 저하되면 **토양 박테리아**를 사멸시켜 식물에 필요한 영양분을 감소시킨다. 이러한 요소들이 직접적으로 **식물의 고사**를 초래하지는 않지만 식물에게 스트레스를 줄 수 있으며 보다 약한 수목에 해충의 침투, 최악의 날씨 조건 또는 **가뭄** 같은 다른 원인 때문에 피해를 볼 수 있다. 중앙 유럽에서는 약 6백만 ha의 수목이 고사하여 많은 산림이 현저하게 감소하였다. 남아메리카 북동부에서도 특히 고산지대의 **생육 저하**와 **수목 고사 현상**이 현저하게 보였다.

1.3 재료와 자동차 표면에 미치는 영향

산성비는 금속을 쉽게 부식시키고 페인트나 돌(특히 석회암과 대리암)을 악화시켜

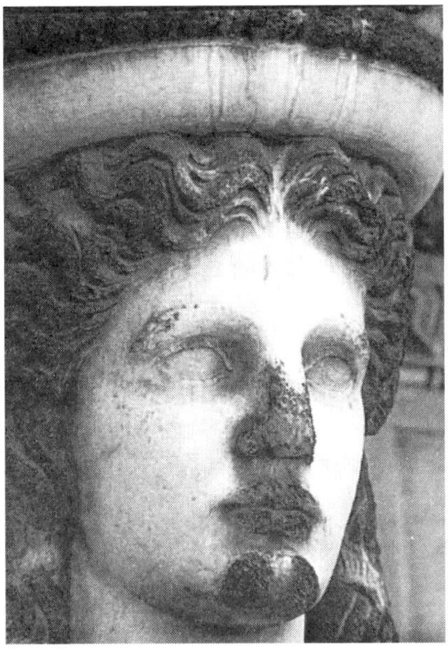

그림 8.4 산성비에 의한 조각품의 피해. 산성 침적의 주요한 물질인 황산은 탄산칼슘과 반응하여 황산칼슘을 생성한다. 황산칼슘이 수용성이기 때문에 우천 시 씻겨 나온다. 이 석상의 손상은 돌과 이러한 산성 반응이 만들어낸 결과이다.

서, 건물뿐 아니라 자동차의 페인트에도 큰 피해를 입힌다. 건물과 조각작품은 보통 탄산칼슘이 함유된 재료로 만들어지는데, 산성비의 주요한 구성요소인 황산은 탄산칼슘을 황산칼슘으로 변환시킨다. 이것은 용해성이 높아 산성비와 접촉하여 수년간에 걸쳐 부식된다(그림 8.4). 산성비나 산성 강하물이 자동차에 입히는 피해를 줄이기 위해서 요즘에는 산성에 저항을 가진 페인트를 사용하기도 해서 자동차 값을 인상시킨다. 자동차 값 인상뿐만 아니라 문화적인 유산으로 우리가 자랑스럽게 소유하고 있는 건물들에 입히는 영향은 그 잠재적 피해액이 매우 크고, 항상 청결하게 유지하기 위해 유지비도 만만찮게 들어갈 것이라고 추측할 수 있다.

1.4 우리나라의 산성비 현황

우리나라는 산성강하물의 침적량을 파악하기 위해 1999년부터 **산성강하물** 측정망을 설치하여 운영하고 있으며, 현재 30곳 이상의 측정 장소가 있다. 이 곳에서는 비 속의 pH를 비롯하여 강수의 산성도를 결정하는 주요 원인물질인 이온성분의 농도를 측정한다. 국립환경과학원에서 분석한 2010년의 데이터를 보면 우리나라의 강수 중 연평균 pH는 전 지역이 4.1~5.9의 범위로 지역에 따라 다소 차이를 보이며, 서울, 부산, 대구 지역이 다소 낮은 값을 나타냈다(그림 8.5).

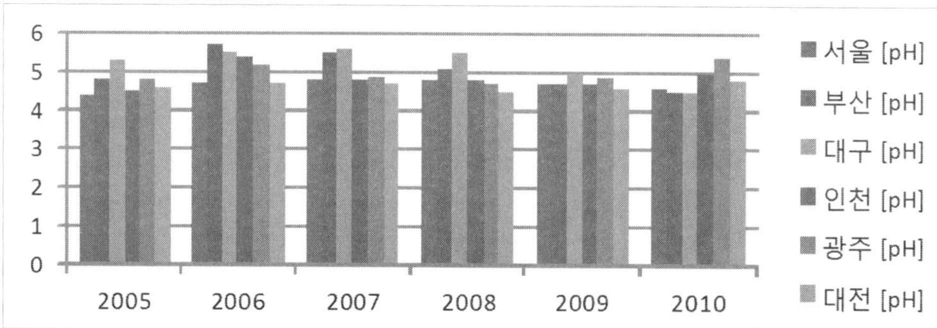

그림 8.5 우리나라 주요 도시의 산성비 현황

빗물 산성도의 기준은 pH를 통해서 나타낼 수 있는데, pH를 결정하는 요인은 염소이온(Cl−), 질산이온(NO_3^-), 그리고 황산이온(SO_4^{2-})과 같은 음이온 농도이다. 음이온 농도가 높으면 pH값이 낮아지고 양이온 농도(NH_4^+, Na^+ 등)가 높으면 pH값이 높아진다. 우리나라의 1999년부터 2005년까지 연간 평균 습식강하물 침적량은 총 음이온이 7.363 g/m^{2}yr, 총 양이온이 3.025 g/m^{2}yr로 보고되었고 1999년부터 꾸준히 증가 추세에 있다. 이온별 기여도를 보면 질산이온은 1980년대 중반부터 현재까지 계속 증가하고 있고 황산이온은 1999년까지 질산이온에 비해 감소하다가 1999년부터 현재까지는 계속 증가하고 있다. 강우 내 총 음이온의 농도로 산성도 정도를 판단해 볼 때, 우리나라 평균은 현재 세계 평균의 중간 정도에 위치해 있다.

산성비에 대한 대책으로 **화석연료**의 사용을 억제하고 대체연료를 개발하고, 효율이 높은 방지 시설을 설치하여 이산화황과 질소산화물을 제거하여야 한다. 또한 산성비 원인물질의 장거리 이동으로 영향을 받는 우리나라는 국가 간 논의를 통하여 정책적 해결방법을 찾아야 한다. 이러한 방법들은 비단 이산화황과 질소산화물만을 감소시킬 뿐 아니라, 기타 많은 대기오염물질(**수은**, **이산화탄소** 등)도 동시에 감소시킬 수 있어 이중의 효과를 누릴 수 있다.

우리 개인이 할 수 있는 방법으로는, **화석연료**사용을 줄이는 것이다. 즉 전기를 아껴 쓰고 웬만한 거리는 걸어 다니거나 자전거를 이용하거나 대중교통을 이용하는 것이다. 전기용품을 사용하지 않을 때는 플러그를 뽑아두고, 되도록이면 에너지 효율이 높은 기기를 사용하는 것이 좋다. 차를 소유하고 있다면 정기검진을 철저히 하는 것도 질소산화물의 배출량을 감소시키는 데 도움이 된다.

2 오존층 파괴

오존(ozone)은 산소 원자 셋으로 이루어진 분자(O_3)로, 지표로부터 대략 15~35 km (성층권) 높이에 오존층이 존재한다. 오존층은 자외선의 해로운 영향으로부터 지구를 보호하여 지구에 생명체의 존재를 가능하게 하는 매우 중요한 역할을 한다. 오존은 자외선을 흡수하여 산소 분자와 원자로 분해된 후, 산소 분자는 자외선에 의해 2개의 산소 원자로 나누어진다. 나누어진 산소 원자는 산소 분자와 재조합하여 오존을 다시 생성시키고, 더 많은 자외선을 흡수할 수 있게 한다.

$$O_3 \xrightarrow{\text{자외선}} O_2 + O$$

$$O_2 \xrightarrow{\text{자외선}} 2O$$

$$O_2 + O \longrightarrow O_3$$

outlier의 중요성

영국 과학자 J. Farman이 이끄는 연구팀은 1985년 세계를 놀라게 할 보고서를 써냈다. 그 보고서는 남극의 봄 성층권 오존이 매년 대량으로 감소한다는 결과를 나타내고 있었다. 이 현상은 언론에 의해 "**오존홀**(ozone hole)"이라고 명명되며 큰 반향을 불러일으키면서 Farman의 연구팀은 유명세를 얻었다. 재미있는 사실은(또한 동시에 비극적인 사실은) 실제로 오존 농도는 1977년부터 감소하기 시작하였다는 것이다. 그런데 왜 1985년이 되어서야 연구 결과가 발표되었을까? 그 이유는 측정 데이터가 합당한 범위를 벗어나자 시스템 자체에서 (잘못된 결과라고 간주하고) 자동적으로 데이터를 삭제해왔던 것이다!! 제대로 자료를 살펴보았다면 오존층 파괴 현상은 약 10년 먼저 발견되었을 수도 있었다. 이러한 예에서 볼 수 있듯이, 과학자들은 상식에서 벗어나는 결과가 얻어졌을 때 반드시 주의 깊게 그 원인을 파악하려는 자세가 필요하다. 세계를 깜짝 놀라게 할 결과가 그 안에 숨어있을지도 모른다.

이러한 일련의 반응들이 태양으로부터 전달되는 자외선 에너지의 99%를 흡수하고, **자외선**이 지표에 도달하는 것을 방지한다. 그래서 성층권의 오존을 흔히 "**좋은 오존**(good ozone)"이라고 부르고 대류권의 오존을 "**나쁜 오존**(bad ozone)"이라고 부른다.

성층권의 오존층이 파괴되면 지표에는 많은 자외선이 도달하는데, 이 자외선은 인간에게 피부암과 백내장 및 면역 체계 이상을 가져올 수 있다. 이러한 오존층의 파괴는 인간의 활동에 의해 파괴되는 것으로 보고되고 있으며, 주로 에어컨의 냉매제, 스프레이의 추진제, 반도체의 세정제, 각종수지의 발포제, 소화제 등에 사용되는 염화불화탄소(CFCs)가 오존층을 파괴하는 물질로 밝혀졌다.

이 CFCs는 무독성, 불연성이며 화학적으로 매우 안정하고 비활성이기 때문에 많은 용도로 사용되고 있다. 그러나 화학적으로 매우 안정하여 다른 독성물질로 변형되지 않는다는 장점은, 대류권에서 수십 년 내지는 수백 년 동안 파괴되거나 소멸되지 않고 성층권에 유입하면서 단점으로 바뀌게 된다. 성층권에 유입된 CFCs는 빛에너지에 의해 드디어 분해되어(성층권에는 파장이 짧은 자외선이 많다는 사실을 기억하자. 빛은 파장이 짧을수록 에너지가 크다) **염소 라디칼**(Cl·)을 발생하고 이는 성층권에 존재하는 오존과 반응하여 결국 오존의 양을 감소시키다. 여기서 중요한 것은 염소 라디칼은 촉매로서 작용하여 반응 중에 재생·순환되어 계속해서 오존 소멸 반응에 참여하기 때문에, 염소 한 분자는 오존분자 수 만개를 파괴시킬 수 있다.

$$CCl_2F_2 + hv \longrightarrow Cl + CClF_2$$

$$Cl + O_3 \longrightarrow ClO + O_2$$

$$ClO + O \longrightarrow Cl + O_2$$

오존홀은 **남극의 성층권**에서 처음 발견되었지만, 현재는 남반구와 북반구 모두 오존홀이 생긴 것을 관측할 수 있다. 오존층 파괴에 대한 대책으로 오존층 파괴물질에 대한 규제 및 대체물질을 개발하기위해 1987년 9월에 **몬트리올 의정서**가 작성되어 현재는 CFCs의 대기 배출량이 크게 감소한 상태이다. 우리나라는 이 의정서에 1992년에 가입되어 CFCs의 사용을 규제하고 있다.

남극에 오존홀이 생긴 이유는 무엇일까?

지구의 육지 대부분은 북반구에 위치해 있고, 따라서 오존층 파괴물질인 CFCs도 북반구에서 배출되는데 왜 오존홀은 남극에 생길까? 오존홀이 발견된 당시에는 남극에 오존홀이 발견되었다는 이유로 인간의 오염물질 배출 때문이 아니라는 의견들이 있었다.

그러나 그 이유는 오존 파괴 반응이 성층권에 있는 구름(성층운)에서 집중적으로 일어나기 때문이다. 오존층 파괴의 두 요건으로 낮은 온도와 햇빛이 필요한데, 온도가 낮을 때 성층운이 활발하게 형성된다. 남극은 북극보다 온도가 더 낮아서 성층운이 잘 형성되고 또한 북극보다 대기가 안정적이라서 형성된 성층운이 오래 지속되기 때문에, 오존 파괴 반응도 북극보다 더 활발하게 일어난다.

3 황사(Asian Dust)

해마다 봄철이면 우리는 하늘에서 누런 흙가루가 떨어지는 황사를 경험하고 있다. **황사** 현상이란 중국과 몽골에 있는 사막과 황토 지대의 작은 모래나 흙먼지가 봄에 한국 및 일본까지 날아와 떨어지는 현상을 말하는데, 종종 태평양을 건너 북아메리카까지 이송되기도 한다. 황사는 중국 알라산 사막, 몽골과 중국 사이에 있는 건조 지대, 고비 사막, 타클라마칸 사막 등에서 주로 발생하는데, 겨우내 얼어있던 흙이 봄이 오면서 녹고 때마침 강한 편서풍을 타고 우리나라로 유입되는 것이다. 황사는 우리나라에서 사용하는 용어이며 국제적으로 통용되는 용어는 **아시아 먼지**(Asian dust)이다.

황사의 주성분은 주로 모래 성분인데, 편서풍을 타고 오면서 중국 동부의 공업지대를 지나며 중금속 등의 많은 유독성 오염물질이 입자에 붙어서 같이 유입된다. 따라서 황사가 발생하면 우리나라의 대기 중 미세입자의 농도 뿐만 아니라 **중금속**의 농도도 같이 증가한다. 더욱 더 걱정스러운 것은 황사와 함께 날라오는 미생물과 유전자이다. 국립환경과학연구원 연구 결과(2102)에 따르면 황사기간에 바이오에어로졸의

그림 8.6 황사현상. 황사로 태양이 뿌옇게 보인다. 황사로 인하여 시정거리가 짧아지고 먼지로 인한 건강과 산업 피해가 크다(사진 제공: 정요찬 박사).

농도가 증가하고 함께 질병을 일으키는 유전자가 함께 증가하였다. 이는 황사가 사람과 가축, 농작물에 위해를 주는 미생물과 유전자를 함께 전달한다는 것을 의미한다.

최근 들어서 황사 일수가 점점 더 늘어나고 있고 봄철이 아닌 계절에도 가끔씩 황사가 나타난다. 최근의 황사 연구는 주로 2001년과 2002년의 황사 때문인데, 2001년 1941년 이래 황사 관측일 수가 가장 많았고 2002년에는 3월말과 4월초 초대형 황사가 차례로 유입되며 PM10 농도가 1시간 평균 3,311 μg/m3까지 기록하였다. 황사 성분 중 석회, 마그네슘, 칼슘 등의 알칼리 성분은 대기 중의 산성물질을 중화시켜 산성비를 억제하고 토양과 호수의 산성화를 방지하는 긍정적 역할도 있다. 그러나 부정적인 영향이 훨씬 큰데, 기관지염, 감기, 천식 등 호흡기 질환과 심혈관 질환이 증가하고 눈병 등의 질병을 유발한다. 또한 반도체, 항공기 등 정밀기기의 고장 발생률도 크게 높아진다.

우리나라는 **기상청**에서 **황사모델**을 이용하여 황사를 예측하고 있으며, 황사 관측일수, 황사대비 국민행동 요령을 제시하고 있다. 기상청에서 제시한 황사 관측일수는 최근에 증가하고 있는 추세이며, 봄철이 아닌 겨울철에도 발생하기 시작하였다(표 8.1). 우리나라는 황사 주의보와 황사 경보 제도를 실시하는데, 황사로 인해 1시간 평균 미세먼지(PM10) 농도가 400 $\mu g/m^3$이상이 2시간 이상 지속될 것으로 예상될 때 황사 주의보를 발령하고, 800 μg/m^3이상이 2시간 이상 지속될 것으로 예상될 때 황사 경보를 발령한다. 황사가 발생할 때에는 노약자와 호흡기 질환자 등은 실외활동을 자제하고, 귀가하면 깨끗이 씻어야 한다. 또한 외출 시에는 보호 안경, 마스크, 긴소매 의복 등을 착용한다.

한국, 중국, 일본은 황사에 대한 공동 대응을 위해 협력 방안을 꾸준히 논의하고 있다. 황사 발원지에 나무를 심어 숲을 만드는 생태복원사업을 통해 중국 내부에서는 황사 발생이 줄어드는 변화가 나타나고 있다. 그러나 일본과 한국에서 관측된 황사 강도 자료에서는 황사 강도가 해마다 크게 달라지고 도시와 고도에 따라서 다른 것으로 나타나, 아직까지 뚜렷한 황사의 감소 경향을 보이지 않는다. 따라서 최근에는 나무 심기 등의 **생태복원사업** 외에 **인공강우**, **방목 규제** 등 황사를 저감하기 위한 새로운 방법을 논의하고 있다.

4 국제 협약

4.1 제네바 협약

국경을 넘는 대기오염에 의한 국제적 피해가 심각해짐에 따라 국제사회에서는 이를 해결하기 위한 방안이 오랫동안 논의되어 왔다. 오염배출국가와 오염유입국가 양측의 이해를 고려한 국제적 기준을 추구하는 것이 바람직하다는 결론에 다다랐고, 장거리 이동 대기오염을 해결하기 위해서는 소수의 당사자들 사이에 체결된 조약보다는 다수 당사자들 간의 조약이 더 효과적이라고 인식되었다. 이를 발전시켜 1979년 제네바에서 협약이 체결되었으며, 이것이 대기오염의 장거리 국경이동에 관한 제네바 협약이다. 제네바 협약이 체결된 배경에는 유럽의 **산성비** 문제가 심각하다는 것에서 출발하였다. 중앙 유럽에서는 약 6백만 ha의 수목이 산성비로 인해 고사하는 등 많은 산림이 현저하게 감소하였다. 산성비를 야기하는 대기오염물질은 장거리 이동이 가능하기 때문에 국경 이동 대기오염을 통제하기 위한 국제적 협력이 필요하다는 요청에 따라 주로 유럽지역의 국가들을 중심으로 조약이 체결되었다. 제네바 협약은 환경보호 분야 중 대기오염 분야에서의 상호협력에 중점을 두고 있고, 대기오염의 장, 단기적 피해의 가능성에 대처하여 공동의 해결책을 모색하고 있다. 또한 **스톡홀름 선언**(1972년) 원칙 21호의 중요성을 언급하고 있는데, 즉 국가주권을 인정하되 국가 영역 밖에 환경적 피해를 미쳐서는 안된다는 점을 강조하고 있다.

4.2 오존층 보호를 위한 비엔나 협약과 몬트리올 의정서

성층권의 오존층은 해로운 자외선을 흡수하여(대부분의 UVB와 UVC를 흡수함) 지표면에 도달하지 못하게 하는 역할을 한다. 그러나 1985년 **성층권 오존**이 매년 대량으로 감소한다는 연구 보고서가 출판된 이후, 국제사회는 오존층의 변화가 인간의 건강과 환경에 대하여 잠재적으로 유해한 영향을 미친다는 것을 확인하였다. 1985년에 비엔나 협약에 합의하였는데, 합의 내용은 다음과 같다. 1) 국내적 국제적 차원에서 오존층 보호를 위한 예방조치에 유념하고, 2) 인간 활동 때문에 변화되는 **오존층**을 보호하기 위한 조치는 국제적 협력과 행동을 필요로 하며, 3) 과학적 기술적 관련 요소에 기초하여야 함을 인식하고, 4) 오존층에 관한 과학적 지식과 오존층의 변화 때문에 초래될 수 있는 역효과에 관한 과학적 지식을 보다 발전시키기 위한 계속적 연구 및 체계적 관측이 필요함을 인식하고, 5) 오존층의 변화 때문에 초래되는 역효과로부터 인간의 건강과 환경을 보호할 것을 결의하였다.

비엔나 협약에 근거하여 1987년 몬트리올 의정서가 채택되었고 1989년 1월부터 발효되었다. 각 국가는 특정 물질의 범세계적 배출이 인간의 건강과 환경에 역효과를 초래할 정도로 오존층을 현저히 파괴시키거나 변화시킬 수 있음을 인정하였다. 따라서 몬트리올 의정서에서는 기술적 경제적 요소를 고려하여 한편 과학적 관련 지식에 기초해서 **오존층 파괴물질**(ODS: ozone depleting substances)의 궁극적 제거를 목표로 ODS의 범세계적 배출총량을 공평하게 규제할 예방조치를 취함으로써 오존층을 보호하기로 결의하였다. 몬트리올 의정서의 주요 내용은 CFCs를 포함한 ODS의 단계적 감축, 비가입국에 대한 통상제재, 1990년부터 최소한 4년에 한번 과학적 환경적 기술적 경제적 정보에 입각하여 규제수단을 재평가하도록 한 것이다. 우리나라는 1992년에 가입하였고 개도국 특례조항에 의거 2005년까지만 CFCs를 사용할 수 있었고, 지금은 완전히 사용금지 상태이다. 현재 몬트리올 의정서에서 규제되고 있는 ODS는

CFCs(chloro fluoro carbon: 염화불화탄소), Halon (bromo chloro fluoro carbon), HCFC(hydro chloro fluoro carbon: 수소화염화불화탄소), 사염화탄소(CCl_4) 등이다. 몬트리올 의정서는 전세계 196개국이 가입하였고, 현재까지 가장 성공적인 국제 환경 조약으로 평가받고 있다.

제9장

기후변화

1 지구의 탄생과 대기의 변화

현재로 부터 46억 년 전 태양계 주위에 흩어져 있던 미립자들이 응축되어 고온의 원시지구가 태어났으며 지구를 감싸고 있는 대기층의 조성성분도 초기에는 수소와 헬륨이 주를 이루다가 화산활동 등으로 점차로 변화되어 질소와 이산화탄소가 주성분이 되었다. 약 5억 년 전부터 해양에서 광합성을 하는 식물이 번성하기 시작하면서 점차로 대기층에 산소가 풍부하게 되어서 현재의 대기는 질소 78%, 산소 21%, 그 밖의 미량기체로 이루어 졌다.

대기 중의 **이산화탄소**나 **메탄가스** 등의 농도도 지속적으로 변화하면서 과거 빙하기와 간빙기와 같은 기후변화를 일으키는 주요인이 되었다. 이와 같이 대기층의 조성은 오랜 과거로부터 현재까지 끊임없이 변화되어 왔으며 앞으로도 지속적으로 변화될 것이다.

지구에는 지금으로부터 수천만년전에도 빙하시대가 존재하였으며 수백만 년 전부터 빙하가 확장하면서 빙하기가 되어 대체로 4만 년을 주기로 빙기와 간빙기가 번갈아 나타났다. 남극의 빙하에서 수 km 깊이에서 채취한 얼음기둥을 조사한 결과를 보면 이러한 변화에는 과거 대기 중의 이산화탄소 농도의 변화와 상관성이 뚜렷하여 이

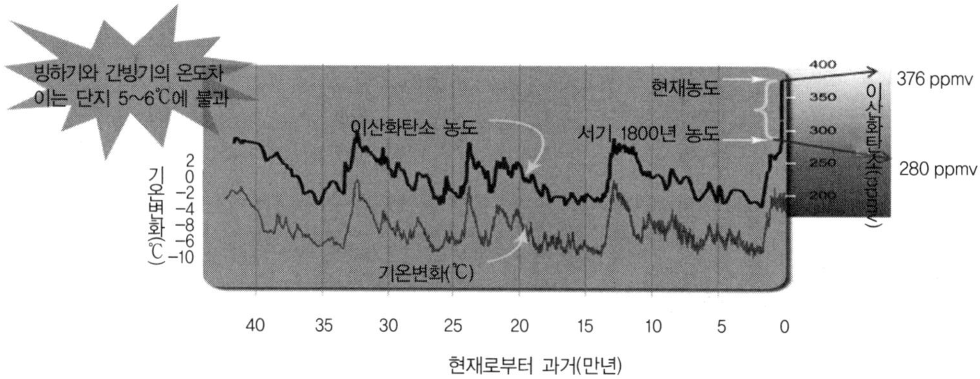

그림 9.1 남극빙하 코아 조사에 의한 지난 40만 년간의 이산화탄소와 기온의 변화.

산화탄소의 농도가 높아지는 시기에 기온도 상승하는 경향이 있다.

그림 9.1은 남극빙상의 코아 조사로부터 밝혀진 과거 40만년 동안의 이산화탄소 농도와 기온변화의 상관성을 나타낸 것이다. 이산화탄소의 농도는 대체로 200 ppm에서 300 ppm 사이에서 변화되었으며 기온은 대체로 섭씨 6~8℃ 정도의 변화 폭을 보이고 있다. 특히 최근 12만년 사이의 4번의 빙하기와 간빙기의 온도차이는 섭씨 5~6℃에 불과하였다. 이산화 탄소의 농도가 높아지는 시기에 기온도 상승하는 특징이 확연히 나타난다.

이와 같은 자연적인 변화는 매우 장기간에 걸쳐서 서서히 일어나므로 지구상의 생물들은 진화하면서 이러한 변화에 적응할 수 있었다. 그러나 산업혁명 이후 인간이 무분별하게 **화석연료**를 다량으로 사용하여 대기중의 이산화탄소 농도는 급격히 증가하게 되면서 기온이 상승하고 이 결과로 생태계가 미쳐 적응하기도 전에 영향들이 나타나게 되었다.

이러한 문제를 연구하고 대책을 수립하기 위하여 국제기구로서 1988년에 **기후변화에 관한 정부간 협의체**(International Panel on Climate Change : **IPCC**)가 구성되었다. IPCC는 전세계의 전문가 수백명이 모여서 협의를 하면서 6년 마다 기후변화 관련 연구결과를 집대성한 종합보고서를 발간하고 있다. 최근에는 2007년에 제 4차보고서를 발간하였으며 여기에서는 IPCC 제 4차보고서와 우리나라 기상청에서 연구한 각종 기후변화 관련 자료들을 참고로 하여 지구온난화의 현황과 장래의 기후변화 예측, 그에 따라 일어날 것으로 우려되는 환경문제와 경제 및 사회적인 문제, 기후변화를 이겨내기 위한 인간의 대응방안 등을 살펴보기로 한다.

2 기후변화의 실태

인간활동에 의하여 지구가 더워지고 있는가에 대한 논란은 있으나. 근래들어 지구가 더워지고 있다는 증거는 매우 많다.

과거의 기후변화를 파악하기 위하여 오랜 과거의 기후는 지질학적인 정보에 의존하며, 인류의 문명이 시작된 이후에는 역사의 기록을 분석하고, 최근에 기상관측이 시작된 이후에는 기상관측 자료로 정확한 해석이 가능하게 되었다.

최근 150여 년간의 변화를 나타낸 그림 9.2를 보면 기온의 경우 지속적인 기온 상승을 나타내며 해수면도 100여 년간에 약 200 mm 상승한 것을 알 수 있다. 한편 북

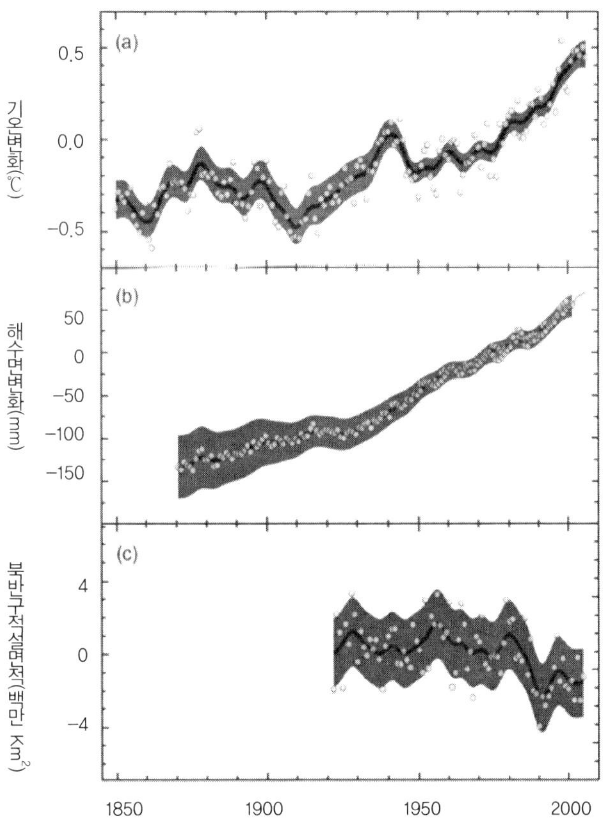

그림 9.2 최근 150여 년간 관측된 기온변화(a), 지구 평균 해수면변화. 1961~1990 평균과의 차이(b), 북반구의 적설면적의 변화(c).

반구의 적설면적은 최근 80여년간에 서서히 감소하였으며 특히 최근에 현저히 감소하였다. 이와 같은 현상은 관측자료에 근거한 사실이므로 지구의 온난화는 현실적으로 명확한 현상이며 온난화가 해수면 상승과 적설면적 감소를 초래하였다.

2.1 빙산과 빙하의 소멸

빙산과 빙하는 물이 얼어서 생긴 고체이지만 압력에 의하여 낮은 곳으로 흘러내리고, 이 과정에서 토사의 운반, 지반 침식등이 일어난다. 미국의 오대호(Great lakes), 북유럽의 많은 호수들은 이 빙산, 빙하의 흐름으로 생겨난 호수이다. 근래 들어 이 빙산, 빙하가 소멸된다는 소식이 많다. 남극 대륙의 빙산과 빙하, 북극의 빙하가 녹으면서 얼음 면적이 줄어 들고 있다.

경제적으로는 북극의 빙하가 녹음으로서 우리나라와 유럽, 미국, 캐나다를 잇는 북극항로가 열릴 수 있어 수출품의 운송거리가 짧아지는 이점도 있다.

고산지대인 히말라야, 안데스 산맥에서는 빙하, 빙산이 녹으면서 흘러내린 눈 녹은 물이 고인 **빙호**(얼음 호수, 언색호)가 만들어진다. 이 빙호는 짧은 시간에 지형적인 이유로 만들어 지지만, 지반이 약한 상태이므로, 수압을 견디지 못하고 무너져 하류로 토사를 포함한 홍수, 토사를 유발하게 되어 하류에 사는 주민들의 삶을 위협하고 있다.

알프스 지역에서는 스키장등 리조트 인근에서 눈 사태가 예전보다 증가하고 있다. 강설량의 증가, 기온의 상승, 눈의 성질 변화등 다양한 원인과 결과에 의하여 눈이 갑자기 아래로 쓸려 내려가는 눈사태가 발생하며, 이로 인한 인명, 재산 피해가 발생하고 있다.

2.2 아열대 곤충의 침입

아열대 지역인 중국 남부, 베트남에 서식하는 검은등 말벌이 2013년 6월에는 강원도 삼척지역까지 확산되었다. 검은등 말벌은 국내에서 토종꿀벌, 양봉 꿀벌을 사냥하는 포식자로 알려져있다. 또 외래 말벌이 등장하면서 국내종인 털보 말벌과 왕바다리등 말벌의 개체수와 집단이 줄어들고 있다. 독성도 토종말벌의 20배에 달하여 이 검은등 말벌에 쏘이게 되면 사망에 이를 수 있을 정도라고 한다.

2.3 세계 각처에서 발생한 최근의 극한 기상현상의 사례

- **2002년 여름 유럽의 홍수:** 2002년 여름 유럽 중부 여러 강들에서 심각한 홍수가 일어났다. 독일 드레스덴에서 엘베강의 수위는 1275년부터 관측이 시작된 이래 가장 높았다.
- **2003년 여름 유럽의 열파:** 유럽의 대부분의 지역에서 6월과 8월의 열파는 기록적이었다. 프랑스, 독일, 스위스, 스페인, 이탈리아, 영국의 많은 지역에서 최고기온이 1940년대 이래 최고치를 기록하였다. 1780년 관측이 시작된 이후 최고기온이었으며 1961년부터 1990년까지의 30년 평균기온보다는 3.8℃ 높았다. 특히 이기간동안 강수량 감소에 의한 증발량 부족도 기온 상승의 주요 원인이 되었다.
- **2005년 북대서양 열대성폭풍:** 2005년 허리케인 시즌인 6월 1일부터 11월 30일은 전례없는 열대성폭풍으로 큰 피해를 입혔다. 7월에 발생한 허리케인 데니스는 가장강한 허리케인이었으며, 풍속이 65m/s인 카테고리 5의 폭풍이 4개나 발생하였다. 이러한 강력한 태풍이 발생한 원인은 높은 해수온도이다. 2005년 여름의 해수온도는 1901년부터 1970년까지의 평균에 비하여 섭씨 0.9℃ 높았으며 이것은 지구적인 해수온도 상승과 관련이 있다.

2.4 우리나라의 기후변화 실태

우리나라에서 기온 변화를 전 지구 평균기온과 비교해 보면 그림 9.3에 보인 바와 같이 최근 약 100년간에 전지구 평균은 0.76℃ 상승한 데 비하여 우리나라는 1.5℃ 상승하여서 상승률은 2배로 나타났다. 이와 같이 우리나라에서 온난화가 빠르게 진행되면서 벚꽃 개화시기가 빨라지고 대나무나 인삼 재배지가 북상하고 있으며 사과, 배 등 과수 재배적지도 서서히 북상하고 있다. 또한 해수온도가 높아지면서 아열대성 해파리가 번성하고 멸치와 오징어 등 난류성 어종의 어획량이 늘어나는 반면 한류성 어종인 **명태**는 감소하고 있다.

우리나라에서 과수재배 면적의 40%는 사과이다. 사과는 1년 평균 8~11℃의 서늘한 기후에서 잘 자라므로 경사지에 사과나무가 재배 가능하였다.

근래들어 연평균기온이 상승함으로서 사과재배지가 점점 북쪽, 산간지대를 옮겨 가

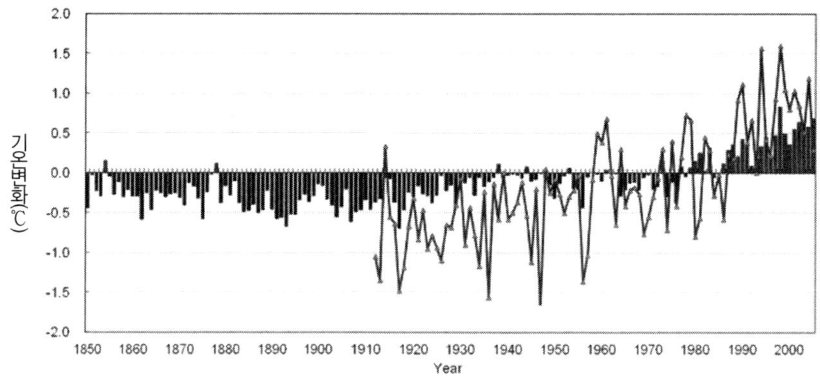

그림 9.3 전지구 및 한반도 연평균기온 변화 추세. (막대)는 지구 평균기온 이며 실선은 우리나라 6개도시의 평균기온을 나타냄. 전지구 평균기온은 1906~2005년의 100년간 0.74℃ 상승하였으며 우리나라의 6개 도시 평균기온은 1912~2005년의 94년 1.5℃ 상승하였다. 우리나라의 기온상승에는 도시발전에 의한 도시열섬 효과가 20~30% 정도 포함되어 있다.

고 있다. 대표적인 지역이 춘천, 화천지역에서 사과가 재배 되고 있다는 것이다. 기온이 2℃ 상승할 경우 우리나라에서는 산간 지역을 제외하고 사과재배가 불가능할 수도 있다. 반면에 제주도에서만 재배가 되던 감귤, 파인애플 등 열대, 아열대 작물들은 남해안에서 재배가 가능하게 되었다.

강원도 고성군은 해마다 가을에 '명태축제'를 열고 있다. 북어, 동태 등 다양한 이름으로 불리는 이 바다 생선은 전형적인 한류어종이다. 명태의 최적 서식온도는 3~4℃이며, 북태평양, 오호츠크해가 주서식지이며 우리나라 강원도 인근해역은 남방 한계선이다. 명태는 서식환경에 따라 이동하는 회유성 어류이며, 우리나라에서는 주요한 상업어종이었다. 1980년에는 명태 어획량이 10만톤이었으나, 2010년에서는 1톤도 안되는 어획량을 보였다. 생물학의 발달로 명태도 인공양식이 될 수 있는 길이 열렸으나, 살아있는 명태를 구하기 어려워 '살아 있는 명태를 구한다'는 포스터까지 등장하였다(제 4장 생물 다양성 감소 – 멸종 참조).

반면에 온대성 어류인 멸치와 오징어의 어획량은 크게 늘었다. 이러한 변화의 원인은 우리나라 근해의 바다 수온이 40년간(1968~2008) 1.3℃ 상승하였기 때문이다. 그 결과 한류성 종은 어획량이 감소하고 난류성 어종의 어획량은 증가하고 있다.

3 기후변화의 원인

(1) 지구기후를 변화시키는 외부 인자

기후는 기상의 장기간에 걸친 평균상태로 정의하는데 일반적으로 30년간의 평균을 나타낸다. 기후계는 그림 9.4에 보인바와 같이 대기, 육지, 눈, 얼음, 바다, 생물체가 복잡하게 서로 상호작용을 하는 시스템이다. 특히 외부에서 영향을 미치는 인자들에는 화산분출이나 태양활동과 같은 자연현상 이외에도 대기오염에 의한 대기조성 변화와 같은 인위적인 인자도 포함된다.

기후계에는 기후강제력 변화의 효과를 강화(양의 피드백) 시키거나 감쇠(음의 피드백) 시킬 수 있는 피드백 메커니즘이 있다. 예를 들어서 **온실가스**의 농도가 증가하면 지구기후가 온난화 되고 눈과 얼음이 녹기 시작한다. 이렇게 융해가 일어나면 눈과 얼음에 덮여있던 육지와 수면이 들어나게 되고 태양열의 흡수가 증가하여 더 많은 온난화가 일어나게 된다. 이러한 온난화는 더 많은 융해를 야기하여 온난화는 더욱 가속된다.

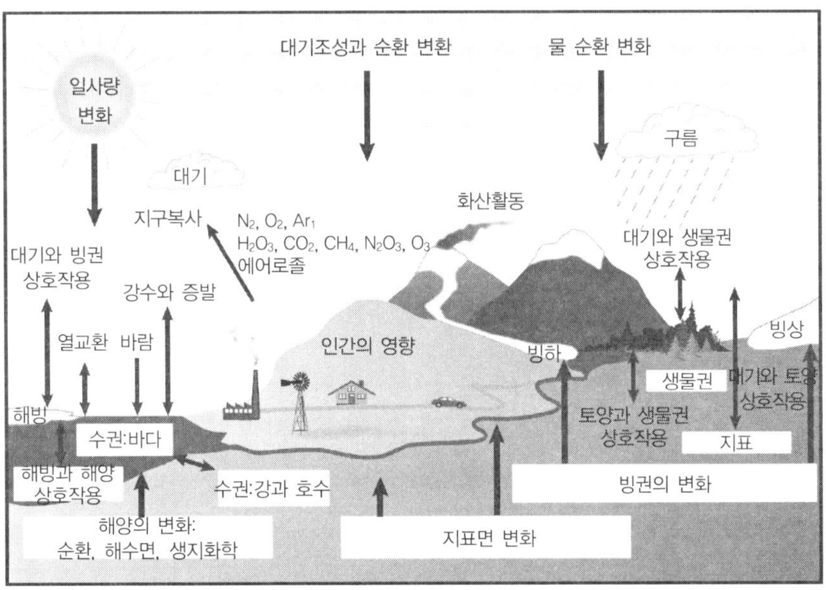

그림 9.4 기후계의 구성요소와 상호작용

(2) 온실효과와 온실가스

지구를 둘러싸고 있는 대기층은 태양복사에너지를 대부분 통과시키지만 지표면에 흡수된 태양에너지에 의하여 가열된 지표면이 방출하는 적외선복사의 일부는 대기 중의 특정 기체들에 의하여 흡수된다. 이와 같이 태양복사에너지는 잘 통과시키지만 지구대기층을 통과하여 외계로 방출되는 적외선복사 에너지는 흡수하는 기체를 온실가스라고 하며 이러한 현상을 온실효과라고 한다. 온실효과는 지구에서 외계로 빠져나가는 열에너지를 흡수하여 보온작용을 함으로서 대기층의 온도를 상승시키는 역할을 한다.

인위적인 대기오염원으로부터 멀리 떨어진 청정지역에서 측정된 이산화탄소의 농도 변화를 나타낸 그림 9.5를 보면 매년 뚜렷하게 증가하고 있으며 그 증가율은 점차 커지고 있음을 알 수 있다. 특히 우리나라 안면도에서 농도가 가장 높게 나타나고 있다. 이러한 이산화탄소의 증가는 그림 9.6에서 보인바와 같이 산업혁명이후의 연료사용에 의한 이산화탄소 배출량 증가에 의한 것이다. 이와 같은 사실은 최근 100여 년간의 지구온난화는 인간의 화석연료 사용에 따른 대기 중 이산화탄소의 증가가 직접적인 원인임을 나타내는 것이다.

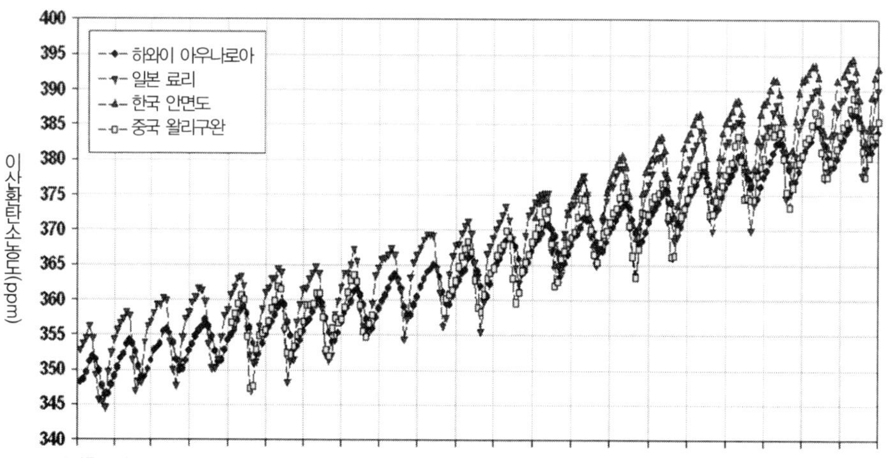

그림 9.5 하와이 마우나로아, 일본 료리, 한국 안면도, 중국 왈리구완에서 관측된 이산화 탄소 농도의 증가 추세.

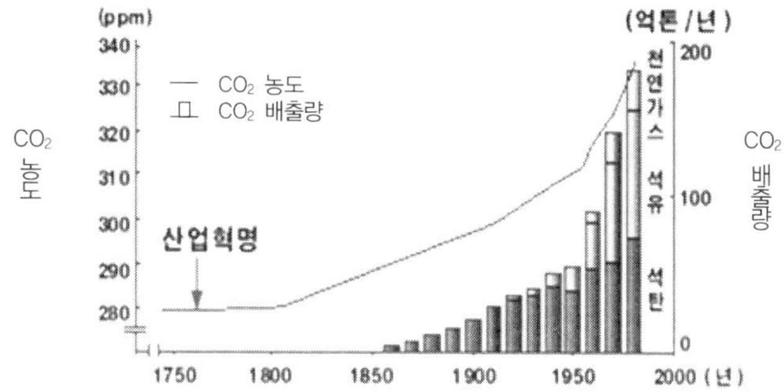

그림 9.6 대기중의 이산화탄소 농도 증가추세와 화석연료 사용에 의한 이산화탄소 배출량 증가추세.

코토의정서에서 규정한 온실기체는 이산화탄소 이외에도 메탄가스, 아산화 질소, F-gases(HFCs, PFCs, SF6), 오존 등이 있으며 그 농도와 **온난화 기여율**을 고려하여 CO_2에 의한 효과로 환산시킨 CO_2 상당배출량은 그림 9.7에 보인 바와 같다. 즉, 화석연료 사용에 의한 CO_2 배출이 56.6%를 차지하고 산림 파괴와 생물 연료에 의한 CO_2 배출량이 17.3%인데 비하여 메탄가스는 14.3%, 아산화 질소는 7.9%에 불과하다. 그러므로 지구온난화를 억제 하려면 최우선적으로 화석연료의 사용을 줄여야 한다.

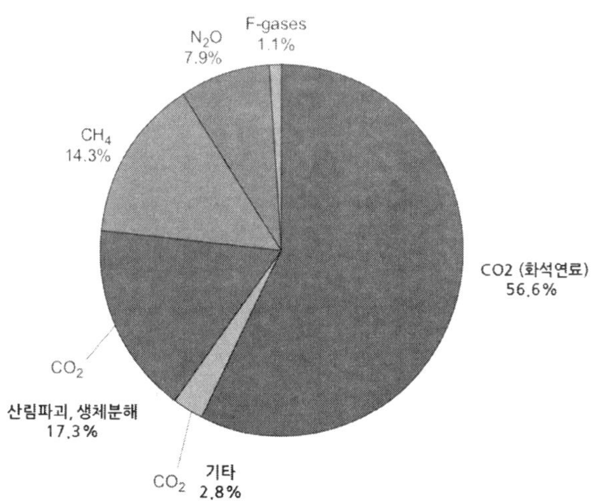

그림 9.7 온실가스의 상대적인 배출량 비교(2004년 배출량).

온실효과란 무었인가

대표적 대기오염물질 중의 하나인 오존은 질소산화물과 탄화수소에 의해 2차적으 태양광선에서 에너지가 많은 파장은 0.5 um 내외의 단파장이며 지구에 도달한 에너지의 1/3은 대기층에서 반사되어 우주로 돌아가며 나머지는 대부분 지표에 흡수된다. 지구는 태양보다 온도가 훨씬 낮으므로 방출되는 **복사에너지**의 파장도 10 um 내외의 장파장이다. 대기 중에 포함된 수증기, 이산화탄소, **메탄가스** 등과 같은 온실가스는 그림 1에 보인바와 같이 태양에서 오는 단파복사는 대부분 통과 시키지만 지구에서 우주로 방출되는 장파복사는 흡수하므로 지표면과 대기층의 보온작용을 한다. 이러한 보온작용은 유리벽으로 이루어진 온실에서의 보온작용과는 원리가 다르지만 결과적으로는 보온작용을 하므로 **온실효과**(green house effect) 라고 한다. 온실효과는 대기층이 존재하면서 과거로부터 있었지만 최근 특히 문제가 되는 이유는 온실효과의 기여도가 큰 이산화탄소의 농도가 최근 인간의 화석연료사용으로 급격히 증가하면서 지구온난화를 초래하였기 때문이다. 인간이 석탄, 석유, 천연가스 등의 화석연료를 많이 쓰기 시작한 산업혁명 이래로 지구대기 중의 이산화탄소의 평균농도는 290 ppm에서 390 ppm으로 증가되었다. 온실효과를 일으키는 가스를 **온실가스**라고 하며 이산화탄소와 메탄가스이외에도 N_2O, CFC, 오존 등도 **온실가스**이다.

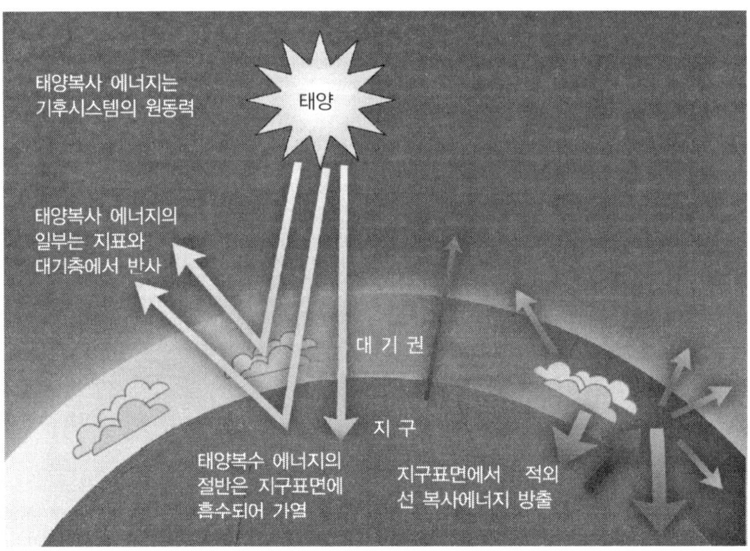

그림 1 온실효과의 원리

(3) 인간활동과 자연적인 변화에 의한 지구온난화의 기여도

인간이 화석연료를 연소함으로서 온실가스와 에어로졸(미세한 먼지 입자)을 방출하여 기후변화를 야기하는데 온난화의 기여도가 가장 높은 가스는 CO_2 이다. 한편 에어로졸은 태양에너지를 차폐함으로서 오히려 지구기온을 냉각시키는 효과가 있다. 지구시스템에서 태양복사와 지구복사에 영향을 미침으로서 기온변화를 초래하는 것을 복사강제력이라고 하며 IPCC 제4차보고서에 의하면 그림 9.8과 같이 인위적인 대기오염에 의한 온난화 효과와 냉각효과를 모두 고려한 복사강제력은 1.6 W/m^2 으로 추정된다. 대기오염 이외에도 농업, 산림훼손 등을 통하여 육지의 피복도를 변화시켰으

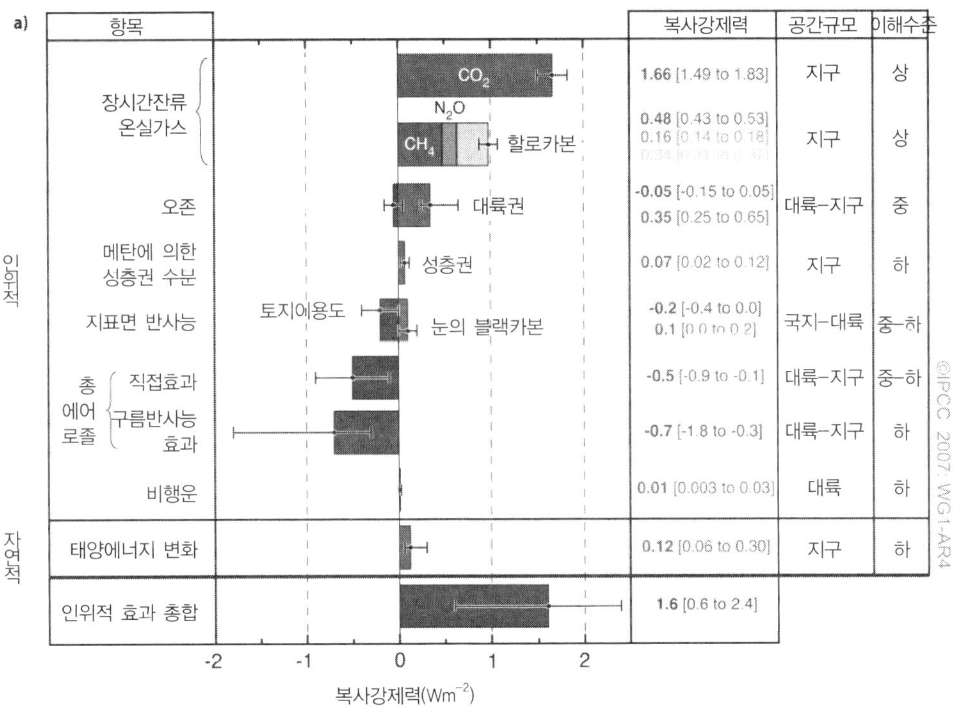

그림 9.8 다양한 강제력 요소 및 메커니즘의 2005년 지구평균 복사강제력(RF)과 90% 신뢰구간. 우측의 RF값 칼럼은 최적추정치와 신뢰구간, 공간규모 칼럼은 강제력의 대표적인 지리적 범위, 과학적 이해수준 (LOSU) 칼럼은 과학적 신뢰수준을 나타냄. 메탄, 아산화질소, 할로카본(할로겐화탄소)에 대한 오차는 통합시켰음. 순 인위적 복사강제력과 그 범위도 표시하였음.

일부 요소는 불확실성 범위가 비대칭적이어서 그것들을 추가하면 최적추정치와 불확실성 범위를 구할 수 없음. 위 그림에 표시된 값들은 몬테카를로 기법을 사용해서 구하였음. 여기 포함되지 않은 강제력 요소는 과학적 이해수준이 매우 낮은 것으로 간주되는 것들임. 화산 에어러솔도 추가로 자연 강제력을 제공하긴 하지만 일시적으로 발생하므로 자연강제력에 포함되지는 않음.

며 이 결과는 약간의 음의 복사강제력 즉, 냉각효과로 작용한 것으로 조사되었다.

자연적인 **복사강제력**은 화산분화와 태양활동의 변화에 의한다. 태양방출에너지는 산업혁명이후 점차로 증가하여 소량의 양의 복사강제력으로 작용하였다. 폭발적인 화산분출은 에어로졸의 일시적인 증가를 유발하여 2년 내지 3년 정도의 단기간 음의 복사강제력을 일으킨다. 산업혁명기부터 현재까지의 태양활동의 변화나 화산활동에 의한 자연적인 복사강제력의 차이는 인간활동에 의한 복사강제력에 비하면 매우 작다. 그러므로 현재와 장래의 기후변화의 원인으로서는 인위적인 활동이 자연적인 변동보다 훨씬 중요하다고 할 수 있다.

4 기후변화에 관한 정부간 협의체(IPCC)

기후변화에 관한 정부간 협의체는 1988년 설립되었으며 온실가스에 의한 기후변화를 조사하여 사회-경제에 미치는 영향 조사와 기후변화 대응 전략을 세우고 있다. IPCC에는 세 개의 실무그룹(Working Groups)이 있으며, 제 1그룹(WG I)은 기후변화에 관한 과학적 정보 평가, 제 2그룹(WG II)은 환경 및 사회-경제적 영향 평가, 제 3그룹(WG III)은 온난화 완화 전략을 담당하고 있다. IPCC는 1990년에 1차보고서, 1995년에 2차보고서, 2001년에 3차보고서, 2007년에 4차 보고서, 2014년에 5차 보고서를 발표하였다.

이 단체는 최근의 기후변화가 인간활동에 기인한 것이라는 사실을 명확히 밝히고 대응방안을 모색한 공로를 인정받아서 2007년도 노벨평화상을 수상하였다.

기후변화에 관한 정부간 협의체(Intergovernmental Panel on Climate Change)는 1988년에 세계기상기구(WMO)와 유엔환경계획(UNEP) 가 함께 설립한 국제기구이다. 주요 업무는 기후 변화의 현상을 파악하고 그 원인을 제시하고, 사회 경제적 영향을 분석하고 대응 전략을 수립하는 것이다. 이 단체는 1990년 1차 보고서를 제출하고 2014년에 5차 보고서를 작성하였다.

IPCC가 발간한 5차보고서의 주요내용은 다음과 같다.

1. 인간은 기후 시스템에 명백한 영향을 미치고 있다. 최근 배출된 인위적 온실가

스의 양은 관측 이래 최고 수준이며, 기후변화는 최근 인간계와 자연계에 광범위한 영향을 주고 있다.

2. 온실가스 배출이 계속됨에 따라 온난화 현상이 더욱 심화되고 기후 시스템을 이루는 모든 구성요소들은 장기적으로 변화하여, 결과적으로 인간계 및 생태계에 심각하고 광범위하며 돌이킬 수 없는 영향을 미칠 것이다. 기후변화를 제한하기 위해서는 온실가스 배출량을 큰 폭으로 줄이려는 지속적인 노력이 필요하며, 감축과 적응을 통해 기후변화 위험을 예방할 수 있을 것이다.
3. 향후 수십 년 내 배출량을 현저히 줄인다면, 21 세기부터 나타나고 있는 기후 위험을 저감시키고, 효과적인 적응에 대한 기대를 높일 수 있으며, 장기적으로는 완화에 따르는 비용과 관련 문제를 줄여 지속 가능한 발전을 향한 기후-복원경로에 기여할 수 있다.
4. 기후변화에 대처하는 하나의 방안만을 사용할 경우 그 효과가 충분히 나타날 수 없다. 이들 방안을 효율적으로 이행하기 위해서는 규모를 막론하고 모든 유형의 관련 정책과 협력을 유도하는 것이 중요하며, 적응 및 완화를 다른 사회적 목표와 연계하는 통합적 대응을 통해 그 효과성을 향상시킬 수 있다.

즉 기후변화는 온실기체에 의하여 진행되는 엄연한 현실이고 국제간 협력을 통하여 온실가스 배출량을 대폭적으로 줄여한다는 제안이다.

5 장래의 기후 예측

(1) 전세계의 기후변화 전망

장래의 기후변화는 앞으로 어떤 에너지 정책을 취하느냐에 따라서 달라지는 온실가스의 배출량에 크게 좌우 된다. IPCC 4차보고서에서는 여러 가지 온실가스 배출 시나리오에 대하여 AOGCM 모델을 실행시킨 결과 대륙에 따라서 지역에 따라서 기후변화의 양상은 다르게 나타나며 열대지방에서 기온상승이 작고 고위도 지방에서 기온상승이 크게 나타난다. 금세기 말에 지구 평균기온은 1.1~6.4℃ 상승하고 이에 따라서 해수면은 19~58 cm 상승한다는 결과를 얻었다. 또한 강수량은 전지구 평균적으로는 증가하지만 대부분의 아열대 육지에서는 강수량이 감소하고 고위도지방에서는 강수량이 증가할 것으로 예측되었다.

(2) 우리나라의 기후변화 실태와 전망

기상청의 연구 결과에 의하면 우리나라 6대 도시는 1912~2008년의 100년동안에 평균기온이 1.7℃ 상승하여서 세계 평균 상승 0.74℃의 2배 이상이었다.

2100년에는 현재에 비하여 평균기온이 4℃ 상승할 것으로 예측하였다. 지난 100년간 6대 도시의 강수량은 19% 증가하였으며 2100년에는 현재에 비하여 강수량이 17% 증가할 것으로 예상되었다.

이에 따라서 그림 9.9에 나타낸 바와 같이 현재 남해안가에만 국지적으로 나타나는 아열대 기후가 금세기 말에는 대부분의 남부와 서부지방에서 나타날 것으로 예상된다.

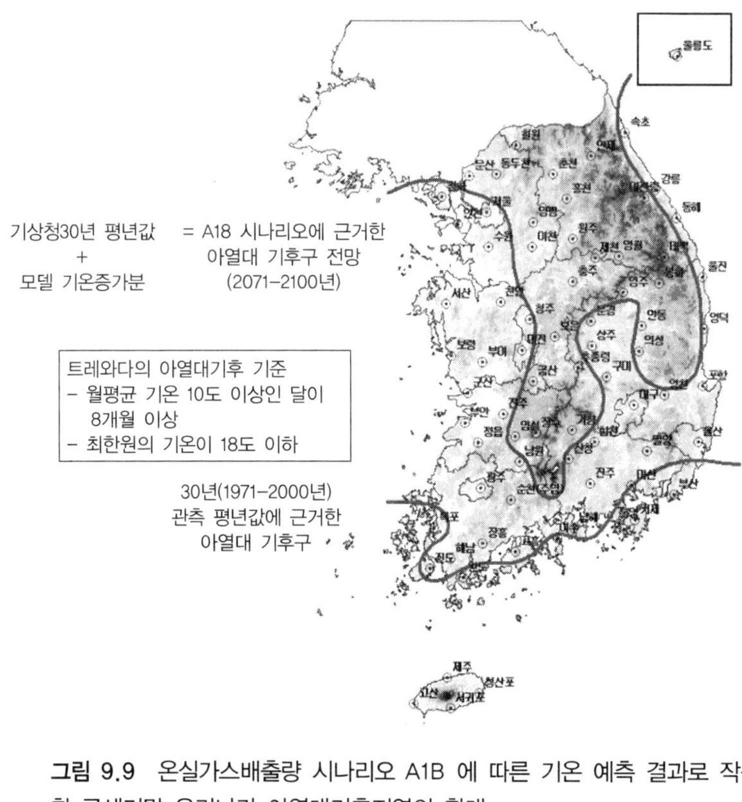

그림 9.9 온실가스배출량 시나리오 A1B 에 따른 기온 예측 결과로 작성한 금세기말 우리나라 아열대기후지역의 확대.

해수면은 상승하고 있는가?

전 지구의 해수면은 마지막 빙하기가 끝난후인 21000년전에 수백년 동안에 약 120 m 상승하였으며 2000년전에 안정화 되었다. 그러나 20세기 들면서 해수면은 점차로 상승하였으며 20세기 동안 평균 1.7 mm/년으로 상승하였다. 1993년 이후에는 상승속도가 커서 3 mm/년이 되었다. 지구적 해수면 상승의 원인은 해양의 열팽창과 육지얼음의 융해이다. 1993~2003년의 자료를 분석한 결과 해양의 열팽창과 육지얼음의 융해가 절반씩 기여한 것으로 파악되었다.

해수면은 21세기 중에 더욱 빠르게 상승할 것으로 전망된다. 그림 2에 보인바와 같이 2100년에는 현재보다 0.22~0.44 m 상승할 것으로 예측되었다.

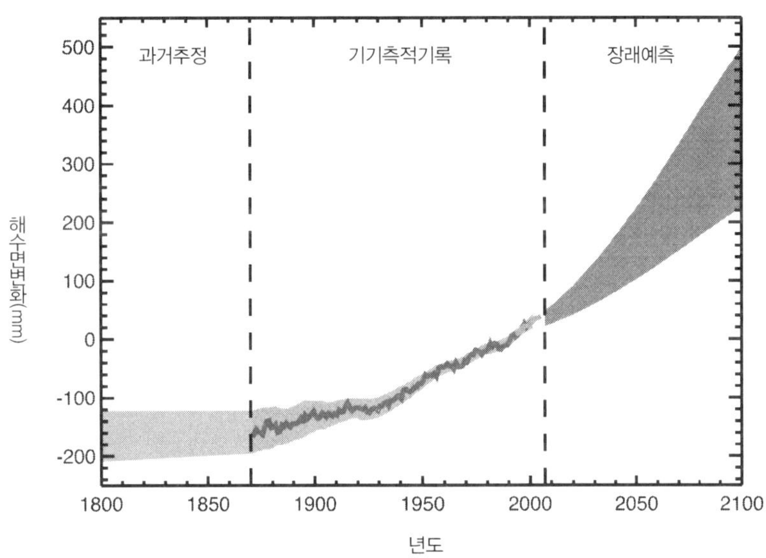

그림 2 과거로부터 장래까지의 지구평균 해수면 변화. 과거의 전지구평균해수면의 시계열(1980~1999년 평균으로부터의 편차)과 미래에 대한 전망. 1870년 이전 기간에 대해서는 전지구해수면 측정자료가 가용하지 않다. 회색 음영부는 추정된 장기 해수면 변화율의 불확실성을 나타낸다. 빨간색 선은 검조 자료로부터 전지구평균해수면을 재구성한 것이며 빨간색음영부는 곡선으로부터의 변동 범위를 표시한다. 녹색 선은 위성 고도계로 관측한 전지구평균해수면을 보여준다. 파란색 음영부는 1980~1999년의 평균을 기준으로 하여 21세기에 대한 SRES A1B 시나리오 하에서의 모델 전망치 범위를 대표적으로 나타내며 관측과는 별도로 계산되어졌다.

우리나라 근해의 해수온도는 1968~2008년의 41년간 평균 1.31℃ 상승하였으며 세계평균상승 0.5℃의 2배 이상이다. 2100년에는 현재에 비하여 해수온도는 2.9℃ 상승할 것으로 예측하였다. 우리나라 연안의 해수면은 1964~2006년의 43년간 8 cm 상승하였으며 2100년에는 현재보다 20.9 cm 상승할 것으로 예상하였다.

(3) 장래 기후변화에 따른 영향 예측

IPCC 4차보고서에 의하면 2050년대에는 기온이 2~3℃ 상승하며 10억~20억 명이 물부족으로 고통 받고, 홍수의 영향도 증가하며 지구상의 약 20~30%의 생물종이 멸종위기에 봉착할 가능성이 높다. 2080년대에는 기온은 3℃ 이상 상승 하며 11억~32억 명이 물 부족으로 고통받으며 전 인구의 1/5 이상이 홍수의 영향을 받고 전 지구 생물의 대부분이 **멸종**한다. 한편 온난화에 따라서 인간의 건강도 피해를 받으며 전염병 확산, 심장병 증가, 열파와 홍수 가뭄으로 사망자 증가 등이 예상된다.

우리나라의 기후변화는 지구 평균에 비하여 더욱 크게 나타날 것으로 예상되며 평균적인 변화뿐 아니라 가뭄과 홍수, 열파와 한파가 번갈아 나타나는 **극한 기후**로 인한 **기상재해**가 우려되며, 해수온도의 상승으로 태풍의 발달도 빈번해지며, 농업과 산림 및 해양생태계의 혼란에 따른 식량자원 수급의 불안정, 모기의 증식으로 말라리아 확산, 열대야 등 열파로 인한 심장병환자와 노약자의 건강 피해가 우려된다.

6 기후변화 대응 정책

(1) 기후변화 적응

지구온난화는 피할수 없을 뿐 아니라 점차로 가속되고 있으므로 시급히 대응방안을 수립하여야 한다. 이러한 필요성에 따라 국제사회도 2012년에 만료된 교토의정서의 뒤를 이을 새로운 국제 협약을 추진하고 있다.

최근의 온난화는 인간의 온실가스 방출에 의한 인위적인 현상임이 명확하며 온난화를 시급히 감소시키기 위하여서는 모든 국가가 합심하여 온실가스의 배출량을 획기적으로 줄여야 하지만 지금 당장 지구상의 모든 온실가스 배출을 중지한다고 하여도 지구 대기는 관성이 있어서 향후 수십년간은 온난화가 지속될 것으로 예상된다. 그러므로 온실기체를 저감하는 노력과 병행하여 부득히 나타나는 기후변화에 대비하여 영향을 예측하여 평가하고 취약성을 파악해야 한다.

온난화가 일어나도 지역과 기간에 따라서 그 강도는 크게 달라지므로 특히 자연재해에 취약한 지역에는 재해에 대비한 체제구축이 필요하다. 또한 지속적인 모니터링에 의하여 적응대책을 수정 보완 할 필요가 있다.

(2) 기후변화 완화

장래에 일어날 기후변화를 완화하기 위해서는 그 원인이 되는 온실가스의 배출량을 저감해야 하며 우선 온실가스의 배출량을 정확히 파악하고 저감에 따른 경제성 분석을 실시하여 어떤 분야의 배출원을 저감할 것인지를 결정하여야 한다. 온실가스의 배출량을 저감하기 위해서는 에너지 사용량을 줄여서 **화석연료**의 사용량을 저감하거나, 배출되는 온실가스를 회수하여 고정하거나, 온실가스를 발생하지 않는 에너지원을 개발하는 방안이 있다. 그러므로 완화정책에는 에너지의 효율적 관리 정책, 온실가스 회수 및 저장 기술 개발, 신재생에너지 개발 및 보급 등이 있다.

신재생에너지로서는 태양광발전, 풍력발전, 수력발전, 조력발전, 지열 이용 등이 있으며 원자력발전은 방사성 폐기물처리에 어려움이 있으나 온실가스를 발생하지 않으므로 완화의 수단이 될 수 있다. 그밖에도 바이오디젤과 같은 식물성 연료도 해당된다.

(3) 기후변화 시대의 친환경적 대응

생태계의 특징을 결정짓는 외부요인이 기후와 토양이라고 할 때 기후가 변화하지 않는다고 간주하는 과거의 개념 하에서는 인위적인 간섭에 의한 자연생태계의 변화를 억제하는 것이 환경 친화적인 개발의 가장 기본적인 목표였다. 그러나 기후가 점진적으로 변화하는 여건하에서는 안정된 생태계는 존속되기 어려우며 생태계도 변화하는 기후에 적응하기 위하여 지속적으로 변화될 수 밖에 없다.

기후변화에 따른 우리나라의 **산림변화**를 연구한 결과는 금세기 말에 우리나라의 소나무는 백두대간의 고산지대에 일부만 남아 있을 뿐 대부분의 지역에서는 아열대 수종인 활엽수림으로 바뀔 것으로 예측하였다. 그러므로 기후변화 시대의 환경보전의 패러다임이 바뀌어야 할 것이다. 즉, 변화하는 기후에 따라 생태계의 균형이 파괴되고 많은 종들이 멸종할 것으로 예측되므로 기후변화와 이상기후에 특히 취약한 특정 생물종이 보호될 수 있도록 사전에 조사와 대책을 강구하여야 하는 것도 현대를 사는 우리들의 사명이 될 것이다. 이를 위하여 장래 기후변화와 이상기후가 나타나는 지역을 예측하고 지역별로 생태계 모니터링, 취약 생물종 조사와 자연보호 대책을 수립하고 실행하여야 한다.

과거 수백만년전에 유인원에서 진화하여 탄생한 인류는 거대한 자연에 순응하면서 생존을 유지하여 왔으며 문명의 발달의 덕분으로 자연을 극복하면서 번성해 왔으나 최근 과도한 개발과 막대한 에너지 사용으로 자연을 파괴하고 기후에 영향을 미치기 시작하였다. 이제 우리는 1972년 6월에 스톡홀름에서 개최된 **UN인간환경회의**에서 채택한 하나뿐인 지구(only one earth)를 되새기면서 기후변화에 슬기롭게 대응하여 건강한 자연을 보호하여야 할 것이다.

기후변화에 대처하기 위한 국제적인 노력은 1988년 세계기상기구(WMO)와 유엔환경계획(UNEP)이 기후변화에 관한 정부간 협의체(Intergovernmental Panel on Climate Change: IPCC)를 설치함으로써 시작되었다. 1990년 UN 총회는 지구온난화 위협에 대비한 협약을 위한 정부간 협상위원회(INC)를 설치하였고 논의를 거쳐 1992년 5월 기후변화에 관한 UN 기후변화협약안을 작성하였다. 이후 1995년부터 당사국 총회를 매년 개최하면서, 제 3차 당사국총회에서 교토의정서(Kyoto protocol)가 채택되었고 2005년 2월 16일 공식 발효되었다. 교토의정서는 지구온난화 규제 및 방지의 국제협약인 기후변화협약의 구체적 이행 방안으로, 선진국의 온실가스 감축 목표치를 규정하였다. 의무이행 대상국은 오스트레일리아, 캐나다, 미국, 일본, 유럽연합(EU) 회원국 등 총 38개국이며 각국은 2008~2012년 사이에 온실가스 총배출량을 1990년 배출 수준보다 평균 5.2% 감축하여야 하고, 각국의 감축 목표는 -8~+10%로 차별화하였다. 예를 들어, 1990년 온실가스 배출량과 비교해서 유럽연합은 -5%, 일본은 -6%의 온실가스를 2012년까지 감축하여야 한다. 미국은 전세계 이산화탄소 배출량의 28%를 차지하고 있지만, 자국의 산업보호를 위해 2001년 3월 탈퇴하였다. 감축 대상 가스는 **이산화탄소**(CO_2), **메탄**(CH_4), **아산화질소**(N_2O), **과불화탄소**(PFC: perfluorocarbon), **수소화불화탄소**(HFC: hydrofluorocarbon), 육불화항(SF_6) 등이다.

교토의정서는 온실가스를 효과적으로 감축하기 위해서 세 가지의 시장 원리에 기초

한 메커니즘을 도입하였는데, 이를 통해 소위 '탄소 시장'을 탄생시켰다. 교토 메커니즘의 세 가지는

- **공동이행제도**(Joint Implementation, JI) – 선진국 A가 다른 선진국 B에 투자하여 얻게 되는 온실가스 감축분의 일부분을 A국의 감축 실적으로 인정하는 제도. 이 제도는 주로 미국, 일본 등 OECD 선진국(A)이 현재 시장 경제 체제로의 전환 과정에서 어려움을 겪고 있는 동구권 국가(B)에 투자하여 노후 설비의 개보수 등을 통해 온실가스를 줄이는 사업 형태로 추진되고 있다. 공동이행제도를 통해 저감한 온실가스 배출권의 거래 단위를 가리켜 ERU(Emission Reduction Unit)라고 한다. 즉, ERU는 공동이행사업을 통해 발생되는 온실가스 저감분의 단위이며, 톤-CO_2로 표시한다.

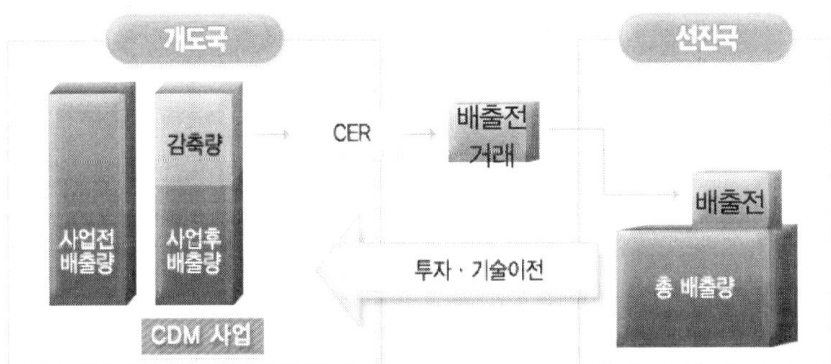

그림 9.10 CDM 사업의 개요

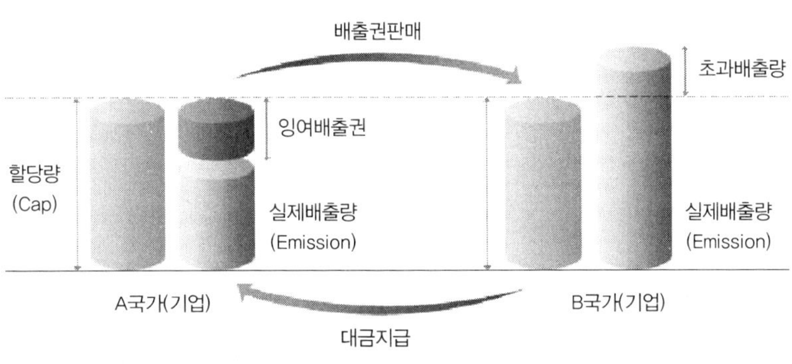

그림 9.11 배출권 거래제의 개요.

- **청정개발체제**(Clean Development Mechanism, CDM) – 선진국이 개발도상국에 투자하여 얻게되는 온실가스 감축분을 선진국의 감축 실적으로 인정받는 제도. 선진국은 비용 효율적으로 온실가스를 저감할 수 있는 반면에, 개발도상국은 친환경 기술에 대한 해외 투자를 받음으로써 자국의 개발을 지속가능하게 유도할 수 있는 일거양득의 효과를 거둘 수 있다. CDM 프로젝트를 통해 선진국의 기업들은 감축 실적 credit인 CER(Certified Emission Reduction)을 획득하여 이를 감축 의무 대상국에 판매할 수 있다. CER은 CDM 사업으로부터 발생한 이산화탄소 저감분의 단위이며, 톤-CO_2로 나타낸다. 우리나라에서 수행중인 CDM 사업을 예로 들면, 울산화학 HFC 열분해 사업이 연간 1400 kt-CO_2을 감축하고 있으며, 온산 로디아 N_2O 저감 사업이 연간 9151 kt-CO_2를 감축하고 있다.
- **배출권거래제**(Emissions Trading, ET) – 선진국들이 온실가스 감축 의무에 따른 배출 쿼터를 국제시장에서 거래하거나 자국 내에서 기업과 기업이 거래할 수 있게 하는 제도. 3개의 교토메커니즘 중 가장 주된 수단으로, 국가는 할당된 감축량의 의무 달성을 위해 기업별, 부문별로 배출량을 할당하고, 기업들은 할당된 온실가스 감축 의무를 이행하지 못할 경우 다른 나라 기업으로부터 할당량을 매입할 수 있도록 한다. 대상이 되는 배출권은 ERU, CER, AAU(Assigned Unit, 교토의정서에 규정된 할당량)뿐만 아니라, 토지 이용, 토지 이용 변화 및 산림 부문에서 흡수원에 의한 감축량에 대해 발행된 배출권인 RMU(Removal Unit), 신규조림 및 재조림에 의한 tCER(temporary CER) 및 ICER(long-term CER)도 포함된다.

사실상 선진국들이 온실가스 감축 의무를 자국 내에서만 모두 이행하기에는 물리적 경제적으로 한계가 있다. 따라서 이러한 점을 인정하여 세 가지 교토 메커니즘을 바탕으로 감축분의 이전 등을 통해 감축 의무 이행에 신축성을 부여하는 것이다.

우리나라는 제 3차 당사국 총회에서 개발도상국으로 분류되어 의무대상국에서 제외되었으나, 몇몇 선진국들은 감축목표 합의를 명분으로 한국, 멕시코 등이 선진국과 같이 2008년부터 자발적인 의무부담을 할 것을 요구하였다. 또한 교토의정서 의무기간이 끝나는 2013년부터는 의무 대상국이 개발도상국에 집중되기 때문에 우리나라가 받는 압력은 매우 크다. 또한 우리나라는 2012년 IEA 국제 에너지 기구의 보고서에

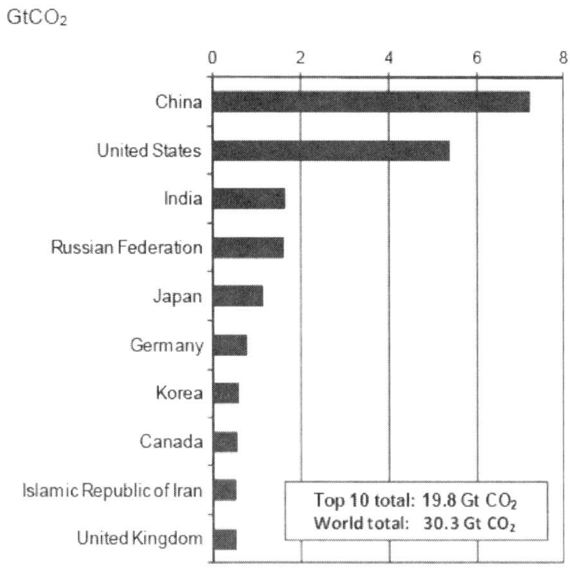

그림 9.12 온실가스 배출량 상위 10개 국가. 전체 이산화탄소 배출량의 약 2/3에 달한다(2012 IEA 보고서).

따르면 국가별 온실가스 배출량 순위에서 136개국 중 세계 7위이고, 이는 2008년 10위, 2009년 9위보다 상승한 순위이며 1990년 이후 배출량 증가율이 세계 최고이다. 1차 의무기간이 끝난 후 2차 의무기간인 2013~2017년을 포스트 교토(post Kyoto)라고 하는데, 이를 위해 협상이 진행되고 있다. 포스트 교토체제 협상은 순탄치 않다. 선진국은 배출량이 급증하고 있는 중국과 인도의 온실가스 감축 참여를 줄기차게 요구하고 있지만, 중국와 인도가 중심이 된 개발도상국들은 선진국의 역사적 책임을 들어 선진국이 온실가스 감축 목표치를 더 높여야 한다고 주장하고 있다. 2007년 13차 당사국 총회에서 '**발리 로드맵**'이 채택되었는데, 이는 2009년 15차 기후변화 협약 당사국 총회에서 열리는 덴마크 코펜하겐에서 포스트 교토체제에 대한 논의를 완료하기로 한 것이다. 그러나 코펜하겐 회의는 실효성 없는 '**코펜하겐 협정**(Copenhagen Accord)'으로 막을 내렸다. 이 회의에서는 구속력 있는 구체적 감축 합의안이 도출되지 못하였으나, 2050년까지 산업화 이전 시기보다 2℃ 이상 기온 상승이 안되도록 합의하였다. 2011년 남아프리카 공화국 더반에서 열린 당사국 총회에서는 교토의정서 5년 연장 합의를 이뤄내 '교토의정서 2기'가 2017년까지 유효하게 되었다. 그러나 일본은 러시아, 캐나다와 함께 이번 2차 교토의정서에 불참을 선언했고, 미국은 2001년에 이미 교토의정서를 탈퇴해서 감축의무가 없고, 한국, 중국, 인도는 개도국이라서 감축의무가 없다. 즉, 2010년 온실가스 배출량 기준으로 1위 중국, 2위 미국, 3위 인도, 5위 일본, 7위 한국, 8위 캐나다까지 감축의무가 없기 때문에, 의미없는 협정일 가능성이 크다.

제10장

농업과 환경

1 농업이 환경에 미치는 영향

산업혁명 이전에는 농업이 환경에 미치는 영향이 크지 않았다. 그러나 점차 **농업**은 기계와 화학물질(농약과 비료)에 의존하게 되었다. 즉, 일일이 손으로 심던 모를 이앙기(rice planting machine)라는 기계를 사용하고, 낫을 사용하여 벼를 수확하던 것을 콤바인(combine harvester)이라는 장비를 사용하게 되었다. 또한 퇴비와 인분 등의 **천연 비료**를 사용하던 것은 **화학 비료**로 대체되고, 손으로 제거하던 잡초는 화학물질인 **제초제**라는 **농약**을 사용하여 제거 하였다. 또한 **해충**과 **미생물**은 각각 **살충제**와 **살균제**를 사

그림 10.1 현대화된 농경방식. 현대 농업은 화석연료를 소모하면서 생산성이 높아졌다. 그러나 이 과정에서 지구온난화와 같은 환경문제를 유발하였다.

용하여 제어하는 방식으로 농업은 크게 변천되어 왔다. 이로 인해 다음과 같은 다양한 환경 문제가 발생하게 되었다.

1.1 기후 변화

기후변화와 **농업활동**은 전 지구적인 규모로 일어난다는 점에서 서로 관련이 있다. 지구온난화는 기온, 강수량 및 빙하 유출(빙하가 녹아 흘러내림)과 같은 농업에 영향을 준다. 이러한 조건들은 인간 집단과 가축에 필요한 충분한 식량을 생산하는 생물권의 최대 수용력을 결정하기도 한다. **이산화탄소** 농도의 증가는 또한 작물의 수확량에 영향을 줄 수 있는데, 해로운 면뿐만 아니라 이로운 면도 있다.

동시에 농업은 기후변화에 상당한 영향을 끼친다. 농업 과정을 통해 **온실가스**인 이산화탄소, **메탄**(CH_4) 및 **아산화질소**(N_2O)가 대기 중으로 방출되기 때문이다. 또한 농업은 지구의 토지 피복을 바꾸어 놓음으로써 열과 빛을 흡수하거나 반사하는 정도를 변화시켜 복사 강제력[1)]에 영향을 준다. **복사 강제력**은 지구가 받는 복사 에너지와 공간으로 다시 복사되는 에너지와의 차이로 정의된다. 복사 강제력의 원인 요인에는 일사량 및 복사적으로 활성이 있는 기체와 **에어로졸**의 농도 변화가 있다. **삼림 벌채**(deforestation) 및 **사막화**(desertification)는 화석 연료의 사용과 더불어 주요한 이산화탄소의 인위적 생성 요인이다. **메탄**은 가축 분뇨가 산소가 부족한 상태에서 분해될 때뿐만 아니라 소의 첫 번째 위인 혹위로부터 생성되어 트림을 하는 과정에서 배출된다. 아산화질소는 주로 질소질 화학 비료의 사용으로부터 비롯되며, 유기질 비료를 사용함으로써 그 배출량을 줄일 수 있다.

인도 북부지역은 히말라야 산맥의 남사면으로 만년설이 쌓여 있는 히말라야 산맥으로부터 눈 녹은 물이 흘러 내려오는 지역이다. 눈 녹은 물은 고산지대에 사는 주민들의 주요한 식수원으로 사용되고 있다. 근래에 지구 온난화의 영향으로 만년설이 부피와 면적이 점차 줄어들고 있다.

---

1) 복사 강제력은 지구가 받는 복사 에너지와 공간으로 다시 복사되는 에너지와의 차이로 정의된다. 일반적으로 복사 강제력은 대류권 계면(tropopause)에서 정량화되며, 지구 표면의 단위 면적당 에너지인 w/m^2로 나타낸다. 복사 강제력이 양(+)의 값이면 지구는 데워지고, 음(-)의 값이면 지구는 식게 된다. 복사 강제력의 원인 요인에는 일사량 및 복사적으로 활성이 있는 기체와 에어로졸의 농도 변화가 있다.

이 피해는

- 만년설이 녹는 속도가 빨라지면서 한꺼번에 많은 눈 녹은 물이 흘러내려와 계곡 곳곳에 호수 (언색호)가 생겨났고 약한 지반이 무너지면서 산사태와 홍수가 발생하였다. 폭우가 쏟아지는 우기(몬순)때와 겹치면 대규모 홍수가 발생한다. 지난 2013년 6월 인도북부에서 발생한 홍수와 산사태로 1,000여 명 이상이 사망하였다. 특히 산사태가 발생한 3,500 m 이상의 고지대는 관광지로 개발되면서 산림벌채 등 자연환경이 파괴 된 것이 피해를 키웠다고 보고 있다.
- 만년설이 다 녹아 사라지면, 더 이상 '눈 녹은 물'이 흘러 내리지 않게 되고 이는 '식수 부족' 사태를 일으킨다. 물이 없어지면서 고산지대는 나무의 고사, 숲의 훼손, 표토층 유실의 단계를 거치면서 사막화가 진행이 되어 생산성이 없는 땅으로 변하게 된다. 지금 안데스 산맥의 원주민들이 이러한 고통을 받고 있다. 이들은 구름 속의 수증기를 응결하여 물을 얻는 다양한 방법을 사용하고 있으나, 물을 얻기에는 역부족인 상황이다.

1.2 삼림 벌채(deforestation)

삼림 벌채의 목적 중 하나는 목장을 만들거나 작물을 재배하기 위해 땅을 개간하여 농지를 확보하는 것이다. 또한 인구의 증가나 도시의 확장에 따라 주택이나 건물을 짓기 위한 공간을 확보하기 위해서도 삼림 벌채가 이루어져 왔다. 연료가 부족하던 지역에는 나무를 채취해 땔감으로 사용하고 있다.

삼림 벌채는 다음과 같은 환경 문제를 유발한다. 첫 번째로 삼림 벌채는 **지구온난화**에 기여하며, 특히 **온실가스** 효과를 상승시키는 주요 원인 중의 하나이다. 삼림이 없어짐으로 인해 대기 중의 이산화탄소는 대기 중에서 오래 머물게 되고, 그 결과 태양으로부터 오는 빛을 흡수하는 층을 형성하게 된다. 그 빛은 열로 전환되어 지구온난화에 기여하게 되는 것이다.

또한 삼림 벌채로 인해 **물의 순환**도 영향을 받는다. 나무들은 뿌리를 통해 지하수를 빨아들여 대기로 방출한다. 그 결과 대기중의 수증기 밀도는 높아지고 비가 되어 땅으로 다시 돌아온다. 숲이 파괴되면 더 이상 이러한 물을 증발하지 못하게 됨으로써 더 건조한 기후를 유발하게 된다. 삼림이 손실됨으로 인해 나무가 갖는 물의 저장 기능이 없어짐으로써 토양 중의 물과 지하수의 양도 감소하게 된다. 그 결과 토양은 응집력이 약화되어, 침식, 홍수 및 산사태에 취약하게 된다. 숲의 나무와 식물은 다음과 같은 이유로 물 순환에 상당히 영향을 끼친다.

- 토양의 표면을 덮음으로 인해 증발의 일정 부분을 차단함으로써 대기로 이동하는 물의 양이 줄어들게 된다.
- 나무와 식물의 부스러기들, 줄기 등은 표면에서의 물의 **유출 속도**를 늦추어 준다.
- 뿌리들은 대공극(큰 구멍)을 생성하여 토양에서 물의 침투를 증가시킨다.
- 육상에서 물의 증발에 기여하고 증산을 통해 토양 중 **물의 함유량**을 줄여준다.
- 부스러기들과 다른 유기 잔류물은 토양의 성질을 변경시켜 토양이 물을 저장하는 용량에 영향을 준다.
- 나무 잎은 **증산**을 통해 대기의 습도를 제어하는 역할을 한다. 뿌리에 의해 흡수된 물 중의 99%는 잎으로 이동하여 증산된다.

그 결과, 나무가 존재하느냐 그렇지 않느냐에 따라 지표, 토양, 지하수 또는 대기 중의 물의 양이 다르게 된다. 이는 **토양의 침식** 속도와 생태계 및 인간의 활동에 필요한 물의 이용도를 변화시켜 준다.

정상적인 숲은 **토양의 손실** 속도가 매우 낮다. **삼림 벌채**는 토양의 유출량을 증가시키고 나무 부스러기로부터 토양이 보호되는 것을 감소시킴으로써 토양 침식의 속도를 증가시킨다. 나무 뿌리는 토양을 서로 결합시키는 역할을 하는데, 나무를 제거하게 되면 경사진 지역에서는 산사태의 위험성을 증가시켜, 근처에 사는 사람들을 위협하게 된다.

삼림의 벌채는 **생물 다양성**(biodiversity)의 감소를 초래할 뿐만 아니라 많은 종들의 멸종의 원인이 되기도 한다. 숲이 파괴됨으로 인해 야생 동물들은 서식지를 잃게 되고, 많은 식물과 미생물들은 사라지게 되는 결과를 가져온다.

멧돼지가 도심으로 내려오는 것도 산림벌채 때문이다. 첫 번째 이유는 멧돼지가 사는 곳에 먹을 것이 없어서이다. 두 번째는 멧돼지가 좋아하는 먹이가 그들의 서식지인 산에 가까운 곳에 위치하기 때문이라고 볼 수 있다. 즉, 인간이 경사가 완만한 산

그림 10.2 멧돼지의 습격을 받은 고구마와 옥수수.

또는 산 근처의 토지를 농지로 개간함으로 인해 생기는 문제라고 볼 수 있다. 어쩌면 그들이 즐겨 찾던 곳을 인간이 점령해서 발생하는 문제라고도 생각해 볼 수 있다.

2 유전 공학(genetic engineering)

유전자 조작 식품(genetically modified food, GM food)은 유전자 조작 작물 또는 생물(crops 또는 organisms, GMC 또는 GMO)과 함께 안전성에 대하여 논란이 되고 있다. 그러한 논쟁은 소비자, 생물공학 회사, 정부 규제기관, 비정부조직 및 과학자들 간에 일어나고 있다. 유전자 조작 식품의 주요 논쟁거리는 GM 식품은 별도로 표지를 해야만 할 것인지, GM 작물은 건강이나 환경에 영향을 주지는 않을지, 농약의 저항성에는 어떠한 영향을 줄지, 농부에 대해서는 어떠한 영향을 줄지, 그리고 GM 작물이 세계 식량 문제 해결에 얼마나 기여할지 등에 관한 것이다.

현재까지 GM 작물로부터 기인한 식품이 기존의 식품보다 인간의 건강 등에 더 큰 위험하다는 증거는 없다. 따라서 미국의 Food and Drug Administration(FDA)는 시장에서 GMO 농산물을 별도로 표시할 필요가 없다고 보고 있으며, GMO 식품과 GMO가 아닌 식품 사이에 굳이 구분할 필요가 없다고 판단하고 있다.

이와는 반대로 Greenpeace, The Non-GMO Project 및 Organic Consumers Association과 같은 단체는 GM 식품의 위험은 충분히 확인되지도 않아 더 위험하다고 한다. 이러한 단체들은 GMO로부터 비롯된 식품은 안전하지 않을 수 있으며, 더 이상 생산되지 않던지, 최소한 표지를 해 구분해야 한다고 제안하고 있다. GM 식품을 섭취한 쥐에서 면역 체계가 약화된다는 연구 결과가 있으나 아직까지 인간에 대한 직접적인 영향에 대한 결과는 보고된 바가 없다.

유전자 조작 식품의 시초는 1994년 미국 FDA의 승인을 받아 처음으로 개발된 '무르지 않는 토마토'이다. 이를 시발점으로 하여 콩, 옥수수, 감자 등 15작물 이상으로 확대되었고 품종도 68종으로 늘어났다. 우리나라에서 연구하고 있는 유전자 조작 작물은 벼, 고추, 콩, 토마토, 잔디 등으로 다양하다.

인구의 증가, 경작지의 감소, 화석연료의 과도한 사용에 따른 **식량 부족**(crop crisis), **에너지 부족**(Energy crisis)과 **환경오염**(pollution) 문제를 해결하는 방안으로 도입된 것이 바로 LMO(또는 GMO)이다. 대표적인 LMO의 사례는 다음과 같다.

*Bacillus thuringensis*라는 세균은 **BT독소**를 분비한다. 이 독소는 곤충의 애벌레에게 치명적인 독소이다. 곤충은 인간과 함께 곡물을 먹어치우는 경쟁자이다. 따라서 농부는 곡물의 생산량을 높이기 위하여 곤충을 제거하고자 **살충제**(insecticide)를 뿌리게 된다. 살충제가 환경과 식품의 안전성에 문제를 일으키므로 *Bacillus thuringensis*와 같은 미생물은 화학물질이 아니므로 환경과 식품의 안전성에 문제를 일으키지는 않는다. 다만 화학 농약과 달리 **생물농약**은 가격이 비싸므로 농부들이 선택하지 않는다. 이러한 문제를 해결하는 것이 바로 LMO이다. 세균이 가지고 있는 BT독소를 생산하는 유전자(BT유전자라고 한다)를 옥수수의 DNA에 삽입한다. 이렇게 유전적으로 변형된 옥수수가 자라면서 스스로 BT독소를 만들어 내므로 따로 살충제를 뿌리지 않아도 **유해곤충**을 제어할 수 있게 된다. 이 과정에서 화학 농약을 사용하지 않으므로 환경오염을 방지할 수 있고 식품의 오염도 방지할 수 있어 청정 환경을 유지할 수 있는 장점이 있다. 또 다른 LMO의 예는 제초제 분해 유전자의 삽입이다. 농부들은 옥수수, 유채와 같은 작물만이 농토에서 자라기를 바란다. 잡초들은 농부의 입장에서는 귀찮은 존재이며 이 잡초를 제거하는 과정은 '김매기'라 하고 엄청난 노동력이 들어가는 작업이다. 화학 **제초제**는 **식물 호르몬**의 일종으로 잡초가 웃 자라게 하여 고사시키는 화학물질이다. 이 제초제를 뿌리면 잡초 뿐만 아니라 작물도 피해를 입게 되므로 정확한 처방은 매우 중요하고 까다로운 작업이다. 제초제는 유기화합물이므로 일부 미생물들은 이 물질을 분해한다. 이 제초제 분해 유전자를 유채의 DNA에 삽입하면, 유채가 자라면서 제초제를 분해하는 효소를 만들어낸다. 이 제초제 분해 유전자를 가진 유채에

제초제를 뿌리면, 제초제는 분해되어 유채에는 아무런 영향을 미치지 못한다. 그러나 유채밭에서 자라나는 잡초는 제초제의 영향을 받아 사멸하게 된다. 이러한 과정을 통하여 제초제 사용량은 줄어들어 제초제 남용에 의한 환경오염을 줄일 수 있다. 또 다른 예는 열대 과일인 파파야(Papaya)이다. **파파야**는 맛있는 열대 과일이나 **바이러스**가 감염이 되면 열매 크기가 작아지는 왜소증이 나타나 상품가치가 없게 된다. 이 바이러스에 내성을 가진 유전자를 파파야에 삽입을 하면, 파파야는 바이러스 질병으로부터 벗어나게 되어 상품가치가 높아지게 된다. 이렇게 작물자체의 생장을 돕는 유전자 변형생물을 1세대 LMO라고 한다.

2세대 LMO는 **황금쌀**(Gold Rice)를 예로 들 수 있다. 동 아프리카 지역의 어린이들은 비타민 A가 부족한 질병에 시달리고 있다. 비타민은 체내에서 합성되지않아 외부에서 식품을 통하여 얻어야 하는 중요한 물질이다. 이 지역에서는 주민들이 비타민 A를 함유한 식품을 충분히 섭취하지 못하여 건강상 문제가 발생하였다. 벼에 비타민 A를 생성하는 유전자(비타민 A 유전자)를 삽입하여 재배하면 비타민 A가 풍부히 포함된 쌀을 얻을 수 있다. 비타민 A가 함유된 쌀은 그 색이 노란색이 되어 'Gold Rice'라고 하며, 이 벼 품종을 공급함으로서 비타민 A 결핍증을 예방할 수 있게 된다.

이렇게 유용한 LMO는 그 안전성에 대하여 논란이 있다. GM 식품의 논란은 크게 세 가지 나누어 볼 수 있다. 첫 번째는 인체에 대한 건강 유해 문제이다. GM 식품으로 인해 식량 문제는 해결되는 긍정적인 측면이 있고 인간에게 뚜렷한 건강상의 입증 자료가 밝혀진 바가 없지만, 그렇다고 해서 안전성과 관련된 입증 자료가 없어 논란이 가중되고 있다. 두 번째는 환경 문제와 관련된 것이다. 유전자 조작 생물은 특히 병충해, 잡초 등으로부터 강한 내성을 갖는 종자를 중심을 개발되었다. 그에 따라 **살충제, 제초제** 등의 사용을 크게 줄이는데 공헌을 한 반면에, 강한 내성 때문에 그에 적응하여 살아남은 더 강한 해충과 잡초 등이 출현할 가능성이 있고 생태계에 교란을 가져올 수도 있다.

유전자 조작 생물은 본래 식품의 생산성 및 품질을 위해서 생산된 만큼 이점을 가지고 있다. 먼저, 해충과 잡초 등에 잘 견디는 유전자나, 쉽게 부패되지 않도록 하는 유전자 삽입해서 만들어낸 유전자 조작 생물을 통해 각 **품종**에 대한 생산성을 높이고, 이를 통해 식량 문제를 해결할 수 있다. 이러한 유전자 조작 생물을 통해 계속적으로 늘어나는 기아 문제를 해결할 수 있을 것으로 전망하고 있다. 이는 아프리카의 국가들 뿐만 아니라 동남아, 중남미 및 일부 동부유럽 국가들에까지 해당된다. 또한 늘어나는 육류 소비와 관련하여 목축에 필요한 사료의 양을 충당할 수도 있어 식량 자원의 폭을 넓힐 수도 있다. 이 외에도 석유 자원의 고갈로 다가올 대체 에너지 중 하나인 바이오 연료의 원료로도 사용될 수 있다. 이 밖에도 생물의 영양 성분을 강화하거나 조절함으로써 각종 질병을 치유할 수 있다. 게다가 농약 사용이 줄어듦으로써 친환경적인 식품을 재배할 수 있다는 것이다.

이와는 반대로 유전자 조작 생물로 인한 악영향이, 서서히 드러나고 있다는 주장이 있다. **유전자 조작 생물**은 본래에는 없던 새로운 품종이기 때문에 그에 따른 문제가 발생할 수 있다. 유전자를 인위적으로 조작함으로써 기존의 유전자가 파괴되거나 변형될 수도 있다. 기존의 생물은 안정한 상태의 유전자를 가지고 있는데, 새로운 유전자가 삽입되었을 때 불안정한 상태가 될 수 있다. 이러한 불안정한 식품을 인간이 섭취하였을 때, 미래에 일어날 일에 대해서 어떠한 예측도 할 수 없기 때문에 문제가 되는 것이다. 인체에 관해서는 아직껏 검증된 바가 없지만, 여러 동물실험을 통한 부작용에 대해 문제 제기가 가능하다. 또한 농약을 사용하지 않고도 재배가능하기 때문에 친환경적이지만, 생태계에 유입되면서 **돌연변이**를 유발하거나 강화된 **내성**을 통해 더 강한 슈퍼잡초 및 **해충**들을 야기할 가능성도 배제할 수 없다.

3 관개(irrigation)

농업은 물을 다량으로 사용하게된다. 전통적 농업은 비에 의존하여 농사를 지었으나 강수량이 부족할 경우 필요한 만큼의 물을 인위적으로 공급하는데 이를 **관개**(irrigation)라고 하는데, 주로 하천이나 저수지로부터 물(지표수)을 수송하여 댄다. 지표수가 부족할 경우에는 지하수를 끌어올려 사용한다. 특히 논농사는 이삭이 여물기 전까지는 뿌리가 물에 잠겨 있어야 하기 때문에 밭농사에 비해 더 많은 양의 물을 필요로 하기 때문에 관개가 필수적이다.

그런데 관개는 다음과 같은 많은 문제점을 안고 있다.

- 지나치게 지하수를 사용함으로써 대수층(지하수가 포함되어 있는 층)에 물이 고갈된다.
- 땅이 침하된다. 이는 지하수가 고갈됨으로써 토양층이 붕괴되어 발생한다(제 6장 지하수 참조).
- 관개가 부족하게 되면 특히 증발이 많은 지역의 토양 중 염분의 함량이 증가하여 토양 표면에서 작물에 독성이 있는 염분의 함량이 늘어난다. 따라서 이러한 염분을 제거하기 위한 조치가 필요하게 된다.
- 과도한 관개를 할 경우 물의 분포가 일정하지 않거나 관리가 잘되지 않을 때, 폐기물이나 화학물질이 존재할 경우에 특정한 지역에 높은 농도로 존재하여 오염이 일어날 수 있다.
- 과도한 관개에 따라 지하수면이 상승하고, 때로는 지표수로부터 지하수로 물이 내려가는 동안에 염분이 상승하는 문제를 초래할 수 있다.
- 염분이 높은 물을 관개에 사용하게 되면 알칼리성 토양을 형성하기 때문에 토양의 구조에 손상을 가져오기도 한다.

역사적으로 보면 인류 4대문명 발생지의 하나인 **메소포타미아 문명**은 과도한 **관개**에 의하여 무너졌다. 과도한 관개에 의하여 농토 염분이 높아지면서 생산성이 낮아져 문명이 유지되지 못하였다.

중앙아시아에 위치한 **아랄해**도 유입수인 강들이 주위에 산재한 목화밭에 관개를 함으로서 완전히 사라진 상태에 놓여 있다. 목화밭에 관개한 물이 증발하면서 토양에 염분이 높아지고, 이 염분을 희석하기 위하여 더 많은 물을 사용하게 되면서 농토는 염분이 높아지고, 아랄해로 흘러들어가는 강물은 줄어들어 그 결과 오늘날 아랄해의 수위는 엄청 낮아 졌다(그림 10.3).

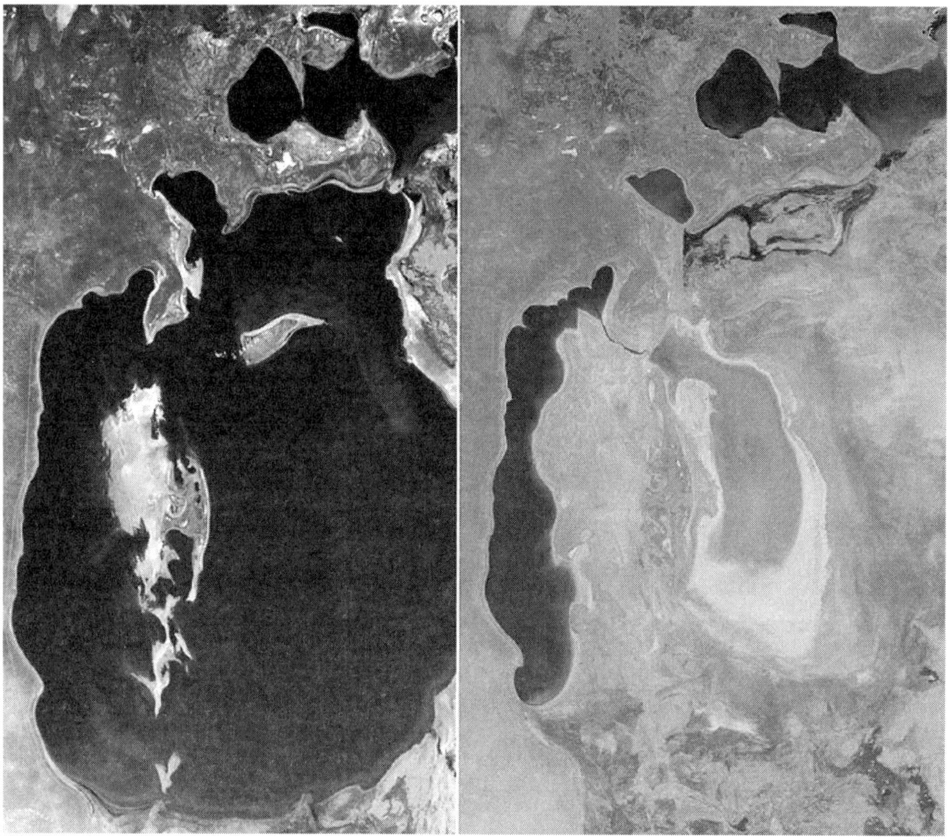

그림 10.3 수위가 낮아진 아랄해(Aral sea). 왼쪽은 1989년, 오른쪽은 2008년의 인공위성 영상이다. 아랄해의 오른쪽이 완전히 말라버렸다. 그 결과 소금기가 날리면서 주민들은 안과 질환, 호흡기 질환, 피부 질환에 시달리고 있다.(자료출처: www.wikipedia.org)

4 오염(pollution) - 농약/비료

농약은 살포하므로 목표 생물보다는 환경으로 흘러간다. 살충제의 98% 이상, 그리고 제초제의 95% 이상 목표 대상 이외로 이동한다. 거기에는 표적이 아닌 생물종, 공기, 물, 퇴적물 및 식품이 포함된다. 농약을 사용함으로써 이점이 있기도 하지만, 부적절한 사용으로 말미암아 천적을 죽이거나 해충의 저항성을 증가시킬 수도 있다.

농약을 살포한 지역에서 이동하는 농약의 양은 그 화학물질의 성질에 의해서 영향을 받는다. 여기에는 농약 성분이 토양에 결합되는 증기압, 물에 대한 용해도, 시간에 따라 분해되는 속도 등이 포함된다. 토성(soil texture, 토양의 입자 크기), 토양이 물을 보유하는 능력, 토양 중 유기물의 함량 등과 같은 요인들도 농약이 유출되는 양에 영향을 준다.

많은 종류의 농약이 지금까지 사용되어 왔으며, 그 중의 일부 화학물질은 오염물질이 되었다. 여기에서 농약이라 함은 농업에 사용되는 다양한 형태의 화학물질에 대한 일반적인 용어이며, **살충제**(insecticides), **제초제**(herbicides) 및 **살균제**(fungi- cides)가 포함된다.

농약으로 인한 오염의 가장 대표적인 것은 살충제로 널리 사용되었던 DDT이다. DDT는 1939년에 스위스의 Paul Müller에 의해 살충제로서의 약효가 발견되어 1948년도에는 노벨상을 수상하기도 했다. DDT는 1940년대 이전에 널리 사용되었던 독성이 강한 납과 비소가 함유된 화합물을 대체하기에 이르렀다. 특히 DDT는 1950년대에 말라리아의 퇴치를 위해 세계보건기구(WHO)가 적극적으로 권장하기도 했다.

이후, DDT는 1962년에 발간된 레이첼 칼슨(Rachel Carson)의 책인 침묵의 봄(Silent Spring)이라는 책을 통해 주목을 받는 농약이 되었다. 이 책에서 저자는 DDT가 새의 알 껍질의 두께를 얇게 해 부화되기 전에 알이 깨짐으로써 새의 개체 수가 감소되는 원인이 되었다고 주장하였다. 그 이유는 DDT를 포함한 많은 유기염소계 화합물이 화학적으로 안정하여 잘 분해되지 않고(DDT의 경우 농도가 반으로 줄어드는데 약 10-15년 정도 걸림) 지방에도 잘 녹는 성질이 있어 새의 생체 내에 들어가 축적되기 때문인 것으로 알려졌다. 또한 DDT는 먹이사슬을 통해 상위 단계에 있는 생물로 갈수록 더 농도가 증가하는 소위 **생물확대**(biomagnification)하는 가장 대표적인 화합물이기도 하다(그림 10.4).

우리나라의 경우에는 DDT가 농업용 뿐만 아니라 벼룩 모기 등을 박멸하기 위해 주로 사용되었다. 이후 1960년대에 이르러 유해성이 제기되기 시작하면서 사용이 점차 줄어들다가 1971년에 이르러 사용을 금지하였는데, 그 전까지 사용한 양은 대략 941톤인 것으로 추정되었다. 그런데, 2000년대 말에 실시된 연구에서 성인들 뿐만 태어나서 직접 DDT 사용된 농작물을 전혀 섭취하지 않은 어린이들에게서도 검출되어 DDT의 잔류성과 환경에서 아직도 남아 있음이 확인되었다.

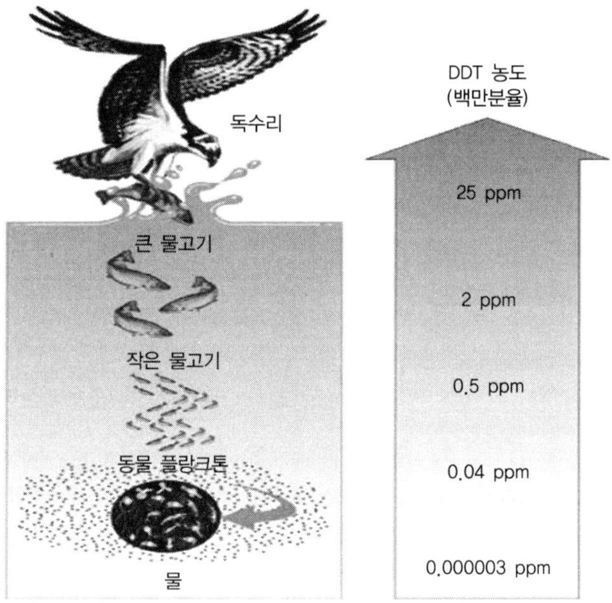

그림 10.4 DDT의 생물확대 사례.

농약은 작물에 잔류하여 문제가 되기도 한다. 잔류 농약이란 농약이 농작물에 사용된 후에 식품 표면 또는 안에 남아 있는 농약을 의미한다. 이러한 화학물질의 잔류물들은 체내에서 유해한 수준까지 축적될 수 있다. 이러한 **농약**은 먹이 사슬을 통하여 농도가 증폭되어(생물확대) 육류, 가금류 및 어류에서부터 식물 기름, 견과류, 과일 및 채소에서 검출된다.

화학 및 유기질 비료의 과다 사용으로 인해 질소와 인 성분이 인근 지표수로 흘러 들어가거나 지하수로 침투해 들어가 오염의 원인이 되기도 한다. 그 중에서도 특히 질소 성분은 쉽게 질산염(NO_3^-)으로 산화되어 **지하수**로 이동하기 쉬운데, 이를 많이 마신 영유아에게서 호흡 곤란을 증세를 수반하고 피부가 다소 푸른색을 나타내는 **청색증**(blue baby syndrome)을 유발하기도 한다. 이는 질산염에서 체내의 혈액에서 **헤모글로빈**의 철을 2가에서 3가 상태로 산화시키기 때문이다. 또한 질소 성분은 인 성분과 함께 **부영양화**를 일으키는 주요 원인물질이 되기도 한다(제 6장 부영양화 참조).

5 폐기물(waste)

농업에서는 플라스틱 소재를 많이 사용하기도 하는데, 이와 같은 농법을 가리켜 플라스틱 재배법(plasticulture)이라고 한다. 플라스틱 소재는 일반적으로 두 가지 방법으로 사용되는데, 한 가지는 토양을 덮는 **멀칭**(mulching)이고 나머지 하나는 **온실**(greenhouse)이다. 전자는 토양의 표면을 덮은 후에 구멍을 내어 작물을 묘에 심거나 파종함으로써 덮은 부분에서 잡초의 성장을 막을 뿐만 아니라 토양으로부터 수분이 증발하는 것을 최소화하는 이점을 갖고 있다. 후자의 경우에는 작물보다 더 높은 곳까지 플라스틱 필름으로 덮음으로써 보온과 수분 유지를 적절하게 하고자 하는 방식이다(그림 10.5).

가장 널리 사용되는 플라스틱 필름은 **폴리에틸렌**(polyethylene, PE)인데, 적절한 첨가제를 넣어 수분의 손실을 막고, 곤충의 침입을 방지, 잡초의 성장을 막기 위해 특정한 파장대의 빛을 제거하기도 하고, 물방울이나 뿌옇게 수분이 끼는 것을 막는 등의 기능을 추가하기도 한다.

플라스틱 필름사용으로 작물의 수확량을 증가하였고 작물이 더 크게 되었고 작물의 성장 시간이 짧아져 농업의 발달에 큰 기여를 하였다. 그러나, 사용한 필름은 농지에 방치되거나 인접한 하천이나 다른 장소로 무분별하게 버려지고 있어 새로운 환경문제로 등장하고 있다. 또 필름은 분해가 잘 일어나지 않아 버려진 필름이 토양이나

그림 10.5 멀칭(왼쪽)과 온실(오른쪽)의 사례. 사용 후 부적절한 처리로 토양오염의 원인이 된다.

인접한 물 환경에 방치되는 것을 흔히 볼 수 있다. 토양에 남아있는 플라스틱은 토양의 성질을 망가뜨려 작물의 생산에 안 좋은 영향을 준다. 또한 물로 버려지거나 강우와 함께 물로 쓸려 내려간 플라스틱은 하천 환경을 덮어버리고 때로는 물고기가 이를 삼켜 사망하는 사고도 일어나고 있다. 그 결과 2013년 3월에 스페인 남부 해안에서 죽은 채 발견된 향유고래는 약 17 kg의 온실용 플라스틱 필름을 삼켜 죽은 것으로 밝혀지기도 했다.

또한 현장에서 사용한 농약의 용기는 별도로 잘 수거하여 처분하여야 하는데, **농약**이 잔류한 채로 농지에 버려져 토양이나 하천을 오염시키기도 한다. 가끔 농업 지역에서 새들이 집단 죽음을 당하는 경우가 있는데, 이 중에서 농약병을 함부로 버려 농약으로 오염된 토양에서 먹이를 먹거나 오염된 물을 마셔서 일어나는 사고가 포함되어 있다.

6 축산

호주산 쇠고기의 500g 당 가격은 2013년 11월 기준으로 7,000원이고 이 나라에서 자란 한우의 같은 부위는 15,000원이다. 한우가 비싼 것은 어린 한우의 값이 비싼 등 이유가 여러 가지가 있으나 가장 큰 이유는 사료 값 때문이다. 소는 먹이 연쇄과정에서 섬유소로 구성된 풀을 먹어 에너지와 영양분을 얻는 방향으로 진화하였다. 따라서 소를 키우기 위해서는 반드시 풀이 자라는 초지를 충분히 확보하여야 한다. 초식동물-인간으로 연결된 간단한 생태계인 유목민족들은 양, 염소, 말, 야크, 소 등 **초식동물**을 살찌우기 위하여 봄과 가을에 풀을 찾아 이동하는 것은 초식동물의 먹이인 풀을 찾아 이동하는 것이다. 야생에서도 아프리카 초원에서 얼룩말들이 목숨을 걸면서 이동하는 것도, 알라스카 툰드라 지대에서 순록들이 이동하는 것도 바로 이 먹이인 풀을 찾아 이동하는 것이다. 우리나라는 기후의 특성상 건조시기와 장마시기가 명확히 구분되는 기후 때문에 초지가 조성되지 못하고 일부 고산지대에서만 자연적인 초지가 형성되어 있다. 그 결과 소를 키우는 데 필요한 풀을 충분히 확보하지 못하여 축산업이 발달하지 못하고 농가에서 농업용으로 한두 마리 키우는 수준이었다.

생활 수준이 향상되면서 소고기의 수요가 늘어나면서 대규모로 소를 키우게 되었고 풀을 대체할 것이 옥수수와 콩으로 구성된 사료이다. 이러한 사료를 외국에서 구입하여 소에게 먹이기 때문에 한우의 값이 비싸게 된다.

몽골 초원지대, 중동 사막지대, 알프스, 안데스, 히말라야 등 고산지대에서 축산이 발달한 이유는 풀 → 양, 염소, 소 등 가축 → 인간으로 이어지는 단순한 **먹이연쇄** 과정을 통하여 에너지를 얻기 때문이다. 인간은 땅에서 나는 풀을 먹고 에너지를 얻을 수 없기 때문에 가축을 통하여 에너지를 얻는다. 따라서 이 지역에서는 자연을 경외하고 파괴하지 않는 생활관습을 가지고 있다.

이들 유목민들은 건기와 우기, 여름과 겨울에 방목지를 이동하면서 가축들을 사육한다. 그 이유는 방목 → 초지의 파괴, 다년생 초본류의 소멸 → 1년생 잡초의 번성 → 토양의 영양물질 부족 → 식물의 성장이 안됨 → 다른 지역으로 이동의 순서를 밟으면서 새로운 초지로 이동하게 된다. 이러한 과정을 거쳐 땅에서 식물들이 회복할 시간을 주지 않아 **사막화**로 이어지고 있다. 대표적인 지역이 중국의 내 몽골자치구이며 중국정부는 이 지역에서 가축의 방목을 엄격히 금하고 있다.

중국에서 가축 수는 돼지, 양, 소로 볼 때 2010년에 약 9억 5000마리, 닭, 오리 등 가늠류는 53억 4000마리로 추산하고 있다. 이 수치는 1980년과 비교하면 가축은 1.5배 가금류는 5.7배 증가하였다.

기업형 축산으로 인한 환경문제는 다음과 같다.

1. 사료 생산을 위한 '숲의 파괴'
2. 과도한 방목으로 인한 '토양 파괴'
3. 사료생산을 위한 '곡물의 전용'
4. 가축 성장 촉진제로 사용하는 '항생제와 환경 호르몬'
5. 가축분변으로 인한 '수질오염'
6. 가축장내 가스로 인한 '지구온난화'
7. 곡물로 인한 장 출현성 대장균 O-157 균 등 '새로운 질병의 발생'

6.1 숲의 파괴

가축에게 먹이가 되는 풀이나 곡물을 충분히 제공하기 위하여는 이들을 생산할 수 있는 땅이 있어야 한다. **경작지**를 새로이 만들기 위하여 땅 값이 싼 산림지역을 기업들은 선호한다. 남미의 아마존강 유역은 이러한 점에서 매력적인 곳이다. 기업형 축산과 원주민들은 경작지를 확보하게 하여 경쟁적으로 숲에 불을 질러 태우고 있다. 숲이 재가 되면서 남긴 영양물질들은 풀과 곡물이 자라는데에 좋은 영양분이 된다. 그러나, 5년정도 지나면 빗물에 대부분의 영양분은 사라지고 생산성이 전혀 없는 사막과 같은 맨땅만 남는다(제 2장 열대우림 참조). 그러면 또 다른 숲이 똑같은 방법으로 사라지게 된다. 따라서 **햄버거**의 **생태학적 가치**는 200달러/개가 넘는다는 주장도 있다. **생물다양성**의 소실 이라는 측면까지 고려하면 그 가격은 더 높아 질 수 있다.

6.2 토양의 파괴

풀이 자라는 속도보다 가축이 먹어치우는 속도가 크다면 초원에서 풀이 사라진다. 유목민들이 새로운 초지로 이동하는 이유는 바로 이 과도한 방목을 방지하기 위해서이다. 과도한 방목으로 토양의 표층에서 식물이 사라지면 바람과 비에 의하여 토양이 침식되어 유실되고, 그 결과 토양은 수분을 잃어버리는 건조한 사막으로 변한다. 또 잡초들이 이 빈 공간에 들어오면서 **타감작용**에 의하여 정상적인 목초지가 되지 못한다.

토양은 내부에 빈공간이 있다. 이 빈공간의 비율을 **공극율**(soil porosity)이라고 하며 이 값이 클수록 공기와 수분을 많이 함유할 수 있어 식물의 성장에 더 좋은 조건이 된다. 방목에 의하여 토양 표면의 식물이 사라지고 가축의 발굽에 짓밟히면 흙은 다져지고, 그결과 공극율이 낮아져 토양의 투수성과 통기성이 낮아져 식물이 성장하기 어려운 조건이 된다.

호주에는 토끼가 없는 지역이었으나, 유럽인들이 들여온 토끼가 번식하면서 초지가 사라졌다. 천적이 없는 상태에서 엄청나게 빠른 속도로 증식한 토끼는 풀이 재생되는 속도보다 훨씬 빠른 속도로 풀을 먹어치운 결과 이 지역은 식물이 사라지면서 사막지역으로 변하였다. 호주 정부는 궁여지책으로 초지를 보호하기 위하여 울타리를 설치하는 등 방법을 동원하고 있으나, **생태학적 지위**가 같은 캥거루와 같은 초식 동물들은 그 개체수가 줄고 있다.

중국과 몽골에서 발생하는 황사로 이와 같이 **과도한 방목**으로 인한 **표토층**의 유실로 인하여 나타나는 현상이다.

토양이 침식되면서 유실이 되면 무거운 부분은 인근 하천과 호수로 흘러들어가게 된다. 그 결과 하천과 호수에서 **탁수현상**이 나타나고 일정시간이 지나면 하천이 메워지면서 흐르는 물이 없는 건천(마른 하천)이 된다. 건천이 되면 물에서 살던 저서곤충, 물고기 등도 함께 사라지게 된다.

6.3 사료의 생산

세계에서 생산되는 곡물의 40%는 가축이 소비한다. 이 곡물을 생산하기 위하여 사용하는 농약, 비료를 생산하고 운반하는 과정에서 엄청난 화석연료를 사용하고 농기계를 운영하는 과정에서도 또 화석연료를 소모한다.

또 가축의 사육 과정 중에서 냉, 난방, 사료와 물의 자동공급, 내부전기, 조명, 도살, 포장, 운송 등의 과정에서 많은 에너지가 소모된다. 미국의 경우 소와 닭고기 1 kg을 생산하는 데에 2L의 석유가, 돼지고기는 4 L/kg의 석유가 소모되고 있다. 그리고 1인당 고기 소비량은 113 kg/년이며, 석유로 환산하면 700L에 해당하며 미국 전체로는 160조 L에 해당하는 석유를 고기 생산에 사용하고 있다.

가축의 사육두수가 늘고, 빨리 키우기 위하여 콩, 옥수수 등 곡물은 사료로 전용하고 있다. 그 결과 옥수수를 주식으로 하는 남미의 원주민들은 옥수수 가격이 폭등함으로써 고통을 받고 있다.

6.4 항생제와 호르몬의 사용

목초를 재배하는 과정에서 비료와 농약을 사용하게 되는데 농약은 체내로 들어오면 환경호르몬으로 작용한다(제12장 내분비계 장애물질 참조).

또 여러 마리를 집단으로 사육하면서 질병이 자주 발생하게 된다. 이에 항생제를 가축에게 사용하여 가축성장 촉진제(Growth promoter)로 사용하고 있다. 이러한 항생제는 체내에 축적이 되지 않아 출하 전에는 사용하지 못하게 되어있으나 현실은 그러하지 못하다. 가축의 육류에 남아있는 항생제는 미량이지만 이를 섭취하게 되면 서서히 우리의 체내에 있는 세균들은 항생제 **내성**을 얻게 되고 전파된다. 그 결과 항생제 내성 세균, 일명 **슈퍼 박테리아**(Super bacteria)가 출현하여 질병 확산에 무방비 상태가 된다.

우리나라에서는 생산 수입되는 **항생제** 총량의 60% 이상이, 미국에서는 74%가 가축의 성장 촉진 물질로 사용되고 있다.

또, 가축을 속성으로 자라게 하기 위하여 성장호르몬을 투여하는 경우도 있다. 이 **성장호르몬**은 가축의 고기에 잔류하고, 이를 먹은 사람은 이 성장호르몬의 영향을 받는다. 특히 유아, 청소년들에게는 '성 조숙증'과 같은 비정상적인 발육상태가 나타난다.

6.5 가축 분변으로 인한'수질오염'

가축이 대량 사육되면서 발생하는 배설물은 유기물, 부유물질, 질소, 인 등이 다량 포함되어 있다. 이들이 하천과 호수로 흘러들면 다양한 **수질오염**을 일으킨다(제 6장 수질오염의 종류 참조).

6.6 가축 위에서 발생하는 메탄, 이산화탄소 등으로 인한'지구온난화'

가축의 위와 장에서는 이산화탄소와 메탄이 발생하고 있다. 이들은 체외로 배출되면서 **지구온난화**를 유발하고 있다. 뉴질랜드에서는 이 문제때문에 **가축 방구세**를 도입할 것을 검토한 경우도 있다(제 9장 기후변화 참조).

6.7 새로운 질병의 출현

장 출혈성 대장균은 **대장균**의 변종이다. 대장균은 사람과 동물의 대장에 서식하는 균으로 무해한 균이지만 오염의 지표로 이용하고 있다. 그러나 대장균의 한 종류인 O-157과 같은 출혈성 대장균은 병원성이 강하여 사망에 이를 수도 있는 질병 원인균이다. 옥수수 등 곡물을 소에게 먹인 시기와 병원성 대장균이 출현한 시기가 일치하고 있다. 풀을 먹은 소의 위는 pH가 7.0인 중성이고 사람의 위는 pH가 2.0으로 낮아 오염된 세균을 충분히 죽일 수 있었다. 그러나 **곡물**을 먹인 소의 위는 pH가 4 정도로 낮아져 이 세균이 산성에 **내성**을 가져 사람의 위에서 죽지 않고 대장으로 감염이 진행이 되어 발병하게 된다.

7 지속 가능한 농업

지속 가능한 농업(sustainable agriculture)은 생태학(ecology)의 원리를 농업에 적용하는 것이다. 지속가능한 농업은, '장기간에 걸쳐 지속될 수 있는 식물과 동물 생산을 위한 통합적인 시스템'이라고 할 수 있으며, 다음의 조건이 충족되어야 한다.

· 사람이 필요로 하는 식량과 섬유소가 충분하도록 생산한다.
· 농업이 의존하는 환경의 질과 자연 자원의 기초를 향상시킨다.
· 재생이 불가능한 자원과 농지에 있는 자원을 최대한 효율적인 방법으로 이용하고 적절한 곳에서는 자연의 생물순환과 제어를 통합한다.
· 농업의 자립 경제가 지속되도록 한다.
· 전체적으로 농부들과 사회의 삶의 질의 향상을 도모한다.

7.1 농업과 천연 자원

지속성은 농업에 대한 생태계 접근법으로서 이해할 수 있다. 토양에 대한 장기적인 손상에는 **과도한 경작**(토양 침식을 일으킴)과 적절한 배수를 하지 않는 **관개**(토양의 염분도이 높아짐)가 포함된다.

개별적인 토지에 대해 가장 중요한 인자들은 태양, 공기, 토양 및 물이다. 이 중에서 물과 토양은 시간과 노동을 통해 인간이 관여할 수 있는 대표적인 것이다. 공기와 햇빛은 지구상의 어디에서든 이용 가능하지만, 작물은 토양의 영양분과 물의 이용성에 따라 큰 영향을 받는다. 농부가 작물을 재배하여 수확하게 될 때, 토양에 함유된 일부 영양분들은 소모되고, 다시 이를 보충시키지 않는다면, 토지는 영양이 결핍되어 쓸모없이 되거나 수확량이 감소하게 된다. 지속 가능한 농업은 화석연료와 광물자원 같은 **재생 불가능한 자원**의 사용을 최소화하면서 토양의 영양분을 어떻게 보충하느냐에 달려있다.

(1) 물

어떤 지역에서는 강수량이 풍부한 반면에, 많은 지역에서는 그렇지 않기 때문에 관개가 필요하다. 관개 시스템이 지속적이 되려면, 염분화를 막기 위해 적절한 관리가 필요하며 자연적으로 보충되는 것 이상으로 물을 더 사용해서는 안 된다.

가뭄을 극복할 수 있는 농업 시스템을 개발하여야 한다. 첫 번째는 물을 잘 보존하고 저장하는 조치이다. 두 번째는 가뭄에 잘 견디는 작물 종을 선택하는 것이고, 세 번째는 관개를 필요한 만큼만 하여 물의 사용을 극대화하는 것이다. 또한 물의 손실을 줄이기 위하여 작물을 잘 관리하는 것이다.

적수관개(drop irrigation)는 작물의 뿌리에 물을 방울 방울 떨어뜨리는 재배방법이다. 이 방법으로 관개 용수를 절약할 수 있고 과일과 야채의 당도를 높일 수 있는 장점이 있으나, 노동력과 경비가 들어가는 단점이 있다. 물이 부족한 지역에서는 사용법이 확장되고 있다.

(2) 토양

토양 침식은 중요한 환경문제 이다. 토양 침식이 심해질수록 생산성은 점차 낮아지므로 토양 관리를 위한 적절한 조치가 필요하다. 이를 위한 몇 가지 방법에는:

- **무경작 농법:** 이는 작물을 수확하되 땅을 뒤엎지 않는 농법이다. 예를 들어 고추 농사를 지을 경우, 고추는 거두어들이되, 작물의 뿌리와 줄기는 그대로 놔두어 영양을 공급해 주고 땅을 다져 보온 효과를 거두는 것이다.
- **바람막이 식물을 재배하기:** 농지의 바람이 불어오는 쪽에 촘촘한 간격으로 관목이나 나무를 심어 농지를 바람으로부터 막아주어 토양이 유실되지 않도록 하는 방법이다(그림 10.6).
- **유기 농법을 적용하기**: 퇴비, 소변, 인분, 가축분뇨 등과 같은 유기질 비료를 사용함으로써 토질을 개량하고 화학 비료의 사용을 줄여 토양의 생산성은 증가시키고 과도한 화학 비료 사용으로 인한 오염을 막을 수 있다.
- **화학 비료의 사용을 중지하거나 적게 사용함:** 화학 비료는 토양 중 질소(N), 인(P) 및 포타슘(K)을 보충해 주기 위해 사용되는데, 과도한 사용으로 인해 지하수가 질산염(NO_3^-)으로 오염되고, 토양이 염분이 높아지는 등의 문제가 발생하기도 한다.

그림 10.6 농지 유실을 막기 위해 심은 방풍용 나무.

(3) 인산(phosphate)

인산은 현대의 농업에서 사용되는 화학 비료의 가장 주된 성분이다. 이러한 인산은 주로 광석으로부터 얻는데, 앞으로 50-100년 이내에 고갈될 것으로 본다. 이 경우, 비료의 단가가 상승되면서 식량 비용도 더불어 증가할 것으로 내다보고 있다. 장기적으로 볼 때, 식량의 생산을 지속적으로 가능하게 하기 위해서라도 인산을 인간이나 동물의 분변으로부터 회수하여 재사용하도록 하는 것이 필요하다.

(4) 토지

전 세계의 인구가 증가할수록 식량에 대한 수요는 증가하고, 토지 자원에 대한 압력도 증가한다. 토지도 또한 지구상의 유한한 자원으로 간주할 수 있다. 농지가 확장됨에 따라 **생물다양성**에 영향을 주었고 숲은 점차 사라져 가고 있다. 또한 이제는 산업 및 도시의 발달에 따라 농지는 줄어들어 있고, 습지와 숲이 줄어들면서 생물 다양성은 상실되었고 토양의 침식은 심각한 문제로 대두되고 있다.

(5) 에너지

에너지는 농업의 모든 부분에서 사용된다. 기업적 농업에서는, 에너지가 농장의 기계화, 식품 가공, 저장 및 운송 과정에서 사용된다. 따라서 이러한 과정에서 소요되는 **에너지**의 가격이 식량 가격에 매우 밀접한 관련이 있다. 석유와 같은 화석 연료는 언젠가는 고갈되기 때문에, 식량 생산에 나쁜 영향을 끼치는 것을 막기 위해서라도 에너지 효율적인 농업 시스템을 갖추는 것이 필요하다.

7.2 가능한 방법

지속 가능한 농업 중에서 실행 가능한 방법은 **윤작**(crop rotation)과 **토양 개량**(soil amendment)인데, 두 방법 모두 재배되는 작물이 성장에 필요한 영양분을 얻을 수 있다는 장점을 갖고 있다.

단작 또는 **연작**(monoculture)은 한 농지에 단 한가지의 작물만을 여러 해 동안에 걸쳐 재배하는 방법이다. 이 방법은 특정 작물만을 재배하기 때문에 특정한 영양분들이 과도하게 이용되어 토양에서 결핍되는 문제를 일으킨다. 따라서 같은 시기에 한 농지에 여러 가지 곡식이나 채소를 동시에 섞어서 심는 **혼작**(polyculture)을 할 경우 위의 문제를 해결 할 수 있다. 가장 대표적인 것은 강낭콩과 옥수수와, 고추와 배추의 조합이다. 이렇게 농사를 지을 경우 옥수수와 배추의 곤충에 의한 피해를 막을 수 있는 장점이 있다.

몇 년 간격으로 다른 종류의 작물을 심는 윤작은 농지의 영양분이나 환경적인 면에서 더 좋은 방법이다. 예를 들어 참깨는 연작을 할 경우 수확량이 감소하는데, 옥수수, 콩, 호밀, 보리 등을 매년 교대로 심는 윤작을 통해 토지의 수확량을 크게 늘릴 수 있다. 콩을 연작할 경우 잡초의 과도한 성장이 나타난다. 여기에 보리나 호밀을 교대로 심어 곡물 만 수확하고 나머지 짚은 토양에 피복하여 다음 해에 콩 농사를 짓게 되면 잡초의 성장을 막아 콩의 수확량을 크게 향상시킬 수 있다.

7.3 농지 외 영향

지속적인 생산은 하되 다른 곳에 환경의 질에 부정적인 영향을 끼치는 농업은 지속 가능한 농업이 아니다. 가장 대표적인 것은 합성 비료나 가축 분뇨를 과다하게 사용하여 농업의 생산성은 증가 시킬 수 있으나 근처의 하천이나 연안의 물을 오염시킬 수 있다는 것이다. 또 다른 극단적인 경우는 토양 중에 영양분이 너무 적어 작물의 수확량이 떨어지는 문제인데, 이는 브라질에서 나무를 베어내고 **화전 농업**(burn farming)을 하는 것을 사례로 들 수 있다. 이러한 사례들은 '지속가능한 농업'으로 볼 수 없다.

7.4 국제 정책

지속 가능한 농업은 기후의 변화와 인구 증가와 함께 국제 정책 무대에서 주요 관심 대상이 되었다. **지속 가능 농업 및 기후변화 위원회**(Commission on Sustainable Agriculture and Climate Change)는 기후변화에 직면하여 식량 안보를 달성하기 위한 전략의 한 가지로 지속 가능한 농업이 국가뿐만 아니라 국제 정책으로 통합되어야만 한다고 하였다. 그 위원회는 기상 이변과 기후의 변동이 증가함에 따라 농업 수확량에 부정적인 영향을 끼쳐, 이에 대하여 적응하는 방향으로 농업 생산 시스템을 변화시키기 위한 전략을 조기에 수립하여 대응하여야 한다고 강조하고 있다. 또한 지속 가능한 농업을 위해 국가마다 관련 분야의 연구와 개발비, 토지 재이용, 재정적인 장려금 및 인프라 개선을 위한 적극적인 투자가 필요하다.

제11장

에너지와 환경

1 화석연료(Fossil Fuel)

문명의 발전은 에너지의 사용량과 밀접한 관계가 있다. 고대사회에서는 소, 말 등의 동물, 노예의 일(work)로부터 에너지를 이끌어 냈으며, 자연적 에너지, 즉 태양, 바람, 물로부터도 에너지를 창출해냈다. 그러나 더 효율적인 에너지를 얻기 위하여 화석연료가 사용되기 시작했으며, 이 때부터 산업이 혁명적으로 발전하여 바야흐로 산업화 시대를 열게 되었다. 산업화 시대의 일등 공신은 **화석연료**인 석탄, 석유 그리고 **가스**이다.

- **석탄:** 1800년대 후반 석탄은 주요 에너지원으로 사용되기 시작하였으며 그 사용량은 지속적으로 증가하는 경향을 띤다. 석탄이 대표적인 '더러운 에너지(dirty energy)'로 인식된 이유는, 첫째 석탄 사용이 대기를 빠르게 오염시켰고, 둘째 석탄을 캐기 위한 광산 노동자의 건강이 크게 악화되며, 셋째 석탄 사용 후 발생하는 재(ash)의 처리 문제 등이 존재하기 때문이다. 석탄 사용이 활발하고 규제가 제대로 되지 않았던 산업화 시대의 초기에는 지금보다 훨씬 더 심각한 대기오염이 나타났으며 런던 스모그 등 초대형 환경문제를 일으켜 많은 사상자를 낳게 하였다(제 7장 런던 스모그 참조). 지금은 각 나라에서 석탄을 에너지로 사용하

는 산업에 대해 대기오염물질 배출규제, 석탄광산, 사용 후 재(ash) 처리 등에 대해 강력히 규제하고 있다. 미국과 유럽의 석탄 사용량은 1940년 이래로 비슷하게 유지되고 있으나, 중국과 인도의 석탄 사용량은 여전히 급속한 증가추세에 있어 향후에도 전 지구적 석탄 사용량은 지속적으로 증가할 것으로 판단된다. 우리나라는 2012년 현재 발전량의 42.8%를 석탄이 담당하고 있다. 최근에는 석탄을 상대적으로 고효율 및 청정에너지인 가스연료 및 액체연료로 전환시키는 기술도 발전하여 신재생 에너지로의 탈바꿈을 꾀하고 있다.

- **석유:** 석유는 석탄에 비해 상대적으로 청정한 연료이다. 1800년대 후반 내연기관 개발, 석유시추 기술, 그리고 원유를 가솔린으로 정제하는 기술이 개발되면서, 에너지 사용의 편리성이 크게 증가하였고 대기질도 크게 개선되었다. 석유가 없었다면 자동차, 기차, 항공기 등의 수송기관의 발달은 불가능했다. 전 지구의 에너지 공급원 중 석유가 가장 높은 34.4%를 차지하고 있다.

- **천연가스:** 천연 가스는 석유를 시추할 때 먼저 발생하는, 주로 메탄으로 구성되어 있는 가스이다. 메탄은 연소 시 이산화탄소와 물만을 배출하기 때문에 석탄과 석유에 비해 더 청정한 원료이다. 초기에는 천연가스의 수송이 어려워 상용화되지 않았고 석유시추 시 발생하는 가스는 그냥 연소되어 대기로 배출되었다. 그러나 점진적으로 파이프라인의 네트워크를 설치함으로써 소비자에게 수송하는 기술이 개발되었다.

2 원자력 발전

2.1 원자력 발전의 원리

핵에너지의 배출은 화석 연료의 연소와는 완전히 다르다. 화석 연료의 연소는 반응에 포함되는 물질들의 원자 수준에서는 변함이 없지만, **핵에너지**의 경우에는 분열(fission)과 융합(fusion)을 통해 원자 수준의 변화를 가져온다. 핵분열에서는 한 원소의 원자가 다른 원소의 작은 원자 두 개로 갈라지고, 핵융합에서는 두개의 작은 원자가 합쳐져 하나의 큰 원자를 생성해낸다. 핵분열과 핵융합 모두에서 생성물의 질량은 반응물의 질량보다 작으며, 소실된 질량은 아인슈타인의 $E=mc^2$(질량-에너지 등가법칙)에 의하여 에너지로 전환되며, 연쇄반응에 의하여 이 질량-에너지 전환에 의해 배출된 에너지의 양은 어마어마하다. 물질 1 kg의 분열 또는 융합은 핵폭탄의 에너지를 배출해낸다.

원자력 발전과 **원자폭탄**의 차이점은 다음과 같다. 원자력 발전의 원료로 쓰이는 우라늄은 원래 지각에 있는 물질로써 대부분이 우라늄 238로 존재하지만 일부는 우라늄 235(약 0.72%)로 존재한다. ^{235}U는 쉽게 분열되지만 ^{238}U는 그렇지 않다. ^{235}U의 핵에 **중성자** 하나를 충돌시키면, ^{235}U는 불안정한 원소이기 때문에 두 개로 쪼개지고 동시에 중성자가 배출된다(그림 11.1). 배출된 중성자는 또 다른 ^{235}U와 충돌하여 분열되고 중성자가 또다시 배출된다. 이런 식으로 핵분열 반응을 일으켜 방출되는 에너지를 이용하는 것이 원자력 발전과 원자폭탄의 공통점이다. 그러나 원자로는 ^{235}U를 소량 이용하는 대신, 원자폭탄은 ^{235}U를 90% 이상 고농축한 것을 이용한다. **고농축 우라늄**은 최초의 자발적인 핵분열에 의하여 중성자를 배출하고 주변의 다른 우라늄을 분열

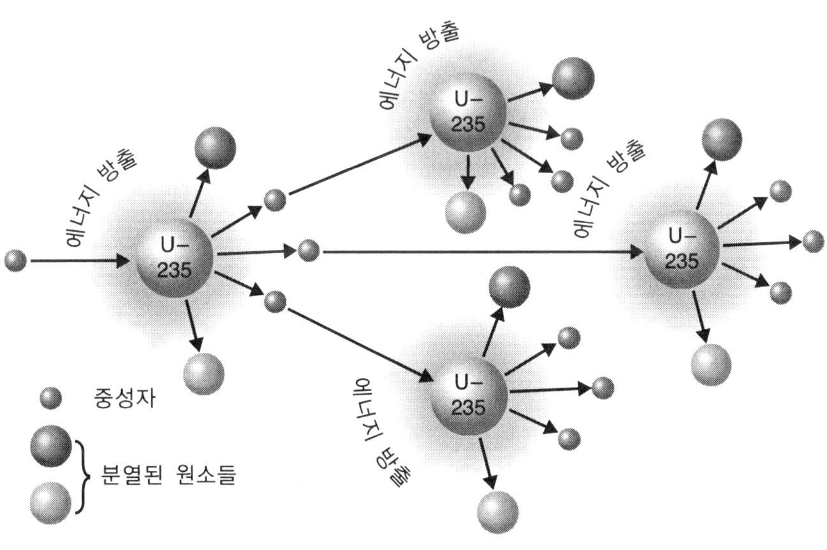

그림 11.1 핵분열 연쇄반응 모식도. U^{235}와 같은 무거운 방사성 원소는 중성자를 받으면 가벼운 물질로 나뉘면서 또 다시 몇 개의 중성자(여기에서는 3개)를 배출한다. 이렇게 배출된 중성자는 또 다른 U^{235}와 반응하여 중성자를 배출한다. 이러한 핵분열 연쇄반응으로 질량이 가벼워 지면서 엄청난 에너지가 방출된다.

시켜 중성자를 배출하는 **연쇄반응**에 의해 순식간에 분열이 연쇄적으로 일어나게 된다. 반면 원자력발전의 경우에는 에너지를 장기간 조금씩 발생시켜야 하므로, 여기에 쓰이는 연료는 ^{235}U가 2%에서 5% 정도이고 나머지는 ^{238}U가 차지하고 있다. ^{238}U는 핵분열 반응을 일으키지 않을 뿐 아니라 중성자를 흡수하는 성질도 있다. 또한 원자로 내에서는 제어봉이 있어 원자로 속에 있는 중성자가 항상 일정한 수치로 유지되도록 자동적으로 조절하여 급속한 연쇄반응을 막는다.

2.2 원자력 발전의 장점 및 단점

우리나라는 원자력 발전이 전기 생산의 35% 정도를 차지하고 있고 나머지 대부분은 화력발전소에 의존하고 있다. **원자력 발전**이 **화력발전**과 비교해서 갖는 장점은 첫째, 필요한 연료량이 적다는 것이다. 우라늄 0.5 kg의 분열은 석탄 50톤의 연소와 맞먹는 에너지를 생산한다. 둘째, 화력발전소는 이산화탄소, 이산화황, 질소산화물 등 많은 대기오염물질을 배출해내지만 원자력 발전소는 이들의 배출이 전혀 없다. 이 정도로 보면 원자력 발전은 가히 꿈의 에너지라고 할 만하다. 그러나 원자력 발전은, 폭파사고의 위험이 극히 낮다고 하더라도, 결정적으로 방사성 폐기물을 배출한다. 방사성 폐기물은 핵연료가 연소해서 생기는 세슘(Cesium)-37, 스트론튬(Strontium)-90 등이 포함되고, 또한 원래는 **방사능**을 가지고 있지 않은 핵종이 중성자를 흡수해서 방사성 물질을 함유한 **폐기물**(예; 코발트-60, 망간-54)도 포함된다. 핵 폐기물 중 ^{235}U와 플루토늄(^{239}Pu)은 재처리를 하여 원자폭탄을 만들 수 있다.

이러한 **방사성 폐기물**은 방사성 준위에 따라 고준위, 중준위, 저준위로 분류된다. 고준위 폐기물은 톤당 4기가베크렐(GBq)이상이면서 고열로 인해 별도의 냉각이 필요한 폐기물을 통칭하며 국내에서는 사용 후 핵연료가 이에 해당한다. 저준위폐기물은 방사능에 오염된 방호복, 장갑 등을 의미하고, 국내에서는 핵연료를 제외한 모든 폐기물을 중저준위로 통칭하여 취급하고 있다. 우리나라에는 경주지역에 설치한 방사능 물질 폐기장에 2010년 12월부터 중전준위 폐기물을 보관하고 있다.

방사성 물질은 반감기가 다양한데 플루토늄의 반감기가 약 24,000년이고, 저준위 폐기물의 방사성 핵종들이 소멸하기까지는 약 300년 정도의 기간이 필요하다. 미국환경청(EPA)는 사용 후 핵연료의 영구 처분시 최소 1만년 이상 생물권으로부터 안전하게 격리시킬 것을 요구하고 있다. **핵폐기물** 처리 방법으로는 매립, 동굴 처분 등이 있다.

현재 대부분의 원자력 발전소는 **체르노빌** 원자로와 다른 방식을 취하고 있기 때문에, 실제로 체르노빌과 같은 사고가 날 확률은 극히 적다. 그러나 원자력 발전을 계속하는 한 방사성 폐기물은 지속적으로 배출될 수밖에 없고, 배출된 폐기물은 방사능이 소멸되기까지 안전하게 보관할 수밖에 없다. 따라서 방사성 폐기물의 처리가 원자력 발전의 한계가 될 수도 있다.

반감기란?

반감기란 영어로 half-life라고 하는데, 이는 방사성 원소가 붕괴하여 처음 질량의 반으로 줄어드는 데까지 걸리는 시간을 말한다. 반감기는 온도, 압력 등의 외부 조건에 영향을 받지 않고, 시작 질량이 얼마큼인지에 관계없이 항상 일정하다.

〈표 11.1〉 사용 후 연료를 다루는 기술적 선택들

방 법	과정	문제	현재 상태
남극빙하매장	폐기물을 빙하 속에 내장.	국제법 위반; 회복잠재력 적음, 대 실패의 우려.	포기
지하매장	수백 미터 지하 저장소에 매장.	장기적 차원에서 지질, 지하수의 유동, 인간의 침투의 예측 곤란.	모든 핵 국가들이 선호하는 전략으로 적극 연구되고 있음.
장기간 보관	특수 고안된 건물에 영구히 보관.	장기간 접근을 통제하고 감시하는 인간제도에 의존	비정부단체들이 제안했으나 정부의 연구는 소극적임.
재처리	사용 후 연료의 분열 생성물에서 우라늄과 플루토늄을 화학적으로 분리; 방사능 3% 감소시킴.	폐기물 부피가 160배 늘어남; 경제성 없음; 핵무기 확산 위험 증가.	4개국에서 상업적으로 추진 중; 총16개국이 재처리하거나 계획 중임.
해저매장	심해저 퇴적층 속에 매장.	국제법 위반 가능성; 이동의 어려움; 되찾을 수 없음	10개 공동연구단에서 적극 연구 중.
우주방출	지구중력권을 벗어난 우주로 방출.	방출 실패시 지구를 오염시킬 가능성; 많은 비용이 필요	포기
동위원소전환	중성자충격으로 폐기물을 반감기가 짧은 동위원소로 전환.	폐기물 흐름의 감소가 기술적으로 확실치 않음; 많은 비용이 필요.	미국, 일본, 소련 및 프랑스에서 적극 연구 중.

일어날 수 있는 방사성 물질의 사고

브라질에서 1987년 한 고물상 주인이 폐기된 X선 기계에서 반짝이는 청색 가루를 뽑아내 그의 가족과 친구에게 나눠주었는데, 나중에 이 가루는 방사성 물질인 세슘-137로 밝혀졌다. 의사가 검사를 마쳤을 때 사망자 4명은 방사선에 치명적으로 오염되어 사망하였고 이들은 납관에 매장되어야만 했다. 이 이외에 44명이 입원하여 탈모와 구토 그리고 기타의 심각한 방사선숙취 증세로 고통을 받았다. 이전에도 방사성폐기물의 잘못된 취급 때문에 심각한 사건이 알제리, 멕시코, 그리고 모로코에서 있었다. 제3세계의 연구소들은 그들 국가의 주요 핵 사업인 의료 및 연구 활동에서 발생하는 비교적 적은 양의 방사성폐기물에 노출되는 사고도 제대로 예방할 능력을 갖추지 못하고 있다.

체르노빌 사건

구 소련(현 우크라이나)의 Chernobyl 시에서 북서쪽으로 16 km 떨어진 Pryp'yat 정착지에 위치하고 있던 핵발전소에서 일어난 핵 발전 사상 가장 비극적인 사건이다. 이 발전소는 4개의 반응기로 구성되어 있었고 1,000 megawatts의 전력을 생산할 수 있는 능력을 갖추고 있었으며, 1977년에서 1983년에 걸쳐 건설되었다.

사고는 1986년 4월 25~26일에 걸쳐 발생하였는데, 반응기 4번에서 일하던 기술자들이 충분히 준비가 안된 상태에서 실험을 하려고 하였다. 그들은 그 반응기의 전원을 조절하는 장치와 비상 안전 장치를 끈 상태에서 7%의 동력으로 반응기가 작동하도록 하였다. 이러한 실수는 다른 것들에 의해 더 가중되어 4월 26일 오전 1시 23분에 노심(core)에서 일어난 연쇄반응은 제어되지 않고 계속되었다. 여러 번의 폭발로 큰 불덩어리가 치솟았고 반응기의 강철과 콘크리트로 된 뚜껑을 날려버렸다. 이것과 더불어 연쇄반응으로 반응 노심에서의 화재로 인해 많은 양의 방사성 물질이 대기 중으로 유출되었고, 기류에 의하여 먼 거리까지 이동하였다.

4월 27일에 30,000명의 Pryp'yat의 거주민들은 철수하기 시작하였고 정부는 이 사고를 은폐하려고 하였다. 그러나 4월 28일에 스웨덴의 측정소는 이상하게도 높은 수준의 방사능 수준을 보도하였고 이를 해명하고자 안간힘을 쏟았다. 마침내 소련 정부는

Chernobyl에서 사고가 있었다는 것을 시인하고, 이어서 방사능 유출로 인한 위험으로 국제적인 항의가 시작되었다. 5월 4일이 되어서야 비록 작업자에게는 큰 위험이 있었지만 반응 노심으로부터 유출되어 나온 방사능과 열은 제어되었다. 방사성 폐기물은 약 800여 곳의 임시 장소에 묻었고 그 해 방사성이 매우 높던 반응 노심은 콘크리트와 철로 된 석관(sarcophagus)에 넣어 밀봉하였다.

초기에, Chernobyl 사고는 32명의 사망자를 가져왔다. 24명 이상이 심각한 방사성병에 걸리고, 이들 중 몇 명은 사망하였다. 약 5×10^{18} Bq의 방사성 핵종(radionuclides)이 대기 중으로 유출되었는데 이는 히로시마와 나가사끼에 투하된 원자폭탄에 비해 몇 배가 높은 수준이었다. 이 방사능은 바람에 의해 이웃한 프랑스와 이탈리아까지 도달하였다. 수백만 에이커의 숲과 농장이 오염되었고 수천의 사람들이 철거하였지만 수십만 이상의 사람들이 오염지역에 남아 있었다. 게다가, 장기적으로 후대에는 많은 가축들이 기형으로 출산하였고 수천의 사람들이 방사선과 관련된 질병과 암으로 사망하였다. 폭발사고 후 발전소 해체작업에 동원된 노동자 5,722명과 이 지역의 민간인 2,510명이 사망하였고, 43만명이 암, 기형아 출산 등 각종 휴유증을 앓고 있다.

2.3 방사선의 종류와 투과력

자연계에는 물질의 종류에 따라 스스로 방사선을 내는 것들이 있는데, 이런 성질은 **방사능**이라고 한다. 또한 방사능을 가진 물질을 방사성 물질이라고 한다. 헨리 베크렐(Henri Becquerel)이 1896년에 천연 방사성 물질인 우라늄(U)을 발견하였고 그 후에 피에르 큐리(Pierre Curie)와 마리 큐리(Marie Curie)는 우라늄보다 더 **방사성**(radioactivity)이 강한 물질인 폴로늄(Po)과 라듐(Ra)을 발견하였으며 이로 인해 그들 부부는 노벨상의 수상자가 되었다. 그 후 자연계에는 α선, β선, γ선을 방출하는 43가지의 물질이 존재한다는 발견되었다. 방사능과 방사선량의 정의와 단위는 표 11.2와 같다.

알파입자(α particle)

2개의 양성자와 2개의 중성자로 구성되어 있는 헬륨(He)의 원자핵이다. 운동성이 작고 투과력이 약하여 종이 한 장 정도로도 차단이 가능하다. 공기 중에서는 수 cm를 투과한다. 한편, 흡착력이 강하고 이온화도가 강하여 호흡기나 음식을 통해 인체에 유입되면 대단히 위험하다.

베타입자(β particle)

전자(electron)로서 종이 1~2 cm 정도를 투과하며 널리 쓰이는 대부분의 인공 방사성 물질은 대부분이 β선을 방출한다. 알파입자와 비교하면 이온화도는 작으나 투과도는 크다.

감마선(γ ray)

높은 에너지를 가진 전자파 방사선(electromagnetic radiation)으로서 투과력이 강하여 1~2 m의 콘크리트를 투과할 수 있다.

2.4 방사선 오염 원인 및 피해

토양, 물, 공기 중에는 방사성 물질이 존재하여 우리의 인체는 연간 총 0.0004~0.0015 Sv 정도의 자연 방사선에 노출되고 있다. 또한, 인위적으로 핵실험을 통해 낙진(radioactive fallout)이 떨어지기도 한다. 최근에는 의료용, 공업용으로 방사선 발생기가 많이 이용되면서 X선 장치, 입자가속장치, 중성자 발생 장치 등에 의해 방사선이 발생하여 이로 인하여 오염이 발생하고 있다(그림 11.2). 0.25 Sv 정도에 노출되면 백혈구가 증가하게 되고 1 Sr에서는 트림, 구토, 탈모 등의 증세가, 4 Sv에서는 적혈구 감소되고 30일 이내에 50% 정도가 사망하게 되며 7 Sv 이상에서는 출혈이 되며 100% 사망하는 것으로 알려져 있다(표 11.3).

방사선에 의한 피해로 유전자에 돌연변이가 발생하여 **암**이나 **백혈병** 등을 유발하게 된다. 급성장애로는 1 Sv 이상에서는 임상적으로 증세가 나타나서 구토, 권태, 탈모 등의 문제가 발생하고, 눈의 수정체 등은 뼈나 신경조직보다 더 민감한 것으로 나타나 있다. 10~30년간에 걸쳐 조금씩 연속적으로 노출된 경우에는 만성적으로 장애가 나타나 백혈병, 성장억제, 암, **백내장** 등의 증세가 나타나는 것이 관찰되었다.

〈표 11.2〉 방사능과 방사선량의 정의 및 단위

구분	단위	종래단위	환산
방사능	베커렐(Bq)	큐리(Ci)	1 Ci = 3.7×10^{10} Bq
조사선량	쿨롱/킬로그램(C/kg)	렌트겐(R)	1 R = 2.58×10^{4} C/kg
흡수선량	그레이(Gy)	라드(rad)	1 rad = 0.01 Gy
등가선량	시버트(Sv)	렘(rem)	1 rem = 0.01 Sv
유효선량	시버트(Sv)	렘(rem)	

- 방사능(radioactivity): 방사성 동위원소가 다른 원소로 핵변환하는 과정에서 이온화 방사선을 방출하는 물리적 능력을 나타내는 단위. 1Bq의 방사성물질은 1초에 1번의 붕괴를 하는 양.
- 조사선량(exposure): 방사성 동위원소에서 방출된 방사선이 자유 공기 중에서 공기분자를 이온화시킬 수 있는 방사선의 세기를 표현하는 양. 단위는 표준상태인 0℃, 1기압에서 건조한 공기 1 kg당 쿨롱임(C/kg).
- 흡수선량(absorbed dose): 피폭 받은 물질의 단위 질량당 흡수되는 방사선의 평균에너지로 주어지면, 방사선과 물질간의 상호작용과 그 영향을 정량적으로 나타내는 수단.
- 등가선량: 조직 또는 장기에 흡수되는 방사선의 종류와 에너지에 따라 다르게 나타나는 생물학적 영향을 동일한 선량 값으로 보상해주기 위해 방사선가중치를 고려하여 보정한 흡수선량
- 유효선량(effective dose): 각 피폭조직과 장기의 방사선 감수성에 따른 위험도를 전신에 대한 위험의 상대적 가중치로 보정한 가중등가선량의 합으로 방사선피폭에 의한 인체의 위험을 사회적 용인 수준까지 제한하는데 활용하기 위해 도입된 개념.

그림 11.2 연간 개인이 받는 평균 방사선량(단위; mSv)

〈표 11.3〉 방사능으로 인한 피해

방사능	피해
0.25 Sv	백혈구 증가
1.0 Sv	구토, 탈모
4.0 Sv	적혈구 감소. 30일 이내에 50% 정도 사망
7.0 Sv	출혈, 100% 사망

2.5 원자력은 주요 에너지원

프랑스의 주요 에너지원은 원자력이다. 프랑스의 2004년 에너지 사용 총량의 39%를 원자력이 담당하였고, 현재는 전체 전기 사용량의 78.8%를 원자력 발전으로 충당하여 세계에서 가장 높은 비율이다. 현재 59개의 원자력 발전소가 있다. 원자력은 싸고, 방출되는 이산화탄소(CO_2)가 없다는 장점 때문에, 산업화 국가 중 프랑스는 'GDP당 이산화탄소 발생량'이 가장 낮다. 또한 2012년 현재 EU에서 가장 큰 에너지 수출국이기도 하다. 그러나 2011년 **후쿠시마 사고** 이후로 프랑스에서도 원전의 안전성에 대해 회의적인 시각이 높아졌으며, 현 올랑드 대통령은 원전의 점진적 감소를 고려하고 있다.

우리나라는 현재 고리원자력발전소, 한빛원자력발전소, 한울원자력발전소, 월성원자력발전소의 4개 위치에 발전소가 있으며, 한국수력원자력에서 관리하고 있다. 우리나라의 발전량 중 화력 다음으로 큰 비중인 35.6% 이다. 2013년 원자력발전소에 관련된 대형 비리 사건이 터졌다. 신고리 원전 1,2호기와 신월성 원전 1,2호기에 들어간 제어 케이블(비상사태 발생 시 핵발전소 안전 계통에 동작 신호를 보내는 안전 설비) 성능 검사 결과 성적표가 위조되었으며, 그 배경에는 핵발전소 부품 제조사, 시험검증기관, 승인기관(한국전력기술)과 한국수력원자력의 유착관계가 핵심으로 자리잡고 있다. 2013년 8월 현재 고리 1호기 및 신고리 1,2호기, 월성 신1호기, 한울 4호기는 정지중이다. 제대로 작동되지 않으면 위험이 도사리고 있다는 면에서는 모든 종류의 발전소가 마찬가지이지만, 원전의 경우 사소한 오작동으로도 대참사를 불러올 수 있다는 점에서 원전비리 사건은 매우 중차대한 범죄사건이다. 원전비리 사건 외에도 고리 1호기 정지사고 은폐, 불량 부품 납품, 뇌물 수수 등 지속적인 핵발전소 문제가 터져

나오고 있다. 이러한 일련의 사건들은, 원자력 발전소의 지속적인 이용 및 설치에 대해서 깊이 생각해 봐야 할 필요성을 부여하고 있다.

일본도 원자력 발전 비중이 높은 나라이고, 2011년 3월 11일 원전 발전소가 폭발하는 사고가 발생하였다. 일본 도쿄 근처 해저에서 대지진(규모 8.8)이 발생하여 초대형 쓰나미가 발생하였고, 도쿄전력의 후쿠시마 제 1 원전 원자로 1호기가 폭발했다. 이로 인해 원전 근처에서 방사성 물질인 세슘이 검출된 데 이어 지속적으로 방사성 물질이 배출되어 인근 지역에는 방사성 물질의 농도가 평소 수치의 수천배에 이르는 값이 측정되었다. 이틀 뒤에는 후쿠시마 원전 3호기도 냉각장치가 멈췄다.

후쿠시마 원전 폭발에 의한 피해는 지금까지도 계속 이어져 오고 있다. 후쿠시마 원전에서 나온 오염수가 지하를 통해서 바다로 계속 방출되고 있다는 사실이 2013년 밝혀졌다. 도쿄전력에 따르면, 사고 이후 방사성 물질인 스트론튬과 세슘의 해양 유출량이 최대 30조 Bq에 달하는 것으로 추정된다고 한다. 도쿄전력은 후쿠시마 제 1원전 방사성 물질 유출사고의 수습대책 차원에서 오염수 배출 방지공사를 실시한 2011년 5월 이후 최근까지 바다로 유출된 오염수의 양과 원전 앞 항만의 방사성 물질 농도 등을 토대로 이같은 추산치를 내놓았다. 이같은 수치는 정상적으로 원전을 가동할 때의 연간 방사성 물질 배출 관리 기준(2천 200억 Bq)의 100배를 넘는 것이다. 지진으로 생긴 지반균열을 통해 원전시설에 지하수와 해양수가 스며들어 감당할 수 없는 오염수가 생겨나고 있으며, 도쿄전력이 2~3일마다 1천톤 용량의 오염수 저장탱크를 새로 설치하고 있지만 2년 뒤에는 저장탱크를 수용할 공간마저 바닥날 것으로 보인다. 원자력 규제위원회는 "이번 사태는 매우 심각하다"며 **국제원자력기구**(IAEA)가 정한 국제원자력 사고등급(INES)을 1등급(이례적 사건)에서 3등급(중대한 이상)으로 상향 조정하였다. 태평양 인접 국가들의 우려도 확산되고 있다.

3 신 · 재생 에너지

(1) 태양광

태양의 빛에너지를 받아 광전효과에 의해 전기를 생산하는 발전기술이다. 태양전지(solar cell)로 구성된 모듈(module)과 축전지 및 전력변환장치로 구성된다. 태양전지는 실리콘으로 대표되는 반도체이며 반도체기술의 발달에 의해 자연스럽게 개발되었다. 1839년 E. Becquerel이 최초로 **광전효과**(photovoltaic effect)를 발견하였으며, 1954년 Bell 연구소에서 효율 4%의 실리콘 태양전지를 개발한 이후 현재 7~20% 효율을 가진 태양전지가 상용화되고 있다. 태양광은 청정이며 무제한인 에너지원으로 긴 수명을 자랑하나, 전력생산량이 지역별 일사량에 의존해야 하고 에너지 밀도가 낮아 큰 설치면적이 필요한 것이 단점이라 할 수 있다. 그러나 향후 기술이 발달하여 높은 효율을 가진 태양전지가 개발될 것으로 판단된다.

그림 11.3 태양발전 패널. 실리콘, 유리, 플라스틱 등으로 구성되어 있어 친환경적인지에 대한 논란이 있다.

(2) 태양열

태양광선의 파동성질을 이용하는 태양에너지의 광열학적 이용분야로 태양열의 흡수, 저장, 열변환 등을 통해 건물의 냉난방 및 급탕 등에 활용하는 기술이다.

(3) 풍력

바람에너지를 변환시켜 전기를 생산하는 발전 기술이다. 풍력이 가진 에너지를 흡수하여 변환하는 운동량 변환장치, 동력전달장치, 동력 변환장치, 제어장치 등으로 구성되어 있다. 우리나라는 영덕풍력발전단지가 39.6 MW, 군산풍력발전단지가 7.9 MW의 전기 생산을 담당하고 있다.

그림 11.4 제주특별자치도에 설치된 풍력발전기

(4) 연료전지

수소와 산소의 화학반응으로 생기는 화학에너지를 직접 전기에너지로 변환시키는 기술이다. 생성물이 전기와 순수한 물이고, 발전효율 30~40%, 열효율 40% 이상으로 총 70~80%의 고효율을 갖는 신기술이다. 전해질 종류에 따라 연료전지를 구분하는

데, 알칼리, 인산형, 용융탄산염형, 고체산화물형, 고분자전해질형, 직접 메탄올형으로 구분되며, 이 중 고분자전해질형과 직접메탄올연료전지가 가장 활발하게 연구되는 분야이다. 우리나라에서는 2009년 충남 당진군에 부곡복합화력 연료전지 발전소(용융탄산염 연료전지)가 설치되어 2.4 MW의 용량을 가지고 있다. 또한 2009년 서울대학교 내에 2 kW의 고분자 전해질 연료전지가 설치되어 있다.

(5) 수소에너지

물, 유기물, 화석연료 등의 화합물 형태로 존재하는 수소를 분리, 생산해서 이용하는 기술이다. 수소는 물의 전기분해로 가장 쉽게 제조할 수 있으나 입력에너지(전기)에 비해 수소에너지의 경제성이 너무 낮아 대체 전원 또는 촉매를 이용한 제조기술을 연구하고 있다. 수소는 가스나 액체로 수송할 수 있으나, 단위 부피당 수소저장밀도가 낮아 고체저장법을 연구 중이다.

(6) 바이오에너지

바이오매스(biomass, 유기성 생물체를 총칭)를 직접 또는 생화학적, 물리적 변환 과정을 통해 액체, 가스, 고체연료나 전기, 열에너지 형태로 이용하는 화학, 생물, 연소공학 등의 기술을 일컫는다. **바이오매스**란 **태양에너지**를 받은 식물과 미생물의 **광합성**에 의해 생성되는 식물체, 균체와 이를 먹고 살아가는 동물체를 포함하는 생물 유기체를 말한다. **바이오에탄올** 생산기술, 음식물 또는 유기성 폐수의 혐기성소화에 의한 메탄가스화 기술 등이 여기에 포함된다. 바이오 에너지를 얻기 위하여 옥수수 등 곡물을 전용하여 곡물가격이 폭등하는 부작용도 있다.

(7) 폐기물 에너지

폐기물을 변환시켜 연료 및 에너지를 생산하는 기술이다. 가연성 폐기물 중 에너지 함량이 높은 폐기물을 열분해, 가스화, 소각을 이용하여 고체 연료, 액체 연료, 가스 연료, 폐열 등을 생산하는 기술로, 환경분야에서 많은 연구가 진행 중이다. 예를 들어, 종이, 나무, 플라스틱 등의 가연성 폐기물을 파쇄, 분리, 건조, 성형 등의 공정을 거쳐 고체연료를 제조할 수 있는데 이를 RDF(Refuse Derived Fuel)라 한다.

(8) 석탄 가스화, 액화

가스화 복합발전기술(IGCC: Integrated Gasification Combined Cycle)은 석탄, 중질 잔사유 등의 저급원료를 고온, 고압의 가스화기에서 수증기와 함께 불완전연소 및 가스화시켜 일산화탄소와 수소가 주성분인 합성가스를 만들어 정제공정을 거친 후 가스터빈 및 증기터빈등을 구동하여 발전하는 신기술이다. 석탄 액화는 고체연료인 석탄을 휘발유 및 디젤유 등의 액체연료로 전환시키는 기술이다. 석탄 가스화 및 액화 발전은 고효율 발전이며, SOx과 NOx를 각각 95% 이상, 90% 이상 저감하는 환경친화기술이다. 다양한 저급연료를 활용한 전기 생산이 가능하고 화학플랜트 활용, 액화연료 생산 등 다양한 형태의 고부가가치의 에너지화가 장점이나, 소요면적이 넓은 대형 장치산업으로 초기 투자비용이 높고, 전체 설비의 구성과 제어가 복잡하다. 우리나라는 2014년에 충남 태안군에 발전효율이 42% 이상인 300 MW의 가스화 복합발전이 설치될 계획이다.

(9) 지열

물, 지하수, 지하의 열 등의 온도차를 이용하여 냉, 난방에 활용하는 기술이다. 태양열의 약 47%가 지표면을 통해 지하에 저장되므로, 지표면 가까운 땅속의 온도는 대략 10~20℃정도 유지하고 있다.

(10) 해양

해양의 조수, 파도, 해류, 온도차 등을 변환시켜 전기 또는 열을 생산하는 기술이다. **조력발전**(조석간만의 차를 동력원으로 이용), **파력발전**(파랑에너지), **조류발전**(해수의 유동), **온도차발전**이 있다. 우리나라 국내 최초 조력발전소는 2011년에 설치된 시화호 조력발전소(254MW)이며, 국내 최초 조류발전소는 전남 진도의 울돌목 조류발전소(1,000kW)이다.

우리나라의 경우 전력생산의 35% 정도는 원자력, 40%는 석탄에 의존하고 있으며, 대체 에너지는 매우 적다. 앞으로 이 분야에 대한 지원이 있어야 한다.

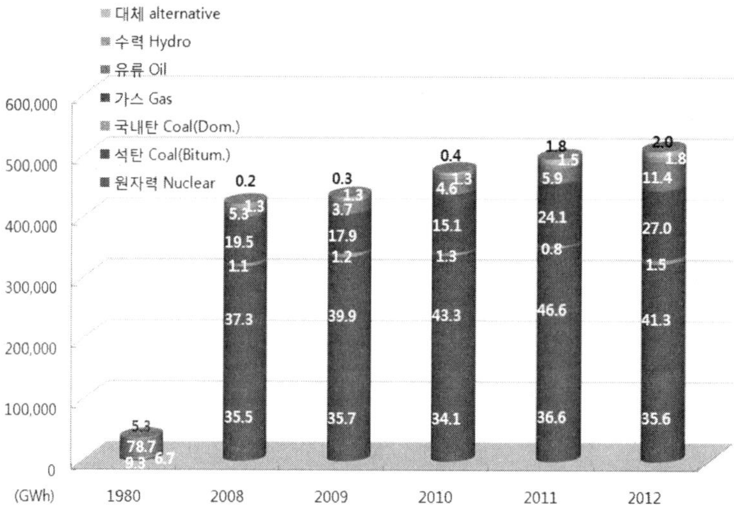

그림 11.5 우리나라의 에너지원별 전기생산량. 원자력과 화력발전에 77% 의존하고 있다.

제12장

기타 환경문제

1 소음과 진동

소음의 정의는 “원하지 않는 또는 방해하는 소리”이며, 기계, 기구, 시설 기타 물체의 사용 또는 사람의 활동으로 인하여 발생하는 강한 소리를 일컫는다. 우리 주위를 둘러싼 공기는 항상 소리로 가득 채워져 있음에도 불구하고 대부분의 사람들은 소음으로 둘러싸여 있다고 생각하지 않는다. 그러나 어떤 특정한 소리가 지속적이고 증가된다면, 불쾌하게 느껴지는 “오염(pollution)”이 될 수 있고 건강을 위협할 수 있다.

소음에 관련된 질병으로는 스트레스 관련 질병, 고혈압, 난청(hearing loss), 수면 방해 및 출산율 감소가 있고, 이 중 소음으로 야기된 난청이 가장 빈번한 질병이다. 소음의 세기는 소음계로 측정하는데, 단위는 데시벨(dB)이고 소리 준위(sound level)라 한다.

또한 **진동**이란 기계, 기구, 시설 기타 물체의 사용 또는 사람의 활동으로 인하여 발생하는 강한 흔들림을 말한다.

우리나라는 **환경정책기본법**에서 소음환경기준이 정해져있으며 여기에는 일반지역과 도로변 지역으로 구분되어 적용된다. 소음 환경기준에는 주간과 야간이 구분되어 있으며, 야간이 주간에 비해 5~10 dB 더 낮게 규정되어 있다.

〈표 12.1〉 우리나라의 소음환경기준

지역구분	적용대상지역	낮(06:00-22:00)	밤(22:00-06:00)
일반지역	"가"지역 보전관리지역, 자연환경보전지역, 농림지역, 녹지지역, 전용주거지역	50	40
	"나"지역 생산관리지역, 일반주거지역, 준주거지역	55	45
	"다"지역 상업지역, 계획관리지역, 준공업지역	65	55
	"라"지역 일반공업지역, 전용공업지역	70	65
도로변지역	"가" 및 "나" 지역	65	55
	"다" 지역	70	60
	"라" 지역	75	70

반면, **소음진동관리법**은 공장에서 나오는 소음 진동, 생활환경 주변의 사업장 및 공사장 소음 진동, 교통기관에서 발생하는 소음 진동, 항공기의 소음 등이 관리 대상이다. 소음 및 진동이 발생하는 곳에서는 소음 진동 방지시설 또는 방음 방진 시설을 설치하여 소음 및 진동을 없애거나 감소시켜야 한다. 소음 진동을 발생시키는 설비를 설치하는 경우 시·도지사에게 신고해야 하고, 학교 또는 종합병원 주변 등 대통령령이 정하는 지역에서는 허가를 받아야 한다. 또한 필요한 경우에는 일정한 지역을 교통소음 진동 관리지역으로 지정할 수 있다.

최근에는 아파트 층간소음진동으로 인해 사회적 갈등이 야기되는 강력 사건으로 변질되고 있다. 따라서 소음 진동관리 계획을 수립 시행토록 하는 내용이 담긴 '소음진동관리법 일부개정법률안'이 2013년 국회에서 가결됐다. 개정안은 국가와 지방자체단체가 국민의 쾌적하고 건강한 생활환경을 조성하기 위해 소음 진동으로 인한 피해를 예방 관리할 수 있는 시책을 수립 추진토록 했다. 또한 환경부장관은 소음 진동관리종합계획을 5년마다 수립해야 한다는 내용도 담겨 있다. 환경부는 **층간 소음**의 피해를 인정하는 소음크기 기준을 현행 낮 55 dB 이상, 밤 45 dB 이상에서 낮 40 dB이상, 밤 35 dB로 낮추었다.

2 내분비계 장애물질

2.1 내분비계 장애물질이란.

내분비계(endocrine system)란 다른 용어로 호르몬 시스템(hormone system)이라 일컫는데, 모든 포유류, 조류, 어류 및 기타 살아있는 생명체에서 발견된다. 따라서 내분비계 장애물질(endocrine disruptor)이란 사람이나 동물의 내분비 호르몬과 비슷하게 작용하는 외인성 화학물질로 내분비계에 영향을 미쳐 인간이나 동물의 번식장애 등 건강에 위해를 주는 물질을 말한다. 미국 환경청은 내분비 장애물질을 항상성유지와 발육과정의 조절을 담당하는 체내의 자연호르몬의 생산, 방출, 이동, 대사, 결합, 작용 혹은 배설을 간섭하는 체외물질이라고 정의하고 있다. 미국 환경청의 내분비계 장애물질 조사 프로그램에서는 특히 에스트로젠(estrogen), 안드로겐(androgen) 그리고 갑상선(thyroid) 호르몬에 초점을 맞춘다. **에스트로겐**은 여성의 성 발달 역할을 하는 호르몬이며, 주로 난소에서 생산된다. **안드로겐**은 남성성의 발현을 책임지는 호르몬으로, 가장 대표적으로 테스토스테론이 있다. 갑상선 호르몬은 인체 내 모든 세포를 자극하고 성장(growth), 생식(reproduction), 발달(development) 그리고 대사과정(metabolism) 등의 생물학적 과정을 조절하는 호르몬이다.

내분비계 장애물질 또는 **환경호르몬**은 다양한 방법으로 체내 호르몬 시스템을 교란하는데, 일부 화학물질은 생체 호르몬과 비슷하여 어떤 특성이 과하게 발현되기도 하고(예를 들어, 근육량이 증가하거나), 부적절한 시간에 반응하기도 하고(필요치 않을 때 인슐린이 분비되는 등), 또는 진짜 호르몬이 할 수 있는 역할을 가짜 호르몬이 완전히 빼앗아 버리는 봉쇄(blocking) 작용을 하기도 한다. 또한 어떤 물질은 내분비계 시스템을 직접적으로 자극하거나 방해해서 호르몬의 과다 분비 또는 과소 분비를 야기하기도 한다.

내분비계 장애물질은 합성 화학물질, 의약품 및 일부 천연물질들을 포함하는데, 극소량으로도 생식기능에 이상을 가져올 수 있고 유전성이 발현될 수 있는 특성이 있다. 이들은 환경 내 잔류성이 매우 커서 오랜 기간 분해되지 않고 잔류하며, **먹이연쇄**를 통해 체내에 축적될 수 있다.

〈표 12.2〉 생체호르몬과 환경호르몬의 비교.

	생체호로몬	환경호로몬
분해	자연적으로 분해	안정된물질로 분해가안됨
잔류시간	매우 짧음	매우 김
인체축적	축적없음	지방에 축적

내분비계 장애물질로 추정되는 물질을 포함하고 일상생활에서 내분비계 장애물질의 용출이 우려되는 생활용품으로는 플라스틱 용기, 음료 캔, 병마개, 수도관의 내장 코팅제, 치과치료시 이용되는 코팅제(이상 비스페놀 A), 합성세제(알킬페놀), 컵라면 용기(스타이렌 다이머, 트라이머), 폐 건전지(수은) 등이 있다. 전자렌지를 사용할 때 플라스틱 용기나 랩을 사용하면 안된다. 왜냐하면 플라스틱 가소제나 연화제로 사용되는 일부 물질들은 환경 호르몬인데, 열이 가해지면 녹아 나올 수 있기 때문이다. 또한 캔이나 통조림도 뚜껑 내부 도장에 비스페놀 A를 사용하므로 오래된 캔이나 통조림은 섭취하지 않는 것이 좋다. 또한 살충제에도 농약성분이 포함되어 있기도 하고 노닐페놀과 비스페놀 A 등이 존재할 수 있기 때문에, 함부로 살충제 사용을 해서는 안된다.

〈내분비계 장애 추정물질〉

- **다이옥신류** 등 유기염소물질
- DDT 등 농약류
- **프탈레이트류** 등 가소제
- **수은, 납, 구리**를 포함하는 중금속
- DES 등 합성 **에스트로겐**
- 식품 및 **식품첨가물**
- 식물에 존재하는 에스트로겐 유사호르몬
- **펜타-노닐 페놀**
- **비스페놀 A**
- **벤조피렌**
- 스타이렌다이머, 트라이머

2.2 내분비계 장애물질 피해사례

1938년, 유산 방지와 태아의 성장을 돕는다는 합성 **에스트로겐**인 diethylstilbestrol (DES)을 임산부에게 처방하였다. 이 약을 복용하는 사람들의 2세들은 생식계통에 심각한 문제가 생겼으며 질암(vaginal cancer)의 발생율이 매우 높았다. 그 결과 1971년 FDA(Food and Drug Administration)은 의사들에게 DES 처방을 금지시켰다. 이후 연구에서도 DES를 처방받은 사람들에게서 발병율이 높음을 확인하였다.

PCBs(polychlorinated biphenyls)와 PCDFs(polychlorinated dibenzofurans)와 같은 환경호르몬에 노출되면 체내에서 에스토로겐처럼 행동하거나 갑상선 호르몬의 기능을 조절하기도 한다. 1968년 일본에서, 그리고 1979년 타이완에서 수천명의 여성이 PCBs와 PCDFs에 오염된 쌀기름(rice oil)을 섭취하였다. 이 여성들의 아이들은 출생 시 작게 태어났고 신경학적 발달이 지체된 것으로 나타났다.

인간이 만든 물질 중에 가장 독성이 강하다고 알려진 **다이옥신**(dioxin)이 모유에서 검출되면서 큰 논란을 불러일으켰다. 1998년 일본 후생성의 연구에 의해, 쓰레기 처리 소각장에서 배출되는 다이옥신이 근처 토양에 축적되면서 그 지역 주변의 모유나 젖소의 우유에서 고농도의 다이옥신이 함유되어 있다고 발표되었다(모유 속의 수치가 허용기준치의 26배까지 검출되었음). 우리나라에서도 2000년 식품의약품안전청이 환경호르몬에 대한 조사 결과를 발표하였는데, 산모의 초유에서 검출된 다이옥신이 기준치를 초과한 것으로 나타났다. 또한 한국과학기술연구원이 서울 강남지역 산모 59명의 초유를 분석한 결과 평균 31.78 pgTEQ/g-fat의 다이옥신이 검출되었고, 이는 다이옥신의 국내 하루 섭취허용량인 체중 1 kg당 4 pg의 24~48배에 달하는 양이다.

다이옥신은 **베트남 전쟁**에서 미군이 **고엽제**로 사용하면서 알려지기 시작하였다. 극소량으로도 암을 유발할 수 있는 강력한 **발암물질**이자 **환경호르몬**으로써, 기형아 출생의 원인이 된다. 다이옥신은 염소화합물 소각 시 생성되기 때문에 쓰레기 소각장 등

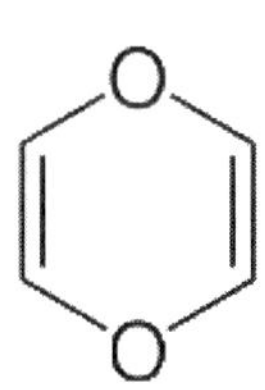

그림 12.1 다이옥신중 하나인 1,4-dioxin 의 구조

에서 배출되어 인근 토양에 축적되어 주로 음식물 섭취에 의해 인체에 흡수된다. **쓰레기 종량제** 실시 이후로 쓰레기를 가정에서 소각하는 경우가 종종 있는데, 이는 다이옥신의 배출을 야기한다. **다이옥신**의 경우 850℃ 이상의 고온에서 완전연소를 시켜야만 발생하지 않는데 수분을 많이 함유한 음식물 쓰레기의 경우 소각 온도를 낮춰 다이옥신의 배출이 높아지고, 제어 장치가 없기 때문에 그대로 다이옥신이 들이마시게 된다.

이 외에도 환경호르몬은 정자수의 급격한 감소, 정액감소, 정자의 운동성 감소, 기형정자 발생증가와 정소종양(고환암)이나 요도하열과 같은 기형의 증가를 유발하며, 여성의 유방암도 증가시킨다.

인체에 대한 부작용 외에도 야생동물에 대한 환경호르몬의 영향이 관찰되었다는 연구보고는 매우 많으며, 대상도 파충류, 어류, 조류, 포유류 등 광범위하다. 파충류에 대한 대표적인 사례는 플로리다에서 나타났다. 플로리다 주의 아포프카(Apopka) 호수에 타워화학회사가 사고로 유출시킨 디코폴(dicofol) 및 DDT 등에 의해 오염된 호수에서 서식하는 수컷 악어의 성기 크기가 정상 악어에 비해 24% 감소되었으며 테스토스테론 호르몬도 70% 감소하였다. 또한 유기염소계 **살충제**가 고농도로 분포한 서식지의 악어는 배아 및 신생 악어의 사망률을 증가시키는 것으로 나타났으며, 이는 살충제가 배아의 발달에 문제를 일으켰기 때문이다. 또한 개구리 등 양서류를 이용한 연구에서 생식 및 발생 시 다이옥신류나 중금속 등 유해물질에 노출될 경우 부화율 감소 및 기형이 현저히 증가하는 것이 발견되었다(제 10장 오염 – 농약/비료 참조).

내분비계 장애물질의 어류에 대한 영향은 수컷 생식능력의 변화 및 수컷의 암컷화 등이 많이 관찰되고 있는데, 어류의 **양성화**(수컷과 암컷의 특징이 함께 발현되는 것), 수컷 어류에서 난황 단백질의 증가, 생식조직의 퇴화 등이 포함된다. 또한 갈매기에서의 암컷화, 수컷화, 및 배아 기형은 PCBs와 할로겐화 방향족 탄화수소의 노출과 관련이 있다.

찾아보기

ㄱ

ㄹ

ㅁ

ㅂ

ㅅ

ㅇ

ㅈ

ㅊ

ㅋ

ㅌ

기타

인간과 환경 (개정2판)

저자 | 이종범 · 김범철 · 안태석
김희갑 · 강신규 · 한영지
발행인 | 조승식
발행처 | (주)도서출판 북스힐
등록번호 | 제22-457
주소 | 142-877 서울시 강북구 한천로 153길 17
홈페이지 | www.bookshill.com
전자우편 | bookshill@bookshill.com
전화 | 02-994-0071(代)
팩스 | 02-994-0073

2011년 2월 25일 1판 1쇄 발행
2013년 1월 25일 1판 3쇄 발행
2015년 1월 20일 개정판 2쇄 발행
2018년 1월 15일 개정2판 2쇄 발행

값 12,000원

ISBN 978-89-5526-741-9